织物印花实用技术

胡木升　编著

中国纺织出版社

内 容 提 要

本书着重归纳总结了织物印花各生产环节提高印花产品质量及印制效果的经验、体会和诀窍，汇集了若干印花品种的生产要领和印制实例。

书中阐述了筛网印花生产中应该考虑和注意的问题，提供了织物印花生产几个主要环节的一些实际做法，针对印花轮廓清晰度和色泽鲜艳度问题采取的相关措施，书中比较详细地介绍了若干印花品种的生产原理、印花生产特点、较易产生的问题以及解决办法。收集了较多的实际印制工艺和处方。本书内容图文并茂，通俗易懂，注重生产实际，对印花生产和拓宽思路有指导和参考意义。

本书可供从事织物印花的技术人员、工人以及印染厂领导、管理人员阅读，也可供纺织院校染整专业师生阅读参考。

图书在版编目（CIP）数据

织物印花实用技术 / 胡木升编著. --北京：中国纺织出版社，2015.8

ISBN 978-7-5180-1674-7

Ⅰ.①织… Ⅱ.①胡… Ⅲ.①织物—印花 Ⅳ.①TS194.64

中国版本图书馆CIP数据核字（2015）第117948号

策划编辑：范雨昕　责任编辑：符　芬　责任校对：梁　颖
责任设计：何　建　责任印制：何　建

中国纺织出版社出版发行
地址：北京市朝阳区百子湾东里A407号楼　邮政编码：100124
销售电话：010—67004422　传真：010—87155801
http：//www.c-textilep.com
E-mail：faxing@c-textilep.com
中国纺织出版社天猫旗舰店
官方微博http：//weibo.com/2119887771
北京通天印刷有限责任公司印刷　各地新华书店经销
2015年8月第1版第1次印刷
开本：787×1092　1/16　印张：17.25　插页：4
字数：348千字　定价：58.00元
京朝工商　广字第8172号

凡购本书，如有缺页、倒页、脱页，由本社图书营销中心调换

前言

本人自 20 世纪 60 年代开始从事织物印花一线技术管理、生产管理，至今已有数十个年头了。我深深感到要把织物印花做好，为市场及广大消费者生产出满意的印花产品来，印花工作者除了应掌握和精通有关织物印花的理论及基础外，还应认真学习和总结织物印花生产的有关经验、体会和诀窍，掌握生产的实用技术至关重要。

随着科学技术的发展，织物印花方法也有了较大改变，数码印花、转移印花已广泛为印花工作者所重视，并注重向产业化方向发展，确定了生产方向。目前，织物印花的生产主力仍然是圆网印花和平网印花。总结、了解圆网印花、平网印花的生产经验、体会和诀窍，学习圆网印花、平网印花的实用技术，对搞好和指导圆网印花、平网印花生产有着重要的现实意义。同时对不同类别、不同印花特点、印花方法的生产会有所启发，能起触类旁通的作用。

本书总结、归纳了织物印花各生产环节在提高印花产品质量、印制效果方面应注意的事项；提出了提高织物印花印制轮廓清晰度及保证印花织物色泽鲜艳度的措施；对若干不同组织规格、不同品种的织物印花以及特种印花进行了印制特点的分析，对生产中较易碰到的生产技术问题提出了解决措施和办法，对技术要领进行了归纳和总结，注意结合实际，拓宽织物印花工艺设计、生产现场问题分析和解决的思路。

本书收集了若干印花生产印制实例，比较详细地介绍了印花工艺、印花生产过程中的实际做法，在印花生产过程中可供借鉴和参考。在此需要说明的是由于环保、低碳的要求，有些印花生产工艺、染料等已不再使用，但其印花原理、方法及实际做法、思路同样可供借鉴和参考。

本书在撰写过程中参考了若干专业书籍和专业杂志、产品说明书及介绍等，谨向这些作者表示衷心的感谢。

限于编撰者的认识和水平，本书的内容还很不全面，同时也存在许多不当和错误之处，欢迎业内人士和读者批评指正。

编著者
2015 年 6 月

目录

第一章　接单与审单

接单与审单虽然不是印花的实际生产过程，但却是保证织物印花质量的重要环节。从广义上讲，接单与审单是织物印花生产的第一步，是织物印花生产的重要组成部分。接单与审单的目的和任务是明确领会客户绘成花样的精神以及客户对织物印花的各项质量要求，收集好有关的附样。各项要求以货单的形式书写清楚。对于不符合生产要求或印花生产过程中会遇到困难的来样和要求，应与客户及时沟通反馈。在尽量保留花样原有的精神的条件下进行修改并确认，为印花工艺设计、印花生产的顺利进行提供明确的生产要求和依据，做到有的放矢，以取得生产的主动权。

第一节　订单审核的原则

接到意向印花订单后，按下列原则进行审单。

（1）能否生产。首先审核坯布来源，确认客户所需坯布能否采购得到。做包坯或由客户供坯做来坯加工。具体要考虑坯布质量、数量、价格和交付时间，以免影响印花成品的交货期，造成违约。其次要对客户来样进行技术审核。接单业务员能处理最好，若把握不大，则应与印花工艺设计部门有关人员加强沟通，并回应客户。

（2）有无利润。能否盈利是审单的又一重点。盈利明显、风险不大的印花订单要接；盈利明显但具有一定风险的则要创造条件和采取措施，争取做好；有些订单盈利不明显，但不一定不接，对于那些能提高生产技术水平，积累货单资源和经验的，则应根据实际情况，权衡利弊，再决定是否接单。

（3）法律可行。接单订单、签订合同必须对货单的法律可行性进行审核，包括是否触犯法律，有无侵权，货单有无法律陷阱，货单是否符合 GB 18401—2010《国家纺织品基本安全技术规范》规定。厂家应对成品的甲醛含量、色牢度、pH、异味以及有关芳香胺染料含量的技术规范予以重视，并采取有效措施予以保证。

第二节　花样审理的主要内容

　　花样审理是审单的重要内容。织物印花是由客户提供花样开始的。一款理想的花样应该是色彩鲜明、构思新颖、纹样美观大方，既达到艺术的完美，同时又能用较经济的办法，把客供花样的效果通过印花过程在所印的织物上表现出来。客供花样能否符合生产要求，在印花生产过程中可能会遇到和需要考虑的问题，如何在体现花样艺术效果的情况下便利印制提出修改意见等，这都必须通过花样审理来解决。

　　花样审理是印花工艺设计的第一步，是印花生产的重要环节。花样审理内容：花样单位是否完整、纹样排列是否匀称、花样接头尺寸大小、组成套数的多少、花布图案的色泽、印花成本的高低以及在印制过程中可能出现的问题等。

一、花样单位是否完整

　　在连续性印花生产的网版上，花筒雕刻的花纹是由一个或若干个"单元花样"衔接而成的。一个"单元花样"即为一个"花样单位"。花样单位的完整是印花生产最基本的要求。

　　花布图案的组织形式大体有几何形连续组织、散点连续组织、缠枝连续组织三类。缠枝连续组织常见于我国的传统织物及民间的印染织物中，如蜡防印花等。几何形连续组织、散点连续组织在花布图案中可常常见到。几何形连续组织在套印接版技术上要求较高，而散点连续组织纹样比较能适应连续的印花大量生产的印制条件。上述两类在花布图案中占有重要地位。

　　散点连续组织纹样有平排法（平接）和斜排法（斜接）之分。上下左右连续位置并列的平排法，又称作"平接头"；左右连续位置错开二分之一是斜排法中最常见的一种，即二分之一斜排；左右连续位置错开三分之一，即三分之一斜排。以上斜排亦可称作"二分之一接头""三分之一接头"。另外还有"四分之一接头""五分之一接头"等。在织物印花上应用的花布图案排列以斜排法为多。其中二分之一斜排最为常用。了解熟悉花布图案的组成形式和花样接头，能帮助正确识别花样单位。

　　在花样单位设计中，图案设计人员为了做纹样连续衔接，采用最简单易行的办法即用开刀法和折卷法进行检查。因此，在花样审理时所见到的花样，有些是整张不断开的，有些是中间断开的（中间断开的一般为二分之一接头），斜角剪开的是平接头。

1. 检查花样单位是否完整

　　花样单位完整的主要特征是能做到单位花样的准确接版，尺寸恰当，无错纹样，无漏纹样，符合工艺要求。花样单位是否完整可通过下述方法进行检查。

　　（1）凡中间剪开或斜角剪开的花样。只要将剪开部分按上下左右四方进行衔接，纹样能接上即为花样单位完整。纹样不能衔接或脱版时，为花样单位不完整。

（2）凡来样为复制版花样。这类花样往往中间和斜角不予剪开。在检查时可根据其花型排列情况用剪刀剪开。例如二分之一斜排即可在中间剪开，照开刀法设计花样的检查法检查。若不剪开，则可把花样卷折起来，看纹样上下左右四方是否衔接准确，凡能够上下左右衔接准确为花样单位完整；反之，则花样单位不完整。

2. 确定花样的方向

在实际生产中，往往客户送来的花纹图案是布样，花样单位不完整。此时，应根据花样精神进行花布图案的新设计或接齐。若授权工厂新设计或接齐的有完整花样单位的花样需经客户确认后，才能投入生产。对于那些经纬方向不明确的花样，要注意不能把上下左右弄错。俗称要鉴别好"天"和"地"（上下方向），一般可用下列方法鉴别。

（1）布边鉴别法：客户布样有布边者，布边方向为"天""地"。

（2）力拉来样鉴别法：纬向经拉力后织物容易伸长，经向在拉力下不易伸长。不易伸长的方向为"天""地"。

（3）拉单纱鉴别法：斜纹组织织物可用撕单纱的办法鉴别。单纱容易拉出的为"纬纱"，单纱不易拉出的为"经纱"，经纱方向为"天""地"。

（4）经纬浮鉴别法：缎纹组织织物可利用经纬浮不同而鉴别。直贡缎"经浮"较长，经浮长的方向为"天""地"；横贡缎"纬浮"较长，与"纬浮"垂直的方向为"天""地"。

二、纹样排列是否匀称

花布图案纹样排列应均衡、协调，有一种空间疏密得当的美感，有时由于图案设计的疏忽，致使纹样排不当，从而失去了应有的美感，如这样投入生产，将会带来不必要的损失。因此，在花样审理时，对纹样的排列也应作为一个内容进行检查。

根据生产实际来看，纹样排列中碰到的主要问题是漏花纹、横直挡以及密纹花样的地纹不匀称，表现有"轻重"情况。

所谓横直档或斜档，是由于花布图案在设计时排列不当而引起的横向、直向或斜向的档子，从而使整修画面不均衡、不协调，其与有意设计的横向、直向或斜向匀称、舒畅的条型花型或散点花型是完全不同的。横直档或斜档在织物印花中是要切忌的。

漏花纹通过花样审理，看清花样单位组织，掌握花型特点，注意接头衔接，检查花纹是否完整等，比较容易解决。问题是横直档、斜档以及密纹档花样的地纹"轻重"，在单位花样中一时不易发现，而往往要在制网或印制过程中才被发现，结果给印制效果及生产进度带来不应有的严重影响，故要加强检查，特别是在大量正式印制前要加强对放样效果的检查，发现问题，要采取措施后才能付印投产。

三、花样接头尺寸大小

花样接头尺寸也就是花样单位的尺寸大小。花样接头尺寸有上下接头和左右接头尺寸之分。一般审理花样接头尺寸主要是指审理花样的上下接头尺寸。这是因为连续式生产的机械印花所用网版是由若干个单位花样衔接而成的。网版的横向刻幅应根据不同织物的不同幅宽来选择决定，一般考虑到在印制时左右移动，网版的横向刻幅略宽于印花坯布（5.08cm）（2英寸）左右。在圆网印花过程中，若采用留白边的做法，花网的刻幅每边略窄于印花坯布门幅0.5~1cm。所以花样横向的左右尺寸问题不大，需要考虑主要是花样的上下接头尺寸。

滚筒印花符合印花要求花样的上下尺寸，应掌握为网筒允许范围圆周的整除数。新花筒圆周在419~445mm（16.5~17.5英寸）之间，在印花机上印制时，由于可以采用不同大小的对花齿轮传动花筒，所以允许在一定范围内改变花筒圆周的尺寸，圆周在356~470mm之间的任何变动，都不会造成印制困难，但花筒圆周低于356mm（14英寸）会给印制造成困难，因此，在实际应用中，花筒圆周一般掌握在356~445mm（14~17.5英寸）之间。作为滚筒印花单位，花样上下尺寸最大应不超过该圆周尺寸，若小可根据图案花型具体确定，按其整数位选择上述范围内的铜滚筒。圆网印花的镍网圆周尺寸是固定的，一般为640mm，也有圆周尺寸有820mm、941mm、1018mm等网坯。应用于圆网印花的印花单位花样上下尺寸应为圆周周长的整数倍。以常用的640mm网坯为例。其设计的花样单位对应为642mm、321mm、160.5mm、107mm、80.25mm……如果花样单位上下尺寸不符合要求，必须作相应修改。

修改常用方法有以下几种。

（1）有控制的全面缩放。经全面缩小或放大的花样，往往会与原样产生较大的差异。因此，要有控制地全面缩放，所谓有控制地全面缩放指的是全面缩放的比例，一般掌握在10%（面积）左右。在此范围内产生的差异，肉眼不易明显觉察到。

在这里特别要强调的是全面缩放掌握在10%左右指的是"面积"，不是指的"边长"，若边长缩小10%，面积就要缩小19%，反之边长如放大10%，面积就要放大21%，因此全面缩放面积10%左右，如用边长表示，每边缩放在3%左右。

有时客户对花样也会提出某些修改要求，如"请把该花样缩小50%"，要正确理解其内容，在这里缩小50%指的是面积，长和宽分别收缩30%，这样0.7×0.7=0.49符合缩小50%的要求。

（2）其他方法。采用上述全面缩放方法并不是所有花型都适宜，对于那些精细密满的花样不宜采用全面缩小的方法，对于那些比较粗犷的花样不宜直接全面放大，否则会与原样风格不符，对以上花型可采用花型不变，地纹全面缩小或放大的方法来解决。

（3）重新接头与图案设计。

①针对一些花回较大的花样例如平版筛网印花样改为圆网印花样往往需开刀接头。此时，应尽量保留原样风格，删去一些次要的小花、散花，保留主花。

②对于那些非几何对称花型，花样单位尺寸较小时，可用经向平均拉开的方法解决；对于一些花卉花型可添加小花、散花，要做到添加合理，符合规律，并避免产生档子；若花样单位尺寸差距较大，而花型不是很大时，可再接一组原花型。

③对于图案经向单位尺寸过大或过小，而纬向单位尺寸恰能满足花回的要求，这时可考虑将纬向作为"天""地"。但必须注意，若花型具有方向性时就不能改变经纬向。

若采用上述方法都有困难，可采用花型重新排列组合的方法，尽量做到保留原样风格。凡经修改的花样，除客户均已授权以外，一般都需要经客户确认后方可投入生产。

平网印花筛网框尺寸相对要来得大些，花样接头尺寸相对限制要小些，但仍要考虑花样单位尺寸与现有的筛网框内缘尺寸相适应。

四、确定组成套数

印花机器都有其最多设计套数，例如圆网印花机最多设计套数为16套，大部分为12套。滚筒印花机大部分为8套。而在实际生产过程中考虑到压布贴布的需要，需安排光辊；为减少印坯花衣、纤毛黏附网筒，减少堵网疵病，需在印坯刚进导布处留位加装黏搭花衣纤毛网筒；为保证和提高得色均匀，减少色浆在织物表面的堆积，减少烘房的搭色，有时需要在织物将要脱离橡皮导带前要添加光面网筒；为保证印制效果，如块面、线条组成的纹样，又如为减少异色等，工艺需要同一色泽有时要分作两只网筒；有时为减少印花织物的折皱疵病的产生需添加白浆网筒；为保证得色丰满，减少白芯疵布，克服白芯疵点，有时需加做加网等，生产工艺和技术上的要求，不得不减少花布图案的组成套数，不能按印花机设计套数作为花布图案的套数。因此，滚筒印花机实际有效套数通常为6套；12套色的圆网印花机，在一般情况下以不超过10套为宜。再多的套数宜选用三原色原理，以产生各种叠色效果的范围来考虑。对于浅地深花的染地罩印花样，地色可采用染色方法，这样可多印一套色泽。

五、花布图案的色泽

客户提供的花样基质是多样的，有图案设计人员的绘制花样，有电脑打印的彩稿，有布样等。绘制花样采用的是广告色，电脑彩稿所用的是油墨，布样的织物组织规格、纤维成分与客户要印制的织物组织规格、纤维成分不同，所采用的染料也不同，对花布图案色泽的审理要注意以下问题。

1. 注意花样所提供的纹样色泽能否获得

在这里所说"色泽能否获得"包含两个含义：一是指能否得到相同色泽或近似色泽；二是指染色牢度，相同色泽或近似色泽的染料、涂料印制在织物上，应具有一定的染色牢度。色泽相同、近似而染色牢度不好的，不能称"色泽能够获得"。有些广告色，电脑油墨色以及不同类别的染料色泽在印花生产过程中不易获得，或者色泽能达到而染色牢度不好，均宜提出修改意见。

2. 注意花布图案色与色相碰处是否有留白或加上黑色色边

如无留白或未加上黑线色边，在采用直接印花方法印制时易产生异色，这种情况特别是在采用相反色时更为突出。广告色等由于其覆盖能力较强的缘故，绘成花样色与色相碰处问题不大；而在织物印花过程中却不一样，在印花过程中若能采用防印工艺，该问题不大，若不能采用防印印花工艺，而用直接印花则易产生异色，花样审理时应作说明并修改成"不规则留白"。

3. 注意有无"跳灯"现象

对于客户来样指定的色泽，印花生产企业在印制前一般均要经配色打样。有时，在某一对色光源下，所打小样色泽与客户来样色泽相同或相似，可是在变换对色光源后，原打小样色泽与客户来样色泽对比相差很大，我们把这一现象称作"跳灯"。产生"跳灯"现象的原因是由于客供来样与所打小样采用的基质不同（如纸张、织物）；有的虽然都是织物，但不是同质布样（如丝绸、合成纤维等）；织物组织结构不同，色样表面光洁度不一致，以及所采用的印花染料种类或品种不同等因素致使各自光反射程度不同，造成同色异谱而产生"跳灯"现象。消除"跳灯"现象通常采取的措施是：根据客户的来样，以同质同组织结构的织物打色板样，让客户确认。在大生产时，以确认样色泽为标准。对色光源按客户指定的。色差一般控制在4级以上，尤其是满地和大面积花样要求更高，当然，也可对来样所用的染料种类进行了解和鉴定，尽可能选用同类染料品种进行配色打样，以获得同色同谱的效果，杜绝"跳灯"现象。

六、印花成本

1. 设计图素

织物印花不仅要求质量好、数量多，而且要做到成本低，俗话说"一笔值千金"，作为设计人员，不仅要能绘制美观、大方，受消费者欢迎的艺术纹样，同时要能熟悉印花生产，能提供成本低廉、便利生产、确保生产顺利进行的花布图案。花样成本的高低一般受如下因素的影响。

（1）花型面积的大小与疏密。如用同类染料，一般来说大花比小花成本高，花密比花疏的成本高，色地比白地的成本高，花型面积大的成本比面积小的成本高。

（2）套色多少。一般来说，套色多的染料要多，套色越多则用网版越多，雕刻时间越长，印花色浆消耗越多，故成本越高。

（3）色泽的深浅。同类染料色泽越深成本越高。染料价格及所用染化助剂的价格成本也有较大的不同，例如还原染料比活性染料成本高。

（4）花型结构对印花工艺的要求。一般来讲直接印花较防拔染印花工艺成本要低些。用防拔染印花工艺成本较高。

印花图案设计人员在设计花布图案时，一般会结合上述问题与其他诸问题予以考虑。但有时也有考虑不周，或由于对生产情况不主熟悉而疏忽了成本的情况，故印花工艺设计人员需要在花样审单时予以补充。发现问题要与企业接单部门或客户进行联系，在不影响花布图案精神和工艺效果的前提下，提出问题所在，并提出修改意见，以降低成本。

2. 客户因素

当今，随着消费水平的提高，消费者对织物印花质量如印制轮廓的清晰度、色泽鲜艳度等要求大大提高，而生产中下单的特点是多品种少批量。从目前印花生产审单接单的实践中看，以考虑成本角度要与客户沟通的主要有下列两方面问题。

（1）印花工艺的确定。防拔染印花工艺繁复，成本较高；直接印花工艺相对简单，成本较低。采用不同工艺，则客户承担的加工费是不同的。对于某些防拔印花样，如花纹为浅色，地色为深色的花样，色与色相碰可允许脱开，修改成留白的则可以选择直接印花工艺，加工收费相对要低些。对于客户，一定要按客供花样的实样印制，印花生产时需采用防拔染印花工艺，则审单时与客户沟通，按防拔染印花工艺收费。

（2）网筒使用的只数。网版包括制作成本占印花生产总成本比例上的份额情况是：若织物印制数量较多，其所占比例并不多；但若织物印制数量不多，网版成本在印花生产总成本中的比例就显得较高，该部分成本就要予以重视。以往网筒使用原则上一套颜色用一只网筒，而现在要保证和提高印制效果，在不同的具体花型中要增加网筒的数量，例如用喷笔绘制的多色云纹花样，采用常规描样方法需要 2~3 个网筒；又如水渍花型，也多以多套色表达；块面与撇丝、细线条、猫爪拟分作两只网筒；对于一个花型有几种不同配色时，常有深浅倒置的情况，若不能做防印印花工艺则要配置深浅倒置网筒等，这样，有时就要增加一定数量的网筒，印制成本会有所提高。对此要与客户沟通和确认，承担必要的网筒费用。

七、印制中可能会遇到问题的考虑

花样审理时还需要全面分析花样的花型结构、印制的织物品种，认真考虑在实际印制过程中可能会遇到的问题，以避免生产及印制效果不理想。

花布图案千变万化，有些图案设计人员可能不熟悉印花生产过程，在考虑花样精神及艺术效果时，忽略了印花生产操作的便利性和可操作性，以致给生产带来一定的难度。举例来说，在印制时需要对花，对花不准是织物印花产品常见的疵病之一。在花布图案设计中，设计成不同色块尖角，对尖角、花纹上的勾线在小色块的不同方向、一色对多色等都会增加对花和印制过程中操作的困难。对于上述花样如稍加修改：不同方块改为边线对边线，花纹上的勾线改在同一方向，一色对多色改为一色对两色，第三、第四层次勾线改成第二层次对花等级，这样可大大改善对花的难度，便于生产操作，同时对总体花样精神，艺术效果并无多大影响。

绘成花样的点子太密，字母过小，线条过细、过密、留白太窄等，在印制过程中不易达到满意效果，宜在不影响花型总体效果的情况下予以修改。

色泽鲜艳度与花样花型结构有着密切的关系，例如满地花型，大面积花型为深色满地，小面积花型为浅色小花，要求色泽鲜艳，这是经常遇到的花型之一。对于这种花型，一般花筒排列是把深色排在前面，浅色小花排在后面，这主要出于保证花型轮廓清晰的考虑。但这样做带来的最大问题即易产生"传色"疵病，从而影响色泽鲜艳度。如在可能的范围内把深色满地与浅色小花之间脱开留白，这样既可在印制中把浅色小花排列在前面，深色满地排在后面，以致"传色"疵病得以避免，从而大大有利色泽鲜艳度的提高。

对于那些黑线条、黑点等印在深蓝块面上的花样，由于两色反差较小，印制出来的效果不明显，在印制前应向客户说明，同样建议修改。如客户坚持原样，则以印制实际为准，按客户的意见办，以保证印花生产的顺利进行。

接单时，对客户要求所印制的织物品种的规格，如属常规品种或相似品种，接单后即可打色样（仿配色），制作网版投入印花生产。而对于客户提出的特殊品种和未加工的品种，则必须进行先锋实验，以确保其各项指标符合客户要求，才能进行投产。

第三节　订单必须要明确的项目

企业接到意向订单进行必要的花样审理和其他有关内容的审理后，客户与企业双向同意下单，接单时，要签订合同并下订单。订单是客户委托加工印花产品订单所要达到的各项要求，以及企业对印花产品完成的承诺，对于企业内部各生产部门来说是完成印花产品的指令，印花生产要围绕达到订单各种要求而进行。为此，订单下达的各项必须要明确、简洁、全面。订单必须要明确的项目有以下几次。

（1）订单。订单信息包括：产品规格（包括坯布、成品门幅、纱线密度、经纬密度等）、要货数量、坯布来源、来坯日期和交货日期等。

（2）客来标样、附办、确认办。按照生产实践客户下单所来花样看：有花型样、回位样、效果样、配色位置样之分，以上四种样板有时仅用一个样子，有时用几个样子表示，生产时要注意区分。另外，客户给企业的配色标准办会附办。附办有布办、纸办、画办、潘通色卡号等，其要仿色、配色的依据。确认办也叫色窗（L/D）时客户对仿色的确认意见，要按客人明确批注进行生产。S/O办是STRIKE-OFF的缩写，意指大车样。而在一般企业中实际是手刮样，客户对此办的批注意见也是进行生产的重要依据。在接单时要收集好有关资料，在生产过程中注意保管好。

（3）物理指标。无特殊要求的按国家标准执行。客户有要求时，应结合企业的技术水平与客户协商，尽可能满足客户要求。

客户经常提出的标准有：国际标准ISO是国际上普遍接受的中档标准、美国染化工作者协会标准AATCC（美国标准被许多国家采用）、欧盟标准EN、日本标准JIS、国际生态纺织品标准Oeko-Tex、一些国际大型采购商自己制定的商业标准。

（4）测色光源。要明确测色光源如 D65、TL84、CWF 等，并了解客户偏好的看样光源。

（5）染色牢度。除常规的染色牢度要明确外，对一些非常规的染色牢度要求，如耐氯漂牢度、汗渍牢度、干湿摩擦牢度、耐光牢度等级，凡是客户要求的应在订单上注明，尽可能采取措施满足客户的要求。

（6）对印花产品整装的要求。包括定级标准、成卷码长、单色或拼色成件等。

第四节　接单与审单应注意的事项

印花布生产接单一般是由企业贸易部（或经营部）的业务员承担，该工作进行得好坏，对企业保证印花成品的质量和生产的顺利进行有着密切的关系。接单人员的业务能力除具有良好的经营业务水平外还必须对本企业印花生产水平及状况有所了解和熟悉，然而，在现实中，有相当的业务员对印花生产的熟悉程度还不够理想，对花样领会得不够确切，对印花成品效果心中无数，易造成贷单条款遗漏或含糊不清，因此需印花工艺设计人员参与接单、洽谈，以便了解和领会客户订单的要求，这对印花工艺设计和印花生产的顺利进行很有帮助。

对审单过程中发现的问题，作为企业应设法解决，尽量满足客户的要求。对于确实存在的问题，要与客户及时沟通，以便统一。

外贸代理公司为了使委托加工的订单、要货单的要求得以实现或为了解情况，常派驻厂员或跟单员，因此，企业在生产过程中应及时与驻厂员或跟单员沟通，根据具体情况及时采取措施避免不应发生的损失。

第二章　印花工艺设计

　　花样经审理、接单后，就要进行印花工艺设计。印花工艺设计是织物印花的重要组成部分。印花工艺设计的好坏对织物印花生产的顺利与否以及织物印花产品质量的保证有十分密切的关系。

　　印花工艺设计的任务是：根据客户提供的绘成花样和要求，在投入印花生产前明确提出印花工艺，印花各个环节的技术要求、措施及注意点，做到正确合理地指导印花生产，以在织物上使花样上的纹样色彩效果连续地体现出来，既在外观上体现绘成花样的精神，同时又在内在质量上达到各项标准。

　　印花工艺设计的内容主要包括：确定在印花生产过程中所采用的印花方法、印花工艺、染化料的选用、网版排列、网版雕刻要求以及对印花织物的前处理、后处理的考虑等方面。

第一节　印花工艺范围的确定

　　首先要了解印制花样的织物的纤维成分，也就是要明确加工的对象。作为纺织原料的纤维种类多种多样，不同的纤维各有其不同的性质，对印花加工有不同的要求，选用的印花工艺、染化料以及印花加工的各种处理也不相同。例如：棉纤维为亲水性纤维，可选用所有在水中能溶解或能生成隐色体而溶于水的染料，或依靠黏合剂将颜料覆盖附于织物上的涂料，对于具有良好染色牢度的也均可选用。涤纶为疏水性纤维，就目前来说，染料的选用一般只局限于选择疏水性的分散染料或涂料来进行印花生产。又如丝纤维印花选用的染料目前主要为弱酸性染料、中性染料等，腈纶纤维印花选用的染料主要为阳离子染料……因此，在确定印花工艺时，搞清印花织物纤维原料的组成，明确加工对象，就能为印花工艺确定大体的范围。这一步做起来比较简单，但却是最基础的一步。

第二节　印花设备的选用

　　当前，机械印花的设备主要有滚筒印花机、圆网印花机、平网印花机等几种。滚筒印花机由于其印花套数、花样回头尺寸和织物幅宽所受的限制较大，劳动强度较大，操作繁复的缘故，该设备的使用市场已出现萎缩。而圆网印花机、平网印花机应用较多，在相当多的印花企业中同时存在圆网印花机和平网印花机。这两种设备各有其优缺点和印制的适应性，其具体体现在：圆网印花机车速较快，进布时织物张力相对较大，花样的适应性较广，无接版印的顾虑，印制直条花样无接头印。圆网印花机从刮印系统的不同，可分为磁棒刮刀圆网印花机和不锈钢刮刀圆网印花机，从生产线中看，磁棒刮刀印制的大面积花型的匀染性较好，所印印浆较易渗透到织物内部甚至反面；不锈钢刮刀印制花样的精细度效果较好，可满足轻薄织物和厚重织物印制时的不同要求，且适合印制各种花型。平网印花机花样回头尺寸、套色多少所受限制相对要小，印制时的车速较慢，有利于易于变形、卷边织物进布调节及操作，印制的织物花色浓艳度为其他印花方式所不及，该机的缺点是有接版印。直条花型的接版印较难解决，大块面满地花样常因制版不当也会产生接版印。为此，当一张订单接下来进行印花工艺设计时，应当了解该花样印制在哪一种织物上、该织物有什么特点、对印制进布时的张力的要求、花样回头尺寸、套数多少等，对于同一企业存在不同印花设备的情况下，要认真考虑采用何种印花机印制较为有利。圆网印花机较适宜印制数量较大的机织物印花以及针织物直条型花样的印制；平网印花机适宜于小批量、多品种高档织物的印花生产，适宜于易于变形、卷边织物的印制，该机是针织物印花的首选，但不适宜直条型花型。

第三节　印花方法的确定

印花工艺及方法选择的主要依据，是分析花布图案各色之间的关系，看色与色之间的接触情况。

花样的花布图案形式多种多样、千变万化，但若把花布图案色与色接触仔细分析，可以发现其有一定的规律，归纳起来主要有下列四种类型。

（1）白地花样。白地面积较大，纹样为散花。

（2）满地花样。花纹与色地留白。

（3）色地罩印花样。

（4）满地上有花纹，花纹与地色接触无留白及第三色；或局部无留白，局部有留白。

上述四种类型的花样，第（1）、第（2）种类型的花纹与花纹、花纹与地色之间有"留白"，这是直接印花的特征，一般在印花中可以考虑采用直接印花方法和工艺。第（3）种类型的花样可采用先染地色再罩印的方法和工艺。染地罩印花样地色多数为浅地色印深色花纹；现也有地色为深地色、罩印浅色花纹的类型，对于此类花型一般染地后罩印遮盖罩印涂料工艺。若此工艺客户不同意则拟采用防拔染印花或防印印花工艺。第（4）种类型，在印花生产中一般需选用防拔染印花、单面防印印花的方法和工艺，以保证地色上精细花纹的轮廓清晰，色与色接触处无露白及第三色、异色的产生。对于局部无留白的花型，则可采用局部单面防印的印花工艺和方法进行生产。

第四节　印花生产要点分析

印花工艺及方法选定后，接着要对来样和所印制的织物进行印花生产技术和管理要点分析。在不同织物组织规格品种、不同印制要求的情况下，要逐个对订单进行分析、采取对策、制订措施。在印花生产过程中，对每一单生产的要点、难点、应该采取的措施做到心中有数，以便使印花生产得以顺利进行。

织物印花虽然接触的都是织物，但品种繁多，名目多样，客户对印制的要求也不相同，这些变化的因素必须要处理好，否则会给印花生产、印花成品带来问题和麻烦。例如，织物组织规格不同，致使织物有厚重的，有轻薄的，有紧密的，有稀松的。织物紧密者，在织物印制过程中一般较易出现的问题是织物表面的印花色浆不易渗透至织物内部或反面从而容易产生溢浆疵病；织物稀薄者，在织物印花生产过程中容易产生形变、纬斜、破洞、破边，印制过程中容易产生搭色复印疵病；皱布，弹力布等印花生产在加工过程中容易产生褶皱，在印制时织物必须平整。皱布印花成品必须要有折绉，印制与起绉的关系如何处理；弹力布印花，其成品布面需要平整，褶皱疵病如何克服，并保持良好的弹性和尺寸稳定性，这些都必须要有应对的措施。绒布印花的绒毛，灯芯绒印花的灯芯绒条经过印花生产如何能保持良好的状态以及绒毛、灯芯绒条给印制生产带来的麻烦如何减少到最低程度，甚至得以克服等，这在印花工艺设计时都需加以考虑。其次，客户来样有印制要求，如仿蜡防印花对蜡纹效果、花边、色泽浓艳度、叠色等都提出了要求；又如精细花样，精细线条花样要求达到花样精细效果等。在印花工艺设计时，应针对花样的特点，在分析的基础上提出相应的措施和生产要求。另外，目前针织物印花有较大发展，若要进行针织物印花，则应该在明确针织物与机织物区别的前提下，了解生产中会遇到的问题和难点，从设备选用、印花工艺的配备和操作的改进等诸方面采取措施，把织物印花质量提高。

第五节　印花染料的选用

作为印花用的染料种类品种是较多的。随着世界性"绿色消费"潮流的到来，作为纺织产品基本安全技术越来越受到人们的关注。那些在印花和染整过程中添加的可分解芳香胺、致癌、致敏以及重金属离子超标的染料和染化助剂，或多或少地含有或产生对人体有害物质的染料、染化助剂已属禁用之列。为此，目前应用与印花的染料大类主要有下列几种。

　　棉、黏胶纤维直接印花常用的印花工艺为活性染料工艺。活性染料具有色泽鲜艳、色谱齐全、制浆方便、印制顺利、牢度较为优良、成本较为低廉等优点。另外，活性染料经过筛选可以作为防拔染印花的地色色谱的选用。涂料在棉织物直接印花中也较为常用，其色彩鲜艳、轮廓清晰、操作简单、工艺简便，在防印活性地色以及拔染活性地色中可作为色拔颜料。

　　还原染料虽然有其独特的特点，但由于其成本和操作因素的关系，故在棉织物直接印花中，常被其他染料所代替，应用不多。目前，该染料较常应用在拔染印花中作为色拔颜料。

　　涤纶织物的直接印花选用的是分散染料印花工艺；真丝、锦纶织物直接印花选用的主要是弱酸性染料、中性染料及部分的直接染料印花工艺。腈纶织物直接印花中选用的是阳离子染料印花工艺等。

　　各大类染料中的每一个染料品种，并不是都能应用于织物印花的。因此，染料确定了大类以后，接着要考虑染料品种的选用。在实际印制前，染料各个品种都要经过筛选，实验测试。染料品种筛选的原则包括以下方面。

一、考虑色谱的齐全

　　在染料色泽选用上，红、黄、蓝、黑等色的用量较大，这些是主色。有些二次色、三次色可由上述几种色泽的染料拼用获得。如大类染料中有比较理想的二次色、三次色，则可根据实际选配直接获得。主色中的蓝色，如有条件最好选配艳蓝（红光蓝）、深蓝、翠蓝（青光蓝）等色谱；红色选配黄光红、蓝光红等色谱；黄色选配嫩黄、金黄（红光黄）等色谱。此外，还可选用橙、红莲、青莲、棕、灰色等色谱，以满足印花的要求。

二、考虑每一色谱染料在不同浓度时的各项染色牢度

　　染色牢度不良的染料不可选用。考虑选用的标准是以各项染色牢度、服用牢度是否符合客户要求为基准，凡能达到客户要求染色牢度的就可选用。有些染料在不同浓度时所测出的染色牢度表现不一。例如活性染料还有一套比较完整的色谱可供印花选用，但有全面优良染色牢度的活性染料目前还为数不多，特别是耐日晒牢度、耐气候牢度会随着染料浓度的降低而急剧下降；耐摩擦牢度会随着染料浓度的增加而降低。因而当印中浅色时要考虑采用其他染料共同印花，以取长补短。当考虑到摩擦牢度特别是湿摩擦牢度时，宜采用筛选染料并采取提高摩擦牢度的措施，以满足客户对摩擦牢度的要求。

　　有的客户对染色牢度比常规的有更多的要求，例如提出耐光牢度、耐氯漂牢度、耐汗渍牢度、耐干湿摩擦牢度的要求。对此，要满足客户应从染料选择上考虑。为满足耐光牢度的要求，则选用耐光牢度好的染料如还原染料和高耐光照活性染料；为满足耐氯漂牢度、耐汗渍牢度的要求，则选用还原染料和耐氯漂大于 20mg/L（有效氯）的活性染料；为满足耐干湿摩擦牢度可选用固色率高、提升率好的双活性基团的活性染料。

三、考虑染料在印制中的适应性

每一大类的印花染料都有其共同的特点，但对每一个具体染料品种来说，又有其个性。例如染料力份、溶解度、直接性大小、与印花色浆组分的相溶性、耐电解质、对印花色浆酸碱性的要求、印花色浆的稳定性、对固色条件及工艺条件的掌握、易洗涤性、白布沾色、有无风印情况、防拔染性能等，在每一类个别的具体染料品种上表现不尽相同。上述所谈均为印花工艺设计时参考的重要依据。

印花企业应将各类工艺所适用的染料和涂料进行测试、比较和分类。同时要注意掌握和积累常用各类印花染料、涂料以及染地色用染料的性能，这是一项重要的工作。选择符合色牢度的要求、拼色合理的染料品种，以供小样仿色和确定印花色浆配方时使用。对于一些有特殊条件要求的订单，则应选择相对应的染料和染化助剂。

第六节　确定网版排列顺序

网版排列顺序对印花产品印制轮廓的清晰度、色泽鲜艳度、印制对花精确度以及确保印制顺利，减少印花疵布，提高印花质量有着重要的影响。因此，确定网版排列次序也是印花工艺设计的重要内容之一。

网版排列次序一般按如下原则进行。

（1）色泽排序原则。鲜艳明亮的色泽比较"娇嫩"，比较容易受印制过程中传色的影响而造成变色或色泽萎暗。因此，在花样纹样相互脱开、无碰印、无叠印的情况下，网版排列一般可由浅到深或者由鲜明到深暗排列。

（2）花纹面积排序原则。花纹面积有大有小，花纹面积越大，织物表面的滞浆量越大，传色沾污下一个网版色泽的可能性就越大，影响色泽鲜艳度。因此，在一般可能的情况下总是把花纹面积小的网版排在前面，花纹面积较大的排在后面，满地网版排在最后。有时，若遇同一色泽，特别是深浓色的花纹中既有点、线、小块面，同时又有条块、大块面的情况。这时，可将该色大小面积纹样分刻两个网版，以便在印制时可将深浓色小面积色泽网版排在最前。中间印制其他色泽，最后印制该色较大面积的色泽。这样，既可达到客户采样时提出的要求，符合采样精神，同时可保持各色的色泽鲜艳度。

（3）对花排序原则。相邻两色需要对花的一般应尽量排列靠拢、靠近，以便于对花。印制网版相隔越多，排列越远，越易产生对花不准。在花布图案中，往往一种色泽要对两种或两种以上的色泽，遇此情况宜尽可能地靠近排列。有时在可能的情况下，也可把这种色泽的网版排在要对的两只或两只以上的网版之间，做到前呼后应，统筹兼顾，俗称"挑扁担"。

（4）叠印、碰印排序原则。花纹色泽叠印、碰印花型在直接印花工艺中，网版排列一般按由深到浅的顺序排列。这是为了保证深色花纹轮廓的光洁清晰。印花色浆印制在干燥织物上，印制的纹样有较好的印制轮廓；若印花色浆印制在潮湿织物上则会产生渗化，印制轮廓不光洁。在印花生产过程中色泽叠印、碰印就有印花色浆是在干燥织物上印制和在已有印花色浆织物潮湿情况下印制的问题。如深色先印织物干燥，印制纹样轮廓清晰光洁无渗化，后面印制浅色纹样时在叠印、碰印处由于深色花纹已定轮廓，浅色纹样印花色浆印在潮湿处虽有渗化不光洁情况，但在深色花纹上看不出，能符合客来花样的精神。在此情况下如反过来看先印浅色后印深色，则叠印、碰印处深色印花色浆，印在已有浅色印花处。深色印浆会发生渗化，印制轮廓不清晰、不光洁，以致产生印花疵病。

至于网版由深至浅排列，容易产生传色，影响色泽鲜艳度的问题，则可考虑采取减少深色色浆在织物上的滞浆量、分刻网版、在可能的情况下，可在后印印浆中添加消色剂等技术措施来解决。

对于一些特殊纹样例如云纹花型，在处理叠印、碰印时，为了克服纹样露白，保证纹样过渡和润，有时，也要用由浅到深的排列方式。

在单面防印印花中，防印色浆虽然不深，但总排在被防印色浆的前面。防印色浆按深色原则处理。

（5）印花色浆的性质与色浆排序原则。一般是把容易被破坏、抵抗力弱的印花色浆网版排列在前，将不易破坏、抵抗力较强的色浆网版排列在后，以避免传色而造成印制的困难。例如，涂料与活性染料共印，涂料色浆中如传入碱剂、电介质之类的杂质易造成涂料色浆的结膜塞网，易造成合成增稠剂黏度变化，故在印花生产过程中，一般将涂料排列在前，活性染料排列在后。

（6）特种印花排序原则。金银粉印花和罩印浆印花等特种印花，为了避免该类印花色浆排在较前位置易被后面网版压轧而粘搭部分已印色浆，以致造成该类色浆印制效果差，色泽不丰满，轮廓不佳等问题，故一般排列在最后面位置。

第七节　各色浆间的协调

在多套色印花中，由于采用不同种类的染料共同印花或同浆印花，处理得不好容易产生各色浆间的不协调，结果给印制及印花产品的外观和内在质量带来问题和困难。为此，在印花工艺设计的过程中，要注意发现和解决各色浆间不协调的问题。要在不影响印花织物外观和内在质量的前提下，慎重考虑印花工艺流程以及各色浆处方的组成、用量，以减少矛盾，做到各色浆间的协调，减少印花疵病，保证顺利开车，提高印花产品的质量。

各色浆间的协调，大体可以从下列几个方面进行考虑。

（1）多套色印花中，在可能的情况下染料以选用同一类的为好。印花处方、印花工艺流程一般按工艺规定的常规处方和工艺进行。

（2）不同种类的染料共同印花或同浆印花，要注意所采用的印花工艺流程要能满足不同种类染料各自的需要。例如，涂料与活性染料同印或涂料防印活性染料。活性染料固色采用汽蒸即可完成，而对涂料来说如先采用汽蒸，对涂料黏合剂结膜不利，且摩擦等染色牢度达不到客户质量要求。为此，在上述染料共同印花过程中，固色时要添加焙烘工艺，以提高涂料的染色牢度。又如，分散染料与活性染料同浆印花固色，如企业有过热蒸汽汽蒸设备，该类印花色浆的染料固色经过一次汽蒸处理即可；若需要经饱和蒸汽和干热空气设备处理时，则要经汽蒸、焙烘二次处理。另外，考虑到分散染料在湿热碱性条件下，易发生还原、水解作用，易造成变色、给色量下降等情况，故固色时宜采用先焙烘后汽蒸，不可采用先汽蒸后焙烘印花工艺流程。

（3）要考虑传色及同浆印花过程中，不同印花色浆、不同染料、不同染化助剂糊料诸如酸与碱、氧化剂与还原剂以及所带阴阳电荷相互之间的影响。特别要考虑到网版位置接近、性质相反的染化料、助剂的处理和指定。例如，涂料与活性染料共同印花时，考虑到活性染料常用糊料海藻酸钠呈阴电荷性，涂料黏合剂应不用带阳电荷性的，以免发生凝结、吸附，产生印花疵病，妨碍印花生产的顺利进行。如已选定了阳电荷性的黏合剂，则活性染料的糊料应选用非离子型的，以利于印制。

（4）在不同类染料的共同印花及同浆印花中，印浆助剂和用量要根据所用工艺等具体情况考虑制订修正。这对印花色浆间协调起着重要作用。例如，涂料防印活性染料工艺中，涂料防印色浆中的酸剂不宜选用挥发性醋酸，因为醋酸的易挥发性，易致使活性染料受酸气侵蚀而影响活性染料的固色，造成色浅，或产生风印，尤其在碰印、叠印处更甚，故一般宜选用不挥发性的有机酸，如酒石酸、柠檬酸。活性染料印花色浆按常规处方，碱剂小苏打的用量一般为 1.5% ~3%。然而在与含酸剂色浆共同印花时，为了防止酸剂的影响，故碱剂在必须时增加到 4%。又如，在涤棉混纺织物中、深色印花中，常用分散/活性染料同浆印花。作为同浆组分中的分散染料、活性染料均要选用沾污性能、热溶变色性能及易洗涤性能优良的染料。除此之外，分散染料应选用耐碱性能良好的染料。碱剂用量应控制在活性染料碱用量的下限，以减少和防止碱剂对分散染料造成的不良影响，一般掌握在 1%~1.5%。另外，为防止渗化及白地沾污疵病产生，在分散/活性染料同浆时不宜加尿素，但中浅色则必须加尿素，否则色泽鲜艳度不良，用量一般不超过 5%。

第八节　网版雕刻的要求

网版雕刻对织物印花的印制效果有着直接的影响。在进行印花工艺设计时，为了使花样能在织物上表现出良好的艺术效果，除了要认真考虑确定的印花工艺外，还要认真考虑网版雕刻与制作。

一般印花企业网版雕刻制作有专门车间，或由外面网版专业制作企业承做，但他们雕刻制作网版必须要明确客户对花样的要求、审单接单具体意见以及印花工艺设计对网版制作的具体要求等，否则网版的雕刻制作无从下手，故在印花工艺设计时要对网版雕刻提出明确的要求。

一、提供明确的网版雕刻制作的必要信息

提供和收集好花型依据、配色样、回头尺寸、接版方式等资料，以便掌握和明确花样的总体风格精神。一般情况下，花样效果以大样为准。若来样附有平版小样，与大样有差异仍以大样为准。对于平版小样，客人已被确认指定要按平板 OK 小样效果做时，则以平板 OK 小样制网版投入生产。

要填写好"网版雕刻工艺单"，提出完成订单印花精神和效果在雕刻上应注意的事项。说明所有来样上的各类标注、印花生产所采用的工艺、明确在印花实际生产过程中网版排列次序、客户同意的处理方式、印制的生产品种、织物的幅宽、组织规格等，以便网版雕刻制作能顺利进行。上述事项如有疑问或不明处，应及时请示或联系有关人员和部门，明确各项工艺参数和要求后再制网。"网版雕刻工艺单"是网版雕刻制作的依据，不可缺少。

有的客户送来花样的同时带来菲林片，仅供分色参考。对于花型精种、精细程度、色与色关系的处理以及印制效果的理解不尽相同。各个企业存在着各自的制网经验，做法不完全相同。因此，必须经过工艺处理，以本企业制网工艺为准进行生产。

在填写"网版雕刻工艺单"时，要写清楚客户名称，编好订单号及花号，以便查找。

二、网版只数的确定

1. 增加网版

网版只数的确定，在现实操作中实际从接单、审单过程中就已进行。因其对印制的质量、印花轮廓的清晰度以及印花的成本等都有着重要的影响。为此，印花工艺设计时，就应将网版只数的确定与花筒排列次序明确告知网版制作雕刻部门。

一般是一套色泽做一只网版。在实际印花过程中，往往为能符合花布图案提神，保证印制效果，便利印制，常要增加网版雕刻的只数，在遇到下列情况时拟分刻网版和多刻网版，增加网版只数。

（1）同一色泽纹样组成中既有点、线、撇丝、小块面，又有较大块面、满地且色泽较深。为能在印制时，可根据花型特点来确定网版排列，拟将点、线等细小纹样与较大块面、满地等分刻两只网版。这样可将点、线等细小纹样与中、浅色其他纹样做叠印；较大块面深色排在后面，有利于减少传色疵点，有利于生产的顺利进行，便于分别调节网版压力，从而达到色泽一致的目的。

（2）同一色泽与其他色相碰，有同类色，也有相反色。客户要求相反色相碰处不接受异色（第三色）的存在。为了印制效果的需要，则可将与相反色相碰的和与同类色相碰的同一色色泽纹样分做两只网版。与相反色相碰纹样，在印制时可考虑做防印印花工艺，以满足客户对印制的要求。

（3）为防止茸毛、绒毛较多造成在印制过程中产生白芯白点疵病，保证得色均匀而丰满，便于印花时调节压力，对某些较大块面纹样，可另加做一只相同花纹纹样的网版，即一色做两只网版。

（4）某些白地印花花型纹样部分占整个布面的50%左右，且颜色较深，或裙边花型等在蒸化固色时，吸湿后容易起皱，较易产生搭色疵布。产生该问题的原因是由于印花色浆在蒸化过程中吸湿，但未印部分无此情况而引起的。解决该问题的措施是增做一只"白浆网"，该网的纹样即花样的白地部分，印制时印清水白浆。这样通过印制，织物几乎全部都印上了印浆，在蒸化过程中吸湿程度较为均匀，蒸化起皱的问题可得以解决。

（5）配色深浅倒置，不能做防印工艺印花时，如照某一纹样做网版，印制后会造成不同色位相同纹样大小不一。对于花型较大、条子较宽的花型或各色不相碰的花型等，不相碰花型无深浅倒置问题；花型较大、条子较宽等花型印制会产生纹样大小不一问题，但由于花型较大、较宽，稍有不均不易察觉问题不明显。然而，对于一些各色位花型大小要求严格，花型大小有客户不予接受，则必须按深浅倒置处理，要多做网版。

2. 减少网版

在印花生产中，有时遇到下列情况的可以酌情减少网版，节约成本，便利印制。

（1）运用叠色原理产生叠色效果，从而减少叠色网版雕刻只数。例如，深蓝和大红叠印获得黑色；蓝色和黄色叠色获得绿色等。在实际生产中即可减少上述网版的雕刻。运用该原理生产减少网版的做法的缺点是叠色所获得的色泽效果有时不尽如人意，只能以压印实际效果为准。对于叠色色泽部分要求严格的，则不能采用此法，只能做网版进行印花生产。

（2）有多个多层次花型，可采用半防印花工艺。即把不同色泽的多层次花型的最浅部位纹样雕刻在一只网版上，以运用一个或多个其他色泽叠印起半防效果，以达到减少网版只数获得多色的目的。

三、关于"色"与"色"间雕刻关系的处理

多套色花样中会遇到两色相遇的情况，要注意和处理好各色花纹处的相互影响和关系。两色相遇处理得好，能保证印制效果的理想；处理不好，容易产生两色间露白、脱版或严重异色。

两色相遇除采用压印，即将一种色叠印到另一种色的网版雕刻制作方法外，采用"借线""分线"是雕刻处理多套色花样两色相遇的主要方法。所谓"借线"法，即两种色泽花纹共用同一根边线。深颜色花纹的轮廓照常法向内收缩，而浅颜色花纹就借用深颜色花纹的

轮廓线。印花时，由于花纹向外渗开，深色花纹实际上恢复到原来图案纹样的位置，而浅色花纹在交界处则叠印在深色花纹上，因色浅及色泽相类似而无影响。"分线"法即是将两色邻接部分的轮廓线各自向内收缩一定距离的处理方法，以避免邻接两色的色浆印花后，由于渗化重叠而产生第三色。"反分线"法是将两色邻接部位花纹的轮廓线稍加重叠的一种处理方法，即将浅色花纹的轮廓线伸入按常规收缩后的深色花纹轮廓线之内 0.38~0.51mm（15~20英丝），使两色稍加重叠。

究竟采用何种方法，应根据印花要求、色泽情况以及织物组织规格等因素综合考虑。一般来说，"姊妹色"采用大借小压；云纹、水彩、水渍等花型可采用叠印；同类色对花精度要求一般的花型，可用"借线"处理方法。对于印花要求较高的可多"借"些，甚至采用"反分线"法，但最多不能超过 1.27mm（50英丝）；相反色两色相碰较易产生第三色（异色），搭色应小而均匀，对花要求不高的花型间可采用分线。另外，两色色浆性质不宜相碰印的也宜选用"分线"法。

在"借线""分线"中，又分大、中、小。要根据花型面积、网目高低、色浆扩开情况等，确定"借线""分线"的大小，从而确定邻接两色相叠、分开多少的程度。

四、网目的选定

合理选择网坯、网目是提高印花质量和效果的关键之一。网目选定的实质是考虑印制时在所印织物表面的给浆量、滞浆量。合理的给浆量、滞浆量与花型纹样轮廓清晰、色泽丰满及减少织物印花过程中印花疵病如复色、传色、露底、有无色边等有着直接的影响。因此，在印花工艺设计、网版雕刻时应重视网版网目的选择。

平版筛网选择的是丝网，圆网筛网选择的是圆网。

平版筛网上的筛网网眼大小和强力是衡量是否适用于印花的主要指标。网丝直径的粗细直接影响到印花筛网的强力和网孔的大小。在目数相同的情况下，网丝直径增大，筛网的强力提高，但有效筛滤面积下降，给浆量减少。目前应用较多的合成纤维筛网网丝材料为涤纶和锦纶，其货源充足、价格低廉且表面光滑、经久耐磨、透浆率高。其中以涤纶筛网更为可取，因其伸缩率小，制成的筛网花版变形小，有利于对花，而且耐酸性大大优于锦纶筛网，适宜于强酸性印浆的印制。

锦纶和涤纶筛网都有复丝和单丝之分。复丝筛网由几根较细的长丝加捻成丝束后编织而成，表面粗糙，网孔不规则。丝束体积比单丝的大，不能制成高目数网版，透浆性差，易出现塞网。单丝筛网由一根长丝编织而成，其表面平坦光滑，网孔整齐均一，色浆易通过，织物获得的浆层较为均匀且耐磨性高于复丝，故在平网印花筛网中尤以涤纶单丝筛网为多。

筛网织物组织一般有全绞纱组织、半绞纱组织、方平组织及平纹组织等几种。全绞纱组织、半绞纱组织的筛孔不会移动。质地坚牢，但纱线较粗，色浆不易通过，易产生塞网，故在平网印花中一般不予采用。平纹组织的优点是有效开孔面积大，网孔光滑，色浆易通过，花纹轮廓清晰，故在平网印花中应用较多。该组织的缺点是强度低于其他几种组织织物。方平组织的结构与平纹组织相仿，不同的是平纹组织的经纬均为单长丝，而方平组织的经纬均为双长丝。故该组织的强度比平纹组织高，但有效开孔率低。

圆网印花用的圆网网坯供应商有国内生产商和荷兰斯托克公司。荷兰斯托克（Stork）公司生产的印花镍网按制造方法不同分为 Standard 网、Penta 网和 Nova 网。上述的圆网在国内印花生产中应用较为广泛。对于它们的网目数、厚度（mm）、开孔率（%）、孔径（mm）以及其在印制过程的适应性都有一定的了解。根据圆网印花实践看，印花工艺设计时，在考虑网目数前，首先要对网坯的质量有所了解，要考虑本企业印花质量的要求与网坯在印花质量上的适应性。要求镍网网坯的内壁光滑，无任何毛刺；整个镍网的开孔率要均匀一致，特别是中间和左右两端要严格检查，以确保大块面满地印制均匀。孔与孔之间"死三角区"要小，以保证精细花型的印制，克服线条及纹样轮廓边缘的锯齿问题。镍网的韧性应适中，克服和减少印制过程中的断网出现。同一镍网及网与网之间的两端周长、开孔率和壁厚等误差要控制在规定标准内以确保对花精度。

目前用于平网印花筛网目数为 25~495 目。用于圆网印花镍网网坯目数情况如下：国内产品有 25 目、40 目、60 目、80 目、100 目、105 目、125 目、155 目等，荷兰斯托克公司产品 Standard 网有 40 目、60 目、80 目、100 目等，Penta 网有 80 目、105 目、125 目、155 目、185 目、215 目等，Nova 网有 135 目、165 目、195 目等。网目选择得是否合理，还得从实际的印制效果、印制纹样的清晰度、印制纹样的丰满度和均匀性上进行鉴别。作为一个印花设计者来说，要从印花生产的实践注意总结和提高，使网目的选定更为合理。网目的选择一般按如下原则进行。

（1）从花型结构看。精细的花纹及线条等选择网目数较高的；色块、粗线条花型、边缘较粗的花型选用目数较低的。

（2）从织物组织结构看。厚织物吸浆量较多应选择网目数较低的。反之，薄织物应选择网目数较高的。一般棉织物印花生产用网目数较低的；而合成纤维或其混纺织物用网目数较高的。

（3）从染化助剂及印浆的流动性颗粒大小看。色浆流动性好，染化助剂颗粒较细的可选用网目数较高的。

五、网版刻幅、缩率的确定

1. 网版刻幅的确定

网版刻幅过宽既浪费印花色浆又容易产生"色边""传色"等印花疵病，造成不应有的损失；刻幅太窄容易产生"白边"疵病同样会造成不应有的损失。

一般网版刻幅的掌握基本按以下两种办法处理。

（1）网版刻幅比印坯门幅宽 4~5cm。该种刻幅掌握的优点是：织物在印制时进布贴布如有游动影响不大；缺点是容易产生"色边""传色"等印花疵病。

（2）网版刻幅比印坯稍窄一些，印制的织物略留白边（小于1cm）。

这样做留白边是解决织物印花防止色边，减少传色的有效措施之一。由于所留白边狭窄，故在服装裁剪时并不造成损失，基本都在正常消耗范围内。采用这种刻幅方式存在的问题是对印制时进布操作要求较高，对印花半制品印前门幅要求也较高，要求印花半制品在印前都要拉到规定的门幅宽度。

网版刻幅是网版投入生产最基础的问题之一，这一问题如能解决，常规品种的网版刻幅成为制作网版时的常规标准就更不成问题了。但在工艺设计时不能忽略这一方面的考虑，对新品种要在了解印花半制品印前门幅的情况下，提出明确要求。

2. 网版缩率的确定

网版雕刻必须考虑网版制作的缩率。这主要是印花成品门幅经拉幅宽于印花半制品门幅，如不考虑网版缩率，易使花型横向拉宽而成扁形，不符原样。因此，在网版制作时有意识地使花样纹样横向收缩，这样经拉幅后使花型复原，符合原样。花样纹样这种横向收缩率称之为缩率。网版缩率一般是根据待印印花半制品门幅和成品门幅的大小来计算的。基本公式为：

缩率 =（成品门幅 – 待印印花半制品门幅）÷ 成品门幅 × 100%

对于待印印花半制品门幅不易缩窄，而对印花成品缩率要求较高者，在网版制作时为使印制效果符合原样，则可采用纬向花样纹样不收缩，上下经向花样纹样适量放大的做法。待整理印花布经预缩机预缩，织物纬向门幅尺寸基本不变化，而经向尺寸有一定量的紧缩，使花样纹样大小与客户来样相符。

第九节 制订印花前后处理要求

印花前处理和印花后处理同样是印花生产的重要组成部分。具体对某一花样的印花生产来说，要完成得好，让客户满意，不光印制过程要做得好，而且要将印花前处理和印花后处理都做好。因此，在印花工艺设计时，要明确提出印花前处理和印花后处理质量要求，制订切实措施。认真考虑在印花前处理和后处理的工艺规定和注意事项。

一、对印花半制品的要求

对一般印花产品来讲，为保证印花产品的质量对印花半制品的要求应稳定在一定的水平上。印花半制品的质量关系到印花织物的色泽鲜艳度、白地白度、得色均匀性，手感柔软性等一系列印制效果以及印制是否顺利进行的问题。一般要求烧毛要好、退浆要净、煮浆要透、白度要白、丝光要足。缩水率要稳定达标。对于合成纤维织物上的油剂和浆料也要祛除干净。在印花坯布前处理漂练过程中对烧毛级数、退浆率、毛效、白度、丝光钡值、布面pH等都要达到规定指标，以保证印花成品质量及印花生产的顺利进行。

对于不同品种客户的不同要求，则应根据不同的要求，提出不同的技术措施。例如就印花产品的白地来说，有半漂底（也叫本白底），这种是不需加白处理的，采用漂练常规工艺生产的半制品即可；复漂底即要求经复漂后印花，该类产品对白度要求较高，一般复漂后还要进行加白处理。在仿配色时要考虑加白对色光的影响；棉籽壳布是按客人要求生产的带有棉籽壳的漂练半制品。在漂练前处理过程中需要另外制订工艺流程和工艺条件，以满足客户的要求。

对于花样纹样及印花工艺的不同需要，对印花半制品有特殊要求，需在制订印花工艺设计时予以提出，以注意事项或注意点形式予以强调，请有关部门注意和执行。例如条格花纹、几何形花型对印花半制品纬向平整度要求特别高，不能有纬斜或弧形斜，以免花样纹样印后纬斜不平整。又如，乙烯砜型活性染料印花，对印花半制品的 pH 要求较高，要求织物布面维持在中性和微酸性，才能有利于染料的发色正常，防止和减少风印疵布的产生。印花涤棉混纺织物半制品在丝光时去碱净度要求较高，否则织物带碱经过高温定型后容易泛黄影响印制效果。

二、印花前待印半制品的准备

印花前准备从广义上理解应为印花坯布至待印前，能满足印制需要所有前处理加工过程。这里讲的印花前准备指的是除织物漂练前处理外，为了满足印花工艺，达到印花成品质量的生产需要而采取的所有印花前的加工过程。诸如染地罩印，拔染印花工艺需要的织物染地，为了提高织物白度的加白处理，为提高织物得色量的上尿素加工，黏胶纤维织物印前浸轧尿素碳酸钠溶液，俗称 SM 工艺。绒布的刷毛水洗、织物的整纬拉幅、易卷边针织物的浆边切边等均属此列。

印花前处理工序的确定应根据客户对印花产品的要求、印花工艺、印花方法以及织物的特点等，根据实际情况酌情确定。

三、印花染料的固着

印花染料的固色一般均由适当的热介质直接或间接加热，使染料向纤维内部扩散来完成的。印花与染色不同，为了避免由于润湿或摩擦造成花型白地沾污等问题，防止干燥色浆在液体介质中的溶落，因而热介质一般不宜用液体介质。采用固体介质容易出现印浆表面摩擦擦痕，原则上也不用。因此，印花织物染料固色介质一般都用气体介质。

1. 热介质的品种

目前染料固色常用的气体介质有热空气、饱和水蒸气和过热蒸汽三种，其不同点主要表现在下列方面。

（1）相对密度不同。在同一温度时作比较，饱和水蒸气最重，其次为加热空气，过热蒸汽最轻。这一特性应用在高温常压蒸化机结构上作为不使空气混入的办法。

（2）热容不同。过热蒸汽的比热器约为加热空气的一倍，热容也较大。这意味着对加热条件的变化，过热蒸汽比加热空气反应迟钝，容易控制。

（3）含水量不同。饱和水蒸气、过热蒸汽与加热空气显著的不同点是有无水分。过热蒸汽的水分要比饱和水蒸气所含水量少得多。例如，180℃过热蒸汽的水分含量只不过为130℃高压饱和水蒸气的32%。这一点在工艺上有着重要意义，直接影响染料的固色量。

2. 热介质的选择

采用何种热介质固色应根据印花染料的性质而定。从蒸汽中吸附的水分在印花中具有如下作用。

（1）构成纤维高分子之间的极性键，特别是氢键，由于吸附水分而被破坏，纤维膨胀，增大了高分子链的迁移率。

（2）泡胀干燥的色浆薄膜，溶解染料和助剂。

（3）有助于染料向纤维内部扩散即成为化学反应的必要介质。

自从出现合成纤维和研制了分散染料以后，因染料和纤维疏水性关系开始出现了含湿率小或完全不含水分的干热固着方式，焙烘提到了显要位置，而且对天然纤维织物也进行了干热固着方法的尝试和实践。由于固色方法的多样化，固色设备也开始分化。但各种各样的固着方法，不是都能得出同等效果的，各种固着方法所能得到的得色率区别还是相当大的，以活性染料、分散染料为例，活性染料一般以饱和水蒸气化蒸为好。若以过热蒸汽与干热空气比较，该染料的得色率以过热蒸汽固色为优。对碱敏感的分散染料，过热蒸汽固色因水的存在比干热空气固色反应来得强烈。同时因水的存在助长了对某些染料的碱性敏感作用，易发生还原、水解以及增溶作用从而造成变色、褪色、给色量下降的情况，这在高压饱和蒸汽固色时更为明显。干热空气因无水分存在，固色效果较好，过热蒸汽次之。为此，作为印花工艺设计人员应该在掌握和了解印花染料性能以及固色条件要求的基础上，选择和考虑合理的固色方法和工艺条件。

3. 印花染料对湿度的要求

印花染料固色时除需要考虑温度、车速外，还需要考虑染料对湿度的要求。目前常用印花染料按对湿度的要求，大体可分为下列几类：

（1）固色时有一定湿度的有：活性染料、还原染料、酸性染料、阳离子染料等。在蒸化过程中要求蒸箱底部存水或箱内喷湿。为保证其吸湿，可在印浆中加入尿素、甘油之类的吸湿剂。

（2）固色时对湿度要求不高的有涂料等，在汽蒸的过程中蒸箱底层不存水或采用热空气焙烘固色。

（3）固色时无湿度要求的有分散染料，宜用热空气焙烘固色。

四、印花布固色后的平洗

染料固着后的水洗与烘干是印花工艺的最后过程。这个过程的主要目的和作用是：要把印花糊料、未上染的印花染料及其有关助剂一并从印花织物上洗去。如果这些杂质不洗净那将会使印花织物的染色牢度受到影响，易造成白底沾污致使印花织物的色泽鲜艳度下降、暗淡，另外还会使织物手感粗硬。所以印花布固色后的干洗工序同样应加以重视。

要抓好印花布固色后的干洗，达到预期的平洗效果，从狭义上理解就是指印花布固色后的平洗的工艺流程、工艺条件的落实执行，就是保证平洗工序相关的技术管理措施的实施。从广义上理解落实印花布固色后的平洗是重要的方面，除此以外还要落实其他方面的有关措施。因印花平洗效果的好坏除了与平洗工艺掌握的好坏有关外，还与糊料的易洗涤性、染料的固色率高低、印花时染料的最高限制用量与实际应用情况以及染料的固色条件的掌握等有关。为此，在印花工艺设计时，考虑印花布固色平洗这一工序和问题时，除考虑本工序工艺流程、工艺条件、相关的平洗操作等系列措施外，还应在印花工艺设计时要选择印花糊料易洗涤性优良、染料固色率高、提升率高的染化助剂予以应用。另外，还要考虑固色时的工艺流程、工艺条件以及相当操作的制订和落实。

有关落实印花布固色后的平洗工序的具体措施在后面章节中予以阐述，故本处不再赘述。

第十节　印花工艺设计指定书的开列

一般印花工艺设计指定书的制订，首先是由印花工艺设计人员在分析新花样的基础上，提出印花工艺、印花方法、网版雕刻、配色仿色等要求，在注意征求意见集思广益的情况下，分头进行印花的准备工作，诸如网板雕刻、配色仿色等，最后在印花投产前开列好印花工艺生产指定书，指导印花生产的进行。

作为"印花工艺生产指定书"的开列内容必须做到指令明确、不烦琐。具体要求开列下述内容：

（1）生产订单号、花网版号。生产订单号是工厂生产某花样在何年何月的顺序号。花网版号是工厂生产某花样的制作网版的编号。不同时间用同一花样网版编号进行印花会有不同的生产订单号，花网版号却只有一个。

生产订单号、花网版号是在接单下发生产要货单时即统一进行编号，以便在印花生产准备、印花过程中使用。在印花工艺生产指定书开列时应写清。

（2）生产品种规格、生产数量及印制色位和每一色位印制数量。

（3）花样生产依据。一般按大样生产。有的按布样、纸样等，如有客户指定意见则按客户修改意见处理，以便印花生产者明确印花生产对样。

（4）配色依据。一个花样在印制时往往有多个色位、多个配色情况。在制订印花工艺生产指定书时要注意按色位标清每一位各个颜色的色版。色版有布样、纸样等。如用潘通色卡的必须注清编号。如用公用色版的更要注清，使色浆调制人员对配色要求一看就清楚，不致因交代不清而在印花生产过程中发生差错。

（5）对待印半制品的地色要求。在印花生产过程中，由于生产品种的繁多，客户要求的不同，待印半制品根据生产需要对地色有不同的要求，例如有半漂地、染地、印后套地、加白地、带棉籽壳半制品、牛仔布等，有些待印半制品所具有的地色要求一般不会出错，但有的待印半制品的地色在管理不善、操作者责任心不强时容易出错，造成生产波动。例如有的需加白后印花的错采用本白半漂地印花，结果织物印制后白地不白，印后加白造成对印花布色光的影响。为此，在印花工艺生产指定书中立项写清。

（6）印花工艺。

（7）网版排列。

（8）各色位按网版排列次序的各色处方及配色附样。

（9）印制注意点及其他有关的技术措施的提出。

（10）要收集好必要资料，诸如以上提及的有关花样生产依据、配色依据等资料，花样、色卡、色版一并收集归于印花工艺生产指定书档案袋中以便核对。

（11）印花工艺生产指定书最好一式两份。可供印花生产时，印花机和色浆调制同时进行生产准备和生产。不致因仅有一份"指定书"而在生产一方用时，另一方等待而造成误工现象，这样可提高印花生产效率。

当然，两份印花工艺生产指定书所具有的内容有所不同。上面所述诸项在两份"指定书"中都要填写清楚。交印花机组使用的一份还需要附有"订单""网版雕刻工艺单"以便在印制生产过程中了解，核对客户对印花成品的质量要求以及网版雕刻制作过程中的制作情况。例如来样回头、实际回头、处理方式、网版配备。

第三章　印花轮廓清晰度的提高

印花轮廓清晰度是印制效果的重要外观质量指标之一。提高印花轮廓的清晰度是印花工作者追求的目标之一。

织物印花轮廓清晰度的提高牵涉到诸多因素，影响的具体原因可涉及方方面面，诸如织物印制的品种规格、漂练前处理及印前准备、印花工艺、色浆调制、网版雕刻、印制操作、印后整理等。从印花生产实践来看，要提高织物印花轮廓的清晰度，着重注意制版分色、网版配置、在印制操作中克服对花不准，避免产生色与色的重叠、露白，防止渗化疵病和异色（第三色）的产生等。为此，下面围绕制版分色方法和技巧的掌握、对花不准疵病的防止与克服、异色（第三色）疵病的防止与克服、防印印花工艺的应用、渗化疵病的防止等来加以阐述。

第一节　制版分色方法和技巧的掌握

织物印花图案、纹样有单套色，较多的为多套色。在织物印花生产过程中，为保证织物印花轮廓的清晰、色泽丰满，符合客户来样要求，必须要认真考虑色与色的关系处理和网版的配置，因此，不能忽视制版分色方法和技巧的使用和掌握的问题。

一、印花色浆在织物表面的滞留状况

1. 印花色浆在织物的表面均有"扩开现象"

印花色浆内含有一定量的水分，当其被印制在织物表面时，由于有毛细管效应因素存在，致使印花色浆有外扩现象，俗称有"铺开"现象。例如某条纹样，在分色时按花样实际粗细分色描稿而制成的网版，在实际生产过程中所印制的线条效果要比来样线条粗。因与花样纹样一般粗细的线条，加上外扩现象实际会变粗，以致造成印制效果不符样。为此，当制网分色时，对纹样必须要适当地进行合理的收描，在印制生产时待纹样扩开后能与印制来样粗细、大小一致，以达到满意的印制效果。

2. 印花色浆在干态织物与湿态织物上印制"扩开"效果差别较大

在织物印花时，一般第一只网版印制时不存在湿态织物的问题。织物表面是干的，印花

色浆印制的轮廓除已知的酌量扩开外，能使花型轮廓清晰。而当印制第二只网版时，除该网版纹样与第一只网版纹样的颜色毫不接触外，一般都有相当部分的印花色浆会与第一只网版的印花色浆相碰、相叠。后印的印花色浆是印在湿态织物上，所印花型轮廓较易发生渗化，纹样边缘不光洁。正因为如此，所以在织物印花时，若深色与浅色相碰叠印时一般要将深色网版排列在前，浅色网版排列在后。这样做的好处是深色纹样先印在干布上有利于花型轮廓的光洁、清晰；后印的浅色与深色相碰、相叠时，由于深色纹样在织物上的轮廓已定，叠印在深色部分的浅色虽然印在湿布处，该浅色轮廓虽有渗化，但印后不受影响。

3. "扩开"程度随条件的不同而有所变化

分色时收描多少往往与印花色浆的性能、所印织物的特点、花型结构以及印制操作等因素有关。例如活性染料印花色浆扩开要比涂料印花色浆大些，所以印制活性染料印花色浆的网版收描要比涂料印花色浆网版大些；又如织物紧密，不易吸浆，印花色浆易滞留在织物表面，经受压轧后所印色浆较易扩开，反之，则印花色浆扩开要小些。另外，从花型结构特点看，同一类花型印制压力大，扩开要大，压力小，扩开则小；花型直向的扩开要大些，横向的扩开则小些。为此，每一个印花企业要根据企业自身条件注意总结不同印花工艺、不同织物及不同花型特点所应采用的合理的收描规律和技术参数，以达到符合客户来样的目的。

4. 滞浆量是影响印制效果的重要因素

印花色浆在织物表面的滞留状况，除注意印花色浆在织物表面"扩开"现象外，还要注意其在织物表面的滞浆量。滞浆量滞留得是否合理直接关系到织物印花印制效果的好坏。滞浆量不足会造成露底、露白、色泽不丰满、浅淡、细线虚毛、断线、形似枯笔；滞浆量过多会产生溢浆，纹样轮廓边缘不光洁，甚至模糊不清。

要了解滞浆量，首先要了解给浆量。所谓给浆量指的是在印花生产某一条件下，在网版中或网版上的印花色浆被刮印至织物上的数量。滞浆量与给浆量有着密切的关系。一般来说，给浆量多，所印在织物上的滞浆量也多；反之，给浆量少，所印织物表面滞浆量也少。但是给浆量与滞浆量有所区别：滞浆量指的是当织物获得印花色浆后，印花色浆有被织物吸收渗透至纤维内部或渗至织物反面的情况。在织物表面的滞留量会随着渗透吸收的多少而有所不同。因此，在印花生产某一特定条件下给不同组织规格或不同前处理效果的织物印花，它们所获得的给浆量是相同的，但是在织物表面的滞浆量是不同的。

给浆量在印花生产的一定条件下，直接影响着所印织物的滞浆量。所印织物表面的滞浆量是影响印制效果的关键。

织物印花生产是个动态的过程，影响给浆量、滞浆量的原因是诸多的，其牵涉面比较广。为此，要不断总结和归纳各生产环节有利于合理滞浆量的原因、生产参数及措施，使滞浆量在控制状态中，得以织物印花印制效果的提高。

二、制版分色处理常用技术术语

1. 借线

将两色邻接部位的轮廓线重合为一的处理方法。即将浅色花纹的轮廓线与常规收描后的深色花纹轮廓线在邻接处重合为一。此法适用于对对花精度有一定要求的纹样，但要注意防止两种色浆邻接后产生第三色的场合。借线一般为深色收描，浅色扩放。根据需要可分为大借、中借、小借。

2. 压借、借压

压借、借压是深浅两色大借小压的分色处理方法。"小压"在小到什么程度时做压印，"大借"可做何种借线，根据不同花型纹样均是不同的。压借做压印的面积要稍大些，借线做"大借"；而借压做压印的面积要稍小些，借线做"中借"。基本做法即深收浅放。

3. 半借

表示与线相邻的色，向该线借线一半位。

4. 平借（无宾主）

以两色正中为基准线，双方各借一半。

5. 分线

将两色邻接部分的轮廓线各自向内收缩一定距离的处理方法。目的是避免邻接两色的色浆印花后，由于渗化而产生第三色。收缩距离的多少视花型特点和要求、网版目数、印花工艺以及所印织物的组织规格等情况而定，分线可分为大分线、中分线及小分线。

6. 反分线

将两色邻接部位的轮廓线稍加重叠的一种处理方法。即将浅色花纹的轮廓线伸入按常规收缩后的深色花纹轮廓线之内 0.38~0.51mm（15~20 英丝），使两色稍加重叠。此法使用于对花精度较高的花样制版，但不能用于两种色浆重叠后会相互破坏或产生第三色的场合。

7. 罩印（压印）

即将一种色叠印到另一种色的印花方法的统称。

8. 姐妹色

纹样色泽即为同一色调。例如深红、红色、浅红等叠印能起调和色泽的作用。纹样中深色纹样面积有大有小，有的较小的在制版分色时可采用大借小压处理。另外，云纹、水彩、水渍等纹样均可采用罩印（压印），以达调和色泽、丰满层次的效果。

9. 同色类

色泽互相搭色时，可以将浅色花型嵌入深色花型内，使其相互拼接处的色泽均匀，纹样色泽为同一类色。例如绿与黄绿、红与橘红、橘黄与黄、蓝与蓝绿等。对于对花要求较高的可以多搭一些。

10. 相反色

色泽相碰处的两色有互相补色效果，例如红与绿、蓝与红等，其两色互相叠色时，必然会产生第三色。为此，在分色处理时要慎重考虑，搭色要小而均匀；如不允许第三色的，则要考虑作分线处理或采用防印印花或防拔染印花工艺处理。

三、制版分色处理方法必须深化和细化

在制版分色时，目前常用的方法如借线、分线、反分线、罩印等对花型纹样姐妹色、同类色以及相反色的处理通常都有一套经验操作法。有的企业做得较好，有的企业做得并不理想，印制的成品实际效果差距较大，差距具体表现在制版分色处理方法的深化和细化不够，分色处理时不尽合理，随着科技的发展、电脑的应用，以致制版分色处理色与色的重叠、分离多少都可以达到量化的目标。每个印花企业应根据各方面的条件和情况，分析花型结构、色泽特点，摸索和制订一套更趋完整的制版分色技术资料和参数，以适应日益提高的印花要求。

四、辅助网版的考虑和配备

网版数量的配备原则上为一套颜色配置一个网版。例如花样为五套色，则配备五个网版；花样为八套色，则配备八个网版。上述的配置方法一般能满足对花型轮廓要求不高的纹样，但对要求印制效果质量较高，花型轮廓清晰度要求较高的精细印花是不易达到的。为保证印花织物质量与效果，提高印花织物花型的清晰度，做到精细印花，在印花过程中，除要做好每色的主网版外，还需要考虑辅助网的配备，以适应印制的需要。

目前采用辅助网的方法和形式有以下五种。

（1）分网。同一色泽的花样纹样分刻两只或两只以上的网版，予以印制的方式。

（2）加网。纹样同一色做两只网版，予以印制的方式。

（3）白浆网。专门印于纹样白地（或浅色地）位置的网版，印制浆料为不含着色剂的白浆。

（4）光网。无纹样网版。在印制过程中安排在有纹样网版前、中以及最后的位置。

（5）深浅倒置网对于客户来样多个色位中，配色有深浅倒置情况，而且要求不同配色色位，印制纹样效果大小一致，则要考虑采用该法予以解决。

辅助网的采用在印花生产过程中有利于印花压力的调节，有利于色泽均匀度的提高，有利于避免传色渗网、拖色疵病及异色（第三色）的产生，有利于减少和克服折皱疵布的产生，有利于符样率的提高。

五、分色操作注意事项

（1）在制版分色前一定要仔细做好审核工作。包括检查客户所来花样的回位尺寸、接版方式、花网在印制过程中的排列次序等，要认真领会"工艺指定书"上的要求，看清所有来样的说明和各类标注，弄懂弄清后再做，要把握好花样总的风格和精神，如有疑问，必须

及时提出。

（2）要认真区分花样大样、回位样、配色样等。上述所提及的几种色样在印花生产时，有时仅用一个色样（大样）表示，有时用几个色样表示，生产前要注意区分。回位样仅作花型尺寸大小及花型纹样排列的依据；配色样作花样颜色位置及分布的依据；而大样为花型样，是制版、印花生产的花型依据。印花效果一般以大样为准（特殊要求除外）。大样有纸样、布样、剪贴样等。一般回位、效果、配色位置在审样单上交代清楚，制版分色时要参照核对。

（3）要注意总结和完善不同纹样在制版分色时单色单边的收描依据。印花色浆在织物表面的铺扩往往与印花色浆的性能、所印织物的特点、各企业印花设备状况以及印制操作等因素有关。为保证制版分色的质量，企业必须对纹样经常碰到的细线（3mm以下）、块面、地色等注意总结和完善其单色单边收描数据，制订出不同纹样的收描规定并贯彻执行。

（4）在分色操作中要牢记不同网目、品种以及印花工艺所规定的最细线、最小点、最小留位、最小黑白比等。线过细、点太小、留位过小、黑白比不达标所制的网版在印制过程中，不能获得满意的效果。

（5）同一位置叠色实色一般不宜超过三种色。叠色过多，在印制过程中容易造成在织物表面给浆量、滞浆量增多，同时会冲淡色泽等致使印花生产中会产生印花疵病，生产不顺利。

（6）对于不同特色的花样、不同印花工艺要注意积累能达至精细印花方面的经验和方法，以及容易产生的印制问题应采取的措施。例如五角及多角星的尖角，撇丝根部尖角处描稿做法，撇丝过密处的抽稀、黑白比的掌握，花型中的关键小点，如动物花型中的眼鼻等如何处理；一般两色及以上共同组成的花型轮廓的做法；防印色浆与各色的处理；金银粉、白涂料分色描稿的做法；仿色织花型易出现龟纹问题的防止；云纹、毛爪、沙点等过渡花型做好的措施等，并用以指导分色制网，以供生产需要。

（7）保管好随大样一起来的所有资料。花样做好后，操作过程中拆下的标签、说明等一定要复原如初交至有关部门。

第二节　对花不准疵病的防止与克服

在印制两套色及其以上套色的花型时，织物上的全部或部分花型中，有一种或几种色泽没有正确地印到相应的花纹位置上，发生错位或重叠，造成与原样花布图案不符的疵病，称之为对花不准疵病。

对花不准是多套色圆网印花中经常发生的印花疵病，所占疵布的比重较大。对花不准疵病的产生与圆网印花机的精度、圆网及其制版、工艺、操作、印花坯布、贴布浆等因素密切相关。对花不准疵病的具体原因众多，其在布面上反映的疵病形态是多种多样的。在印花生产过程中，要在短暂的时间中仔细观察，认真分析，根据现时布面上的疵病形态，找出内在联系和规律，找出影响对花不准的关键因素和原因，找出突破口及时采取措施予以解决，对印花生产来说具有重大的现实意义。

下面就该类常见的几种疵病的形态原因分析及克服办法介绍如下。

一、一直对不准的对花不准与时有跑动的对花不准

一直对不准的对花不准是指从开车起一直对不准花型，一种或几种色泽总未印到相应的花纹位置，花型发生错位或重叠的对花不准；而时有跑动对花不准是指花型对准后，以后有跑动的对花不准。这两类对花不准疵病虽然都可以从印花机精度、圆网及其制版、工艺、操作、印花坯布、贴布浆等方面寻找对花不准的原因。但这两类对花不准造成的原因最根本的是一直对不准的对花不准的产生与上述方面的不可变因素有关；而时有跑动的对花不准的产生原因与上述方面的可变因素有关；而时有跑动的对花不准在生产过程中，事实已证明该花型能准确对花，在以后的印制中产生对花不准是由影响对花的可变因素所造成的，准确地分清和认定该两类对花不准的性质、特点为我们分析和寻找产生对花不准的具体原因确定大体的范围。

二、圆网圆周距离的对花不准

1. 产生疵病的原因

圆网圆周距离的对花不准的特点与圆周距离有关。该疵病从一开车就对花不准。这类疵病的产生原因很明显与圆网密切相关，具体产生的原因有以下几项。

（1）圆网制版工艺设计考虑不周。没有正确地分析花样图案花型特点，没有合理处理色与色之间的对花关系。在黑白稿或分色的描绘方法上应该采用借线的，却采用了分线；分线过大或过小等，以致在印制过程中产生错位、露白或叠印。

（2）镍网圆周大小一致。在这里所说的"镍网圆周大小不一致"指两方面的含义：一是指镍网圆周大小不一致；二是指圆网两端直径大小不一致，超出允许误差。同一套花版所用的镍网，圆周长度是否均匀一致是影响准确对花的重要因素。如果同一套花版的镍网的圆周周长不均匀一致，即使其他工序或影响因素无差错，也保证不了对花准确。符合规格的网坯，其外圆尺寸一般应控制到小数第二位。在使用镍网时，尽量要采用同一批号的网，切忌混用。在制网时，若采用批号不同、圆网直径不一，或在一套花样中，个别花色要求高，需用进口网时，为了节约成本，进口网与国产网混用，都会产生对花不准疵病。

另外，镍网两端直径的误差要小，较大的误差容易使花布的图案花型产生错位、露白或重叠，造成对花不准。

镍网两端闷头直径的大小，圆柱度等都会局部地影响圆网的周长，以致产生对花不准。

（3）圆网制版所用片基收缩不一。如描绘黑白稿的聚酯片基或连晒所用的片基收缩不一，使分色连晒时各单元的误差以及感光时色片错位，造成圆网本身的对花不准。

（4）圆网排列不当，需要对花的花网，特别是那些对花要求精度较高的花网排列未靠近，

而是排列得较远，增加了对花操作的难度，造成对花不准。

2. 解决方法

克服圆网圆周距离的对花不准可采取下列措施和办法。

（1）要注意分析花型结构特征，作为印花工艺设计。对有对花要求的，特别是那些对花要求较高的花型应慎重考虑。根据花型结构特点，合理掌握各色间能采用借线和合线的，则不采用分线。对于相反色，若允许有少量异色（第三色），不允许有留白时，则可考虑采用"借线"；对于不允许有异色，又不允许有留白的，且要求花型花纹轮廓清晰的，光应用色与色间相遇处理的手法是不够的，还应从所采用的印花工艺上进行考虑，采用防印印花工艺是目前解决相反色、产生异色（第三色）及保证对花的有效方法。

（2）切实做好圆网制版。同一套花型的圆网周长一定要均匀一致。若发现同一套花型的圆网周长不一致，则坚决调换，绝不能马虎。要注意选用同一批号的圆网，切不可将进口网与国产网混用。

认真做好印花镍网的复圆工作。镍网制造厂，为了包装和运输的方便，将10~20只生产的镍网套在一起包装成箱，因此，镍网经过包装后往往形成元宝形。当使用单位收到镍网后，应在使用前及时复圆。不能复圆的镍网大部分是超过期限和储存时间过长的镍网。上机圆网若成椭圆形也是造成对花不准的原因之一，所以在制网前要加强复圆工作。其处理方法如下：将用过的旧圆网去掉闷头，沿圆网的长度方向剪开，然后将剪开的圆网插入到要复圆的网内展开，置入涨圆装置进行复圆，复圆的温度为160~180℃，时间不得超过120min，一般情况下即可达到复圆的效果。

圆网有大小头，使用厂较难分辨。圆网大小头的允许误差应在同一侧，因此，在选择镍网时一定要注意镍网两端直径的差异。

镍网具有一定的弹性，镍网两端闷头直径的大小、圆柱度等都会局部地影响圆网的周长，因此，在安装闷头前，要用卡尺和平台对闷头进行严格的筛选，特别应认真仔细地检查，回用的旧闷头，坚决不予使用那些变形、不圆整的闷头。

（3）分色及黑白稿制作时，首先要领会花样精神，依据工艺设计所提要求，合理掌握各色间的借线、分线的方法。描绘时要考虑在生产时所采用的印花工艺，以及所印制的织物等渗浆、铺浆纹样扩开的情况，合理进行收缩。

固定连晒片时，定位必须正确，单位尺寸计算无误，连晒机上固定块定长位置即每个单元间的误差应控制在允许范围之内，一般不超过0.254mm（10英丝）。曝光机上包软片必须完全正确，尤其是分次包片曝光的小片子，更应注意。曝光机上的橡胶衬垫圈充气后，各点所受的力应该均匀一致地衬垫着圆网内壁，并防止包片时的错位。

（4）在圆网排列时，一般应将需要对花的圆网靠近排列，以利于对花的准确。另外，要考虑较大块面和满地花纹的圆网排列，一般应考虑排放在中间或最后位置上，以利于减少印花织物的收缩，有利于对花。

三、一段一段无规律的对花不准

1. 疵病的产生原因

该类疵病的特点是对花不准疵病形态呈一段一段的无规律状态。这类疵病产生的主要原因是印花半制品没有与橡胶导带在印制过程中形成一个同速运行的整体，印花半制品与橡胶导带之间发生相对位移而造成的。具体的产生原因是贴布浆选用不当，贴布浆粘贴能力差，有时能部分将印花半制品粘贴在橡胶导带上，有时又不能将印花半制品粘贴在橡胶导带上，不能形成同速运行的整体，产生相对位移而在织物上呈现出一段一段无规律的对花不准。另外，印花机橡胶导带是否有阵发性滑移情况以及印花半制品进布张力是否有松紧不一的情况也应注意检查。

2. 解决方法

克服一段一段无规律的对花不准可采取的措施和办法如下。

首先应合理选用贴布浆和合理贴布浆操作。橡胶导带上的贴布浆或热塑性树脂为粘贴织物专用，使橡胶导带与织物紧贴，并同时经过印花部分，确保对花的准确。因此，作为贴布浆应具有一定的黏着力，且又有良好的易洗涤性。通常用的水溶性贴布浆，通过实践发现，聚乙烯醇贴布浆的制备比聚丙烯酰胺贴布浆的制备难度大，其制糊时间较长，在使用时较易结皮，较难清洁，但贴布效果好；而聚丙烯酰胺贴布浆使用时较易形成"拉丝"现象，且在橡胶导带上易滑动，容易引起对花不准，故比较倾向于用聚乙烯醇贴布浆。对已失去黏着力的热塑性树脂贴布浆，应采用溶剂揩洗而剥除，然后重新涂敷上新树脂。贴布浆的合理选用有利于织物平稳的运行及对花的准确。

对一些对花要求高的花样，要确保织物不发生位移，提高贴布浆对织物的黏着力可采取下述措施和办法。

（1）将圆网排装在稍后的圆网托架上，尽量留出前面的印花位置，可延长贴布浆干燥时间，有利于印花织物的黏着。

（2）用热水洗涤橡胶导带。

（3）使用弧形电加热板，将织物进行预热。

（4）在 1# 圆网托架位置上，加光板圆网压布。

印花工作者应对自己所使用的印花机械车况、运行情况有较清楚的了解，发生该类疵病与机械维护不良、橡胶导带有阵发性滑移有关。为此，当发生该类疵病寻找产生原因时，应对设备进行检查，如有问题应及时检修。

要注意调节好进布张力。主要做到下列要点：印花半制品在布箱中不要有压刹现象，避免因织物压刹产生进布张力不匀；另外；要使进布张力均匀，保证进布前后张力的一致。在进布架前加装进布导布辊，增加和延长进布路线，以此来克服前后张力差异以保证对花是一种有效办法。

四、具有对称性的中间对得准、两边对不准的对花不准

该类对花不准的特点是从疵病形态看表现为具有一定的对称性。例如，在多套色的直条花型对花中，织物的中间部分对花对好后，排在 2# 或较后位置圆网与 1# 圆网呈现的两边对不准，露白部分一边靠右边，另一边则靠在左边。

1. 产生疵病的原因

这类疵病的产生原因主要与印花半制品的布幅稳定性有密切的关系。

印花半制品布幅的稳定性差是产生本疵病的直接原因。对于这些布幅稳定性差的印花半制品，在印制过程中织物遇到第一只圆网挤压出来的湿印花色浆时，织物一般均会产生不均匀收缩。特别对一些前处理不到位、棉织物丝光不足、合纤混纺织物定型不良，印前拉幅半制品拉幅拉得过宽，印制花型得浆面积较大时，织物门幅收缩就要更大些。人造棉织物却相反，遇湿会产生伸扩情况，以致造成在印制第一只圆网时的织物门幅与后面的（第二只圆网或更后的圆网）圆网印制门幅不一致，织物回缩或伸扩的结果造成中间对得准及两边对不准，且带有对称性的疵病。

2. 解决方法

克服具有对称性的中间对得准、两边对不准的对花不准疵病可采取下列措施。

（1）要做好印花半制品前处理准备。在印花过程中，当印花半制品通过第一只印花圆网被印上色浆受潮时，会产生不均匀的收缩现象。印花半制品收缩率的大小与织物厚薄、密度高低、印坯布幅稳定性、吃浆面大小、橡胶导带上贴布浆层的厚度、使用磁棒、磁力或刮刀压力的大小、印花机车速等诸因素有关。而对于印花坯布来说，织物厚薄、密度高低是客观存在，做好印坯的前处理漂练工作，对提高和保证布幅稳定性状况，改善印花不准疵病有着重要意义。对于棉织物来说，前处理的关键应做好退浆、煮练、漂白以及丝光各工序的每一项处理。对于涤棉混纺织物来说，同样要抓好漂练每一工序的处理。另外，对热定形温度、速度、下机堆放时间等要按工序规定处理。有人选用经纬纱线密度为 13tex × 13tex，经纬密度为 430 根 /10cm × 300 根 / 10cm（110 根 / 英寸 × 76 根 / 英寸），混纺比为涤 / 棉（65/35）的干布，用同一厂家、同一批生产的坯布，同一条件下处理的半制品，用同一套圆网，相同色浆，同一磁场档次，花型吃浆面积在 92% 的条子花型。对影响布幅稳定性的五个因素：热定形温度、车速、下机堆放时间、磁场档次和印花机车速进行系列测试来验证布匹门幅收缩量。结果发现坯布热定形温度在 200~205℃，车速在 30~35m/mim，下机布匹堆置时间在 10h 以内，印花机车速为 40m/mim 和磁场档次在三档以下时，其布匹收缩量为最小，也最稳定，对解决条子花型两边和中间的对花差异，即中间对得准两边对不准起到较好的作用。同时可减少因织物收缩而容易引起的织物与橡胶导带的松动，减少相对滑移，对减少一段一段无规律的对花不准也有好处。

（2）合理控制印花半制品印前门幅（不能过宽）。印花半制品前处理准备除要进行认

真的漂练前处理外，为满足印花的某些需求，需要经拉幅机拉伸门幅、加白、上尿素，整纬等。用此印花半制品印花时发现有上述疵病，拟采用轧水烘干，以消除印坯半制品内应力，适当调节印花半制品门幅。掌握合理的门幅，减少收缩和伸扩提高印花半制品布幅稳定性，减少疵病的发生，也不失为一种较为有效的办法。

五、布幅局部对花不准的对花不准

按理来说，上一节所阐述的对花不准疵病也应属于布幅局部对花不准疵病。但上节所述的疵病带有对称性，由于印花半制品在印制过程中门幅收缩所致。而本节所述的布幅局部对花不准确，从疵病形态来看不带有对称性。布面上局部某些部位呈纵向的对花不准，在其两旁又对花准确；有的布幅呈现中间对花准确，两边对花不准；有的两边对得准，中间对得不准；有的在布幅上呈现出斜形的对花不准等，造成该类疵病的原因只要与印花操作及橡胶导带张力调节或有滑移、移位、跑偏、扭曲等有密切关系。

1. 产生疵病的原因

产生该类疵病的具体原因如下。

（1）印花刮刀气管气量不足。以致刮刀在刀铗中不够坚挺有力。中间力稍大，两边显得无力，在印制过程中使刮刀中间与两边的压力不一致，所印织物会产生中间和两边对花上的差异。

（2）印花刮刀在刀铗中夹持不平直。致使在印制过程中刮刀与圆网内壁的接触不平服，受力不一致，以致造成局部对花不准。

（3）刀铗刚性不够。在印制过程中特别是在压力较大的情况下，刀铗会发生一定程度的弯曲，刮刀与圆网接触不均匀，致使圆网受力不均。在印制过程中，同一个圆网局部产生超前滞后情况产生局部对花不准。

（4）印花机橡胶导带松弛未及时调整张力。印花机橡胶导带经使用后会引起松弛，应及时调整张力。若未及时调节张力会带来两个问题：一是在印花运行中，由于橡胶导带的松弛容易造成在主动辊上滑移，以致造成经向对花不准；二是橡胶导带是个弹性件，其在松弛状态下，其在两边和中间部位所受的力是不尽相同的，这也是产生两边对准、中间对不准，或中间对准、两边对不准的对花不准疵病的主要原因。

（5）印花橡胶导带有向左或向右的移位，进而发生橡胶导带的左右跑偏，使纬向和斜向产生对花不准。因橡胶导带滑移和跑偏时处于扭曲状态，以致影响斜向对花。

克服布幅局部对花不准疵病，首先要对橡胶导带、圆网有个正确的认识。橡胶导带是个弹性件，这比较容易理解，弹性件在松弛的情况下，其在两边和中间部位所受的力不尽相同。弹性件会产生扭曲现象，这在印花生产过程中就要处理好这些问题，以保证产品质量，克服对花不准疵病。对于圆网是个柔性件，不像平网用的筛网那样容易理解。平网框筛网布网丝在某些因素的影响下容易产生松弛而影响对花。而对于圆网总认为是一个金属镍网，对于在印制过程中可能产生的形变，在压力大小不一的情况下会产生对圆网网筒局部超前滞后的情况理解不深。事实上圆网是个 0.1mm 厚的柔性件，印花生产时是依靠两端张紧来获得刚度才会传动。若轴向张力过大，刮刀压力过大，并在刮刀与圆网内壁接触过程受力不均的情况下，容易使圆网局部产生超前滞后情况而造成局部对花不准的产生。

2. 解决方法

克服布幅局部对花不准可采取下列措施。

（1）保证印花刮刀在刀铗中坚挺有力。印花刮刀在印制中发现刀片不够坚挺有力时，应随即把刮刀取下，冲洗干净，把气放掉，用力把刮刀拉直重新充气，并注意充气要足，充足气的气管能保证印花刮刀在刀铗中坚挺有力，可避免因这方面原因造成的刮刀两边与中间压力不一致。

印花刮刀在刀铗中是否坚挺有力，只要用手扳一下刮刀的两边和中部便可知晓。通常，印花刮刀气管气量不足时，刮刀两边显得无力，刮刀中部有力。

（2）印花刮刀装刀要做到三平：刀口平，装在刀铗中高低两端要平，刮刀装在刀铗中要平直不弯曲。

（3）要注意检查刀铗的刚性。刚性不够的刀铗不能使用。

（4）要保证橡胶导带与圆网的同步运行。橡胶导带使用一段时间后，应检查其松紧程度以及运行是否正确，并及时调整好张力。一般幅宽 1850mm 的机器，正常承受的张力为 4.4~5.9kN（450~600kgf），即最大的张力不能超过此值，否则对机械将会有较大的影响。测定橡胶导带张力的最简易的做法是用手拍橡胶导带，看橡胶导带的弹跳情况以及所发出的声音。张力较小的橡胶导带经手拍后弹力比较迟缓，发出的声音比较沉闷；张力较大的则弹力较大，声音清脆。另外，左右弹力应调节完全一致，防止橡胶导带有横向拱形或倾斜的位移，要使橡胶导带保持正常、平稳地运行。

六、全布幅连续性的对花不准

这类疵病产生的原因涉及面较广，也较复杂，但遇此疵病即一直对不准花，产生原因应着重从圆网印花机所存在的问题及机械清洁方面着手考虑。

1. 产生疵病的原因

产生该疵病的具体原因有以下几类。

（1）印花橡胶导带与圆网运行不同步。印花半制品是贴在橡胶导带上，借助于橡胶导带与各圆网保持同步运行来达到准确对花。因为圆网是柔性件，允许橡胶导带在运行中比圆网转速快 0.2%~0.4%。在下列三种情况下会使橡胶导带与圆网运行不同步。

①主传动系统中，带动橡胶导带主动辊运行的气动摩擦片离合器，由于气压不足或漏气过多，脏物进入摩擦片之间，摩擦片平面使用时间较长而致不平整等因素，造成带动橡胶导带运转的传动力不稳定。

②带动橡胶导带运行的主动辊表面喷镀的防滑层脱落，摩擦系数下降，使橡胶导带运行时出现打滑现象。

③橡胶导带张力不足或橡胶导带内表面进水较多，也会导致橡胶导带在运行中打滑。

（2）对花机构松动。传动系统中的传动件，如齿轮，蜗轮等使用时间长，严重磨损容易引起并产生对花不准。网座松动，网座中的零件磨损，如轴承、齿轮、撑圈等，螺丝松动都会造成对花不准。

（3）圆网印花机在刮印过程中，产生圆网或印花刮刀的抖动。橡胶导带运行不平稳，左右跑偏严重均容易产生对花不准。

（4）圆网印花部分与烘箱及出布落布架之间的速度不一。即印花速度慢，而出布速度过快，最后一只圆网花纹尚未平稳地固定在印花织物上，就被落布架以较快的速度强拉，使最后一只圆网花纹处于失控状态，并无法进行调节纠正而造成对花不准。

（5）机器清洁工作差。橡胶导带内外表面色浆黏搭现象严重，特别是当采用涂料印花时，未及时清理橡胶导带上的污物，橡胶导带运行时不平稳，影响对花精确性。色浆进入网架未及时清理，会造成圆网运转的不均衡，也极易造成对花不准。

2. 解决方法

克服全布幅连续性对花不准疵病可采取下列措施和办法。

（1）切实做好圆网印花机的清洁维护和保养工作。圆网印花机对花装置由纵、横向调节机构及对角调节机构组成，其可使安装在网架上的所有圆网调节到相应的对花位置上。维护和保养好对花装置，要防止对花机构的松动。发现某网架对花上有问题时要及时维修，切不能采用硬器敲击圆网闷头的办法。要防止色浆进入网架，应及时做好清理、清洁工作。

（2）应注意印花橡胶导带内外表面色浆的黏搭现象，特别是采用涂料印花时，要及时清理橡胶导带上的污物，以保证圆网的运转和橡胶导带运行的均衡性。

（3）坚持做好定期或不定期的检修工作，保证对花的准确。要注意检查主传动系统中带动橡胶导带主动辊运转的气动摩擦片离合器有无脏物进入摩擦片之间，摩擦片平面是否平整；主动辊表面喷涂的防滑层有否脱落，摩擦系数是否下降，有无打滑现象；橡胶导带内表面有无进水情况而产生运行中的打滑；传动系统中的传动件如齿轮、蜗轮等使用时间较长、有无磨损，如发现问题要及时维修，要使机械维持在良好的运转状态。

（4）圆网印花与烘房及印花出布的速度要同步。不致织物印花后过松而影响织物平直进入烘房，同时也不宜偏紧，要防止和克服因前后车速不一致而造成对花不准疵布。

七、对花对准后时有跑动的对花不准

这类对花不准疵病的产生原因同样与圆网、圆网制版、贴布浆、印花工艺及操作、印花半制品质量以及圆网印花机械设备的精度等因素有关。对花对准后，以后时有跑动产生的对花不准疵病的形态与上面所涉及的几种疵病形态大致相同。不同的是分析该类对花不准疵病时，要在看清疵病形态特征的情况下，从影响对花的可变因素和原因考虑。在生产过程中，事实已证明该花型能准确对花，在以后的印制中产生对花不准是由影响对花的可变因素所造成的。本节所讲的对花不准与上面所述的对花不准，所产生的具体原因会有所区别和不同，例如同样是圆网圆周距离的对花不准，在此类对花不准疵病中可排除圆网圆周大小不一致，制版时色与色的关系处理上有无问题等原因。至于以后产生圆网圆周距离的对花不准可能与闷头松动和闷头将要脱落或网架进入杂物等因素有关。

1. 产生疵病的原因

在日常生产过程中，可造成对花不准的常见的可变因素大致有下列几种。

（1）圆网印花机使用时间较长。机械零件磨损又未及时维修，在生产运转时容易产生松动。刚开车时，对花可以对准。待开了一段时间后，由于机械的震动或其他某些因素，致使对花的某些零件松动，而影响对花，造成对花不准。

（2）印花半制品干湿不一。若布箱中的湿布未拉出，也未烘干，却塞在布箱中。在印花生产过程中，干布印制时对花正常，但一印到湿布时，由于织物较湿，贴布浆粘贴不牢。由此而产生对花不准。

（3）印花半制品进布时有压刹现象。印花半制品在布箱或其他堆布形式中有压刹现象，导致进布不畅。在无压刹情况下对花正常；当有布匹压刹时，进布时一顿一顿，印花坯布贴在橡胶导带上张力有松有紧，从而形成对花不准。

（4）贴布浆在印制过程中变稀薄。若橡胶导带经清洗后，刮水刀刮刀刮不清，导致橡胶导带带水，经浆槽时，有水会落入浆槽，使贴布浆变稀薄。周而复始，如浆槽水多了，贴布浆就粘贴不住印花半制品，以致产生对花不准疵病。

（5）圆网闷头松动及脱落。在印制过程中圆网闷头产生松动，并随着印花时间的延长，会影响圆网的正常运转，造成花纹的移位，改使产生圆网周长距离的对花不准。

（6）印花车速的变化。印花机刚开车时车速较慢，待正常后车速加快。车速由慢而快的变化，使机器震动加大，而造成对花的走动（特别对一些车况较差的印花机）以及对花不准。

（7）圆网内印浆液面控制未掌握好。圆网内印浆液面过高或过低，会造成圆网内浆重量的不一致。液面过高则重量大，液面过低则重量轻，使圆网对织物的压力有所变化，从而产生对花的偏移，同时随着印浆面高低的变化，其在织物上的滞浆量不同，滞浆量多的易产生叠印；滞浆量少的易产生露底。

（8）印花刮刀气管漏气或充气不足。印花刮刀气管漏气或充气不足，对刮刀两边影响较大，致使两边处刮刀显得疲软；刀片夹在刀铗中间部位影响较小，相对显得比较坚挺。这样就造成了中间压力较大，两边压力较小，以致产生对花不准。

（9）松紧架不稳定。松紧架可控制织物经向张力。若机械传动有故障，松紧架不稳定，上下跳动较大，经向张力变化亦大，容易造成对花走动，从而产生对花不准。

2. 解决方法

克服该类对花不准，首先要看清这类印花不准疵病的形态，参考以上各节所述对花不准疵病所分析的产生原因及克服办法，并重点从可变因素的角度考虑，予以解决。

平时应对所使用的圆网印花机设备情况、特点有所了解，注意总结该机在印花生产时容易产生对花不准，经常跑动造成脱版的零部件、部位及脱位情况，以便及时维修、维护保养，使设备处于良好的状态之中。若一时没有修好，发现问题要及时予以处理和解决，做到有的放矢。另外，对本企业生产与技术管理的薄弱环节，同样要做到心中有数，例如半制品的堆放，生产是否工艺上车，不合标准的半制品是否往后道传送及生产等均属产生技术管理范畴的问题。这些因素在产品质量上就有可能产生对花不准，在生产中应予以注意和重视。

发现该类对花不准疵病，拟对下列内容或其中的部分内容进行检查。

（1）查贴布浆粘贴半制品情况。

（2）查圆网有无闷头松动及脱落趋势。

（3）查圆网内色浆液位的高低变化情况。

（4）查刮刀气管气量是否充足。

（5）查印花半制品干湿情况及堆布是否顺畅。

（6）查对花装置及影响对花的零件、部件有无走动等。

根据疵病形态有针对性地采取相应措施或重新进行对花予以解决。

第三节　异色（第三色）疵病的防止与克服

印花织物布面上色与色，特别是相反色如红与绿、黄与紫、蓝与橙等相碰之处出现印花布图案中所没有的偏深的色条或色线，这种情况被称之为异色疵病，俗称第三色。印花织物布面上异色的产生严重影响花型纹样轮廓的清晰度，严重影响印花织物的总体美感和印制效果，其与在较少网版只数下，为获得多套色效果而有意识的采取色与色相叠而产生多套色效果的做法有着本质的区别。

一、异色产生的原因

色与色间偏深的异色条或色线是由于色与色相碰处会产生色的叠加而成。若相碰的深浅两色为姊妹色或同类色时，不会影响到深浅两色的轮廓。同时也不会产生异色；若深浅两色为相反色时，情况就有所不同，相反色的叠加根据色彩互补原理，叠加处变深变灰黑，这也就是色与色相碰处产生异色的基本原因。偏深的异色条、线产生的具体原因包括以下几种。

1. 网版制作色与色的关系处理考虑不周

在印花工艺设计及网版制作设计时，没能很好地考虑和处理好色与色之间的关系。该要做分线的却采用了借线、大借小压等方法来处理；搭色处本应要小而均匀的，却搭色较大，这样经印制后在织物上色与色相碰处产生叠色形成异色。

2. 印花色浆调制过稀

印制在织物上的色浆稠度过稀，经后续网版的挤压，色浆由花纹轮廓线向外渗开，色与色相碰处相叠形成异色。

3. 印花半制品组织紧密

组织紧密的印花半制品渗透性较差，色浆容易堆积在织物表面，经后续网版的挤压，色浆同样也会造成向花纹轮廓线外渗开，色与色相碰处相叠形成异色。

二、克服异色疵病产生可采取的措施

1. 要加强花样的审理

要注意分析花布图案的花型特点，注意色与色之间的关系，特别要注意那些相反色之间的色的处理。在不影响花布图案总体效果和精神的基础上，征得客户的同意，对容易产生异色的部分做一些技术修改。例如将原相反色相碰处改成色与色之间略做分开或改成四周不规律留白，此举改动虽然不大，但对在印制中克服异色的产生较为有利。

2. 制版分色时要正确处理色与色之间的关系

制版分色能正确处理色与色之间的关系，这对解决色与色相碰，克服异色疵病的产生至关重要。如何正确处理色与色之间的关系，详见第二章第八节《网版雕刻要求》及本章第一节《制版分色方法和技巧的掌握》，本处不再赘述。

3. 要合理掌握印花色浆的稠度

要求印花色浆不宜过稀，否则印在织物上的印花色浆容易向花纹四周延扩；同时又要避免印花色浆过稠而影响印花色浆的渗透，以致堆积在织物表面。因此，要合理掌握印花色浆的稠度，以不产生或少产生异色为准。对于印花织物组织较为紧密、渗透性较差的织物更应注意掌握印浆的稠度。

4. 采用单面防印工艺克服异色

为防止异色的产生，常可利用防染印花的原理进行单面防印印花。单面防印印花能在印花机上完成相当防染印花作用的全过程。操作简便，印制效果良好。该印花工艺是目前织物印花中常用的印花方法和手段之一。其是克服织物印花色与色相碰产生异色的有效办法之一。

目前常用的单面防印印花工艺为涂料防印活性染料印花工艺和活性染料防印活性染料印花工艺。

（1）单面防印印花原理。单面防印印花原理与防染印花的原理是相同的。

涂料防印活性染料原理：活性染料在酸性条件下不能与纤维发生键合。因此，可以利用酸或酸性物质来达到防印的目的。我们把这种酸或酸性物质称之为防印剂。适用于此印花工艺的常用防印剂有柠檬酸、酒石酸及硫酸铵。涂料中加入适量的酸或酸性物质印制后，对其固色并无影响，但却可阻止活性染料与纤维的键合上染。

活性染料防印活性染料原理：亚硫酸钠与 KN 型乙烯砜型活性染料作用而使其失去反应性能。利用 K 型活性染料对亚硫酸钠相对比较稳定的特性，就可进行 K 型活性染料防印 KN 型活性染料。

（2）单面防印印花在不同花型特点的应用方法。

①罩印防印法。运用此类方法的花样花型多数为小花防印全满地。这种花型是防印中较为常见的花型。以活性染料防印活性染料为例，小花采用 K 型活性染料，在该色浆内添加防印剂亚硫酸钠。由于被防印的全满地是罩印色浆，为此，所用的防印剂用量相对较高。为做好防印，防白浆中的亚硫酸钠用量为 2%~4%。另外添加 10% 的机械防印剂 8401FTW 涂料白、0.5% 的荧光增白剂 VBL，原糊用合成龙胶糊或海藻酸钠糊；色防印浆亚硫酸钠用量为 0.8%~2%。除染料外，添加 1.5%~3% 的小苏打、0.5% 的防染盐 S、尿素为染料量的一半，原糊同上。

②对花防印法。若遇较大花纹样与满地碰印花型，可采用小分线对花，用 K 型活性染料亚硫酸钠法防印 KN 型活性染料。由于防印发生在两色小分线，印制印花色浆的渗化相叠的部分，需要防印的染料及有关助剂的量相对比罩印法要少，因此防印剂亚硫酸钠的用量相对少些，一般亚硫酸钠用 1%。

③局部防印法。主要用于花布图案纹样多色相碰，如采取直接印花工艺做借线会产生各种异色、客户不接受的花样。该类花型就不是某一色或某几色防印一种色泽的防印方法，而是各色之间需做相互防印印花。遇此花型防印就要根据花样精神，考虑用涂料加酸或酸性物质防活性（包括 K 型、KN 型）染料，以及用 K 型活性染料防印 KN 型活性染料展开相互局部防印，以满足客户来样印制的需要。

④转化防印法。运用该法的特点是 K 型活性染料与 KN 型活性染料拼用配色，然后印制含有防印剂亚硫酸钠白浆网版，这样做的结果是印有防浆的部分，原拼色中的 KN 型活性染料被防印掉，该部分显现的是拼色 K 型活性染料的色泽。这种方法主要用于某些特殊要求的花样中，例如由线条组成的网格花样有两种颜色，玫红色与黑色线条对接按一般方法很难达到要求。对此在印花工艺设计时做了两个网版。一个是全线条组成的菱形网版：工艺采用 K 型玫红色活性染料与 KN 型活性染料拼黑；另外一只按玫红色花朵所围大小做了只块面网版。在生产时先印拼黑小菱形网格线条，然后再印含有亚硫酸钠防印剂的块面网版，结果印有块面处的网格显现玫红色，而未印有块面处仍显示黑色，红线条与黑线条对接。印制操作简便，印制效果良好。亚硫酸钠的用量要根据花型具体情况而定，一般用 1.5%。

（3）印制应注意事项。

①防印工艺在印花生产过程中防止 KN 型乙烯砜型活性染料失风是做好防印印花的关键之一。

　　乙烯砜型活性染料易于失风的主要原因是其在印花后、汽蒸固色前与空气中的二氧化硫气体接触会反应生成无反应性的 β-羟乙基砜磺酸钠而导致。造成失风的具体原因有两个方面。一是环境原因。印花车间靠近还原染料悬浮体轧染或隐色体染色、车间内做还原染料拔染、分散染料用保险粉、烧碱还原清洗及硫化染料染色等均有二氧化硫气体发生或者经过二氧化硫污染的半制品都易造成该染料的失风。二是硫酸铵的过热分解。花型色防面积较大（30%或以上）。采用涂料防 KN 型乙烯砜活性染料，用硫酸铵作防印剂。硫酸铵在 102~103℃过热蒸汽作用下分解。

$$3(NH_4)_2SO_4 \longrightarrow 4NH_3 + 3SO_2\uparrow + N_2\uparrow + 6H_2O$$

防止失风的措施如下。

a. 该防印印花工艺乙烯砜型活性染料只适用于 80g/L 以上的深色印花。除特殊情况一般中浅色是不用的。

b. 印花半制品宜使用新鲜的半制品，如没有新鲜的半制品必须重新平洗一次烘干使用。

c. 印后要烘干，用布罩罩好，尽快蒸化固色，待蒸搁置时间不能长。

d. 生产安排要避免易产生二氧化硫的工艺同时进行。

e. 在乙烯砜活性染料色浆中加入活性染料防风印剂。据生产实践认为该措施对防止失风是有效的。有人使用上海助剂厂生产的固色交联剂 P 感到使用效果显著。当空气中的二氧化硫碰到加有固色交联剂 P 的乙烯砜型活性染料纹样，二氧化硫与交联剂 P 发生反应，从而避免了和乙烯砜活性染料反应，防止失风的发生。

该助剂试验结果表明每千克印花色浆中以加 5g 为宜，不宜超过 10g，过多会影响织物强力。

f. 使用大面积色防乙烯砜型活性染料时，印花工艺设计时还是以采用亚硫酸钠法比较安全。

②活性染料印花色浆调制时应注意的事项。

a. 乙烯砜活性染料当配成碱性色浆时，稳定性较差，应临用临配。碱剂应选用小苏打，用量不宜过多，一般不宜超过 1.5%。

b. 调制活性染料色浆时，色浆必须冷却。一般要在 30℃以下才能加入小苏打，以防小苏打遇热分解生成纯碱，使色浆的稳定性下降。

c. 防白浆中添加涂料白，以增强机械防染性能，以提高防白效果。

d. K 型活性染料印浆中加入亚硫酸钠以后，色泽要比不加时略浅。尤其是染料母体为 H 酸、J 酸结构的橙色、红色等品种，加入亚硫酸钠后色泽深度降低较多。因此，亚硫酸钠用量要加以控制，而且要随配随用，不宜久储存。

亚硫酸钠用量少，容易造成防染不良；用量多，色泽变浅，另外还易产生边缘渗化。亚硫酸钠的用量尽可能控制以乙烯砜型活性染料不产生防印不良及无边缘渗化为准。

e. 降低色浆调制温度，可采用冷水调浆法。先将化料桶冲洗干净后，放入适量冷水，再把染料和助剂全部称好后放入桶内，然后用高速搅拌器搅拌 3~5min，最后加入糊料，补加冷水至规定量，搅匀、过滤、备用。在调制过程中，应始终保持较大浴比，再加上一定时间的强力搅拌，可使染料和助剂完全溶解。

③涂料印花色浆调料时应注意的事项。涂料防印活性染料工艺中常用的防印剂为硫酸铵或柠檬酸。采用该防印印花工艺应注意以下事项。

a. 防染剂的用料应根据活性染料色浆中碱剂用量多少而定，一般用量为 1.5%~3%。要防止用量少而防印效果差；用量多易产生白边，甚至影响织物强力，产生破损。

b. 网版排列顺序，应将涂料防白浆或有色涂料防印浆排在活性染料之前。

c. 在涂料色浆中一般不加交联剂。以防涂料印花色浆中加了交联剂而产生吸附活性染料，以致造成罩色现象。

d. 要防止涂料色浆的堵网。

e. 织物印花后及时烘干，再经汽蒸固色，在平洗时应将未固色的活性染料充分冲洗干净，要注意防止活性染料沾污涂料花色，以免影响花色鲜艳度。

f. 精细和小面积花型采用涂料，大面积或满地花纹则采用活性染料。若涂料用在面积较大的花型上时，会带来手感不甚理想之弊，对此花样可采用活性染料防印活性染料工艺为妥。

第四节　渗化疵病的防止与克服

印花色浆刮印到织物上后，色浆自花纹轮廓边缘向外渗化，在花纹四周或局部出现花纹色泽相同，但色泽较浅的色边或浅色色晕现象，称之为渗化疵病。渗化疵病的产生严重影响花纹轮廓清晰度，影响印花织物外观。

渗化疵病的产生与印花色浆印花处印花半制品潮湿、色浆稠度、拒水性能以及色浆中染化助剂的吸湿性能等因素有关。产生渗化的实质性原因实际是印花半制品潮湿、印花色浆稠度较低、原糊拒水性差、印浆吸湿性强等致使染料或某些有色物质的泳移所造成的。印花色浆在干燥织物处，印花色浆稠度较高、拒水性好、印花色浆吸湿性能不高等，一般不会产生渗化；反之，则会产生渗化现象。

在日常生产中，常见的渗化疵病有布面全幅性渗化、布面局部性斑渍状渗化、条状渗化等几种。

一、布面全幅性渗化

1. 产生疵病的原因

该类疵病外观形态为布面全幅的，不发生在局部。其产生原因应从半制品、印花色浆、印花工艺等方面因素考虑。具体产生原因如下：

（1）印花前半制品太潮。当印花色浆刮印到潮湿的印花半制品上后，色浆会因纤维毛细管效应而延伸渗化到花纹轮廓以外的部位，造成花型扩大，轮廓模糊不清，与原样不符。

（2）印花色浆质量不符要求。使用的印花色浆黏度太低，稠度不够，或者使用存放已久，并且已经分解脱水的残浆，在车速较慢的情况下，转印到印花织物上的色浆就会向花纹四周渗透，造成渗化。

（3）色浆吸湿性太高。印花色浆吸湿性太强也易造成渗化。例如，涤/棉烂花布印制酸浆后未及时烘干，或在堆布过程中酸浆吸湿，致使印酸浆处相互沾色、渗化。采用汽蒸炭化，因酸浆印制后吸湿性较强，布面受湿热蒸汽的影响会严重渗化，造成花纹轮廓不清。焙烘后未及时水洗，布面剩余的酸吸湿，同样会造成渗化。

（4）合成增稠剂遇电解质。使用合成增稠剂 PTF 比较容易出现渗化问题，这主要是合成增稠剂对电解质敏感，电解质可使色浆黏度下降，抱水性变差，造成渗化。在疏水性较强的涤/棉印花织物上渗化疵病表现得更为严重。

（5）印花工艺不当。采用防印印花工艺生产时，如果防印色浆中的防染剂等用量控制不当，使用过多；或汽蒸固色时，蒸化机箱体内湿度过大，导致防染剂随压印色浆内的边缘延渗，从而在花型的周围造成色浅的渗化印痕。

2. 措施和方法

克服布面全幅性渗化疵病可采用下列措施。

（1）加强对印前半制品的检查。凡潮湿或干湿不一的印前半制品，必须经复烘干燥一致或经复处理复烘干燥一致后，方能用于印花生产。不符标准的不能投产。

（2）合理调制色浆。在色浆的调制过程中，不可使用已水解和变质的原糊。利用残浆时，要慎重考虑掺用比例，以不影响色浆的黏稠度，保证花纹轮廓清晰，不渗化，不影响染色牢度为原则。

（3）对易产生渗化的染化助剂应采取防范措施。如合成增稠剂 PTF 在应用时可采取下列办法。

①印前织物要清洗干净，使印花坯布尽量不带电解质。

②加入合成增稠剂 PTF，因其分子链短，对电解质不敏感，所以在色浆中加入 0.3%~0.5%，即能改善色浆对电解质的敏感性，达到防止渗化的目的。

③在色浆中加入 0.1%~0.2% 的硫酸铵，然后适当增加合成增稠剂 PTF 用量，以补偿由于硫酸铵的加入而引起的黏度下降。由于色浆中已含有一定量的电解质，因而其对电解质的

敏感性有所降低。从而达到防止渗化的目的。

④使用部分糊化糊 A 也能起到防止渗化的目的。

⑤在色浆中加入少量的海藻酸钠作为色浆的抗泳移剂，防止印浆在烘干前发生泳移，在应用此法时要注意海藻酸钠糊的用量不能多，否则会影响成品的牢度和手感。

（4）采用防印印花工艺应注意的事项。要合理选用防染剂及用量。防染剂的用量应根据被防印染料的防染难易，印花原糊耐防染剂的性能而有所不同。汽蒸时，蒸化机内的湿度要适当，不能过高。可利用蒸化机底层水位的存水多少和箱内的直接蒸汽管来控制箱体内的湿度。

（5）圆网涤 / 棉烂花防渗化措施。

①要及时烘干及控制好烘干温度，防止烘干过度，烘干温度采用 105℃为宜。

②炭化采用焙烘机焙烘方式，温度不宜过高，以焙烘后织物印酸浆处呈棕色为宜，温度过高，酸浆印处变黑，碳化后的产物不易洗除。检查温度是否适当，产品残渣是否易于洗涤，可将织物在有张力的条件下用手拉动，以残渣立即脱离飞扬为宜。

③及时水洗，将水解的棉纤维彻底清洗干净。采用还原清洗加绳状水洗效果较好。

二、布面局部性斑渍状渗化

1. 产生疵病的原因

该种渗化疵病的产生原因与上面所谈的布面全幅性渗化的产生原因基本相同。不同之处是渗化疵病的产生范围不同。该渗化疵病具体的产生原因有两个方面。

（1）印花半制品局部潮湿。在印花时，印花色浆印在斑渍状的潮湿处，即会产生布面局部性斑渍状渗化。

（2）橡胶导带上局部有水分。橡胶导带使用时间较久，表面有局部不规则的裂纹和不平。水洗后，刮水刀不能将不平处和裂纹缝隙中的水分刮干，在循环运转使用中，进入压布滚筒与待印花的织物相贴时，未刮干的水分即渗透给织物，印花色浆刮印到带有水分的织物上，就会出现斑渍状渗化。

2. 解决方法

克服布面局部性斑渍状渗化可采取下列措施。

（1）印前半制品一定要烘干。半制品烘干不符标准不能投入印花生产，必要时要进行复烘。

（2）橡胶导带上的水分务必擦干。橡胶导带表面若严重不平，或裂缝较多又较深，则必须调换新的橡胶导带。橡胶导带表面若有轻微的不平或裂纹，可采用下列方法。

①修理刮水刀，将刀口修磨得薄一些，有利于提高刮水效果；或者调换新的刮水刀，因为新的刮水刀的刀口与橡胶导带契合程度比较好。

②在上浆装置的储浆槽架或滚筒上包一层海绵或多层具有较好吸水性能的纯棉织物，借

以与橡胶导带的摩擦将导带表面轻微不平处和裂缝处的水分擦去。

③辅以开启红外线，以提高橡胶导带周围的温度，得以烘干橡胶导带上的水分和上浆槽架上擦水海绵或织物表面的水分。

三、条状渗化

这类疵病的产生主要与刮水刀有关，具体产生的原因是刮水刀刀口不平，不能将水洗后橡胶导带表面上的水分刮干，致使出现渗化现象。渗化现象固定在刮水刀口不平部位。因此，这类渗化疵病的形态呈条状。

由于刮水刀刀口不平，形成固定位置的直条水印所引起的渗化，可将刮水刀口磨平即可。如果较严重，则要调换刮水刀，即可防止这类疵病的产生。

第四章 色泽鲜艳度的保证

印花织物色泽鲜艳度和白度的提高是印花织物质量的又一重要内容。印花织物色泽鲜艳度、白地白度符样能给人们带来清新亮丽的观感，使人赏心悦目。深色要注意色泽鲜艳度和白地洁白，中浅色更应注意色泽鲜艳度和白地白度。印花织物的色泽鲜艳度、白地白度与印花半制品的前处理、增白处理、仿配色、印花色浆的调制与管理、印花生产操作以及印花生产全过程中的操作等密切相关。为使印花织物具有良好的色泽鲜艳度和白地白度，需在下列途径中采取相关措施。

第一节 注意做好印花半制品的白地白度

印花织物色泽鲜艳度和白地白度与印花半制品的质量好坏有密切关系。漂练半制品处理不好不仅影响到印制的渗透性、均匀度，而且会给织物的给色量、花色鲜艳度、白地白度带来严重影响。为此，要提高印花织物色泽鲜艳度和白地白度，首先就是要做好印花织物漂练半制品的前处理。以纯棉印花半制品为例要求烧毛净，应达 3~4 级；退浆要净，退浆率要高；煮练要透，漂白要白，白度要达 80% 以上，丝光前毛效经向 10cm/30min；丝光碱度 240~280g/L，钡值 135 以上，要严格控制丝光后的去碱，充分酸洗，布面 pH 保持 7~8。又如涤/棉布是由涤纶和棉两种性质不同的纤维混纺而成。按理来说，涤纶系合成纤维漂练前处理的要求较棉纤维的低，然而织物生产过程中采用的涤纶均以 4~5 种混合使用，白度差异较大；棉纤维需通过漂练前处理去除天然和人为的杂质。在棉织物生产过程中，棉又以各种等级比例混合使用。织物原坯上反映的白度值较低而且不甚均匀。所以，该织物的前处理必须加强，有人对涤/棉布前处理工艺做过对比试验，采用亚漂工艺，氧—氧漂工艺及碱氧漂工艺都能获得白度基础值的 85%~87%，其中尤以亚漂工艺最高，但该工艺属不清洁工艺范畴，所以，现今已不予采用，目前采用较多的工艺是氧—氧漂工艺，碱氧漂工艺与其他工序配合获取较佳的白度值。

第二节　不可忽视增白辅助工序

织物白度的获得途径是漂白和增白。织物漂练前处理,漂白是织物获得白度的基础。增白绝不能代替漂白,增白可在光学上增亮补色,故增白又是织物提高白度不可或缺的工序。织物经过增白处理,使已经具有相当白度的织物进一步提高白度,获得洁白美观的地色。

增白处理包括荧光增白与着色两方面。通过试验认为增白剂浓度、着色剂蓝液配比及浸轧增白液后的烘干条件等对白度有较大的影响。

棉织物增白选用的增白剂为棉增白剂 VBL,浓度一般掌握在 1.5~2g/ L 为宜,浓度过低白度不足,浓度过高带有黄色,白度不嫩。

着色剂要求纯正鲜艳,力求避免黄色引入,用量也不宜过多。色光偏红或偏蓝,则各有所长,偏蓝则初看白,但久视有铁青色感觉,不够舒服;偏红初看虽白度较差,但久视有嫩白感觉较为舒服。

棉增白处方举例:

棉增白剂 VBL	1.6g/L
着色剂阿克拉明品蓝 FFG(25g/L)	260mL
着色剂阿克拉明青莲 FFR(20g/L)	210mL

用冷凝水调制增白液总量为 500L。着色剂加入时待配液温度及轧液温度要低于 40℃,以防色点的产生。

增白后用烘筒烘干机烘干较热风烘干白度好。用烘筒烘干机烘干时,第一排烘筒温度不宜太高,蒸汽压力控制在 48kPa(0.5kgf/cm^2)左右较宜。

涤 / 棉增白处方举例:

涤纶增白剂 DT	25g/L
福隆蓝 S-BGL	0.0433g/L
舍玛隆紫 HFRL	0.0576g/L

浸轧烘干后的待印涤 / 棉织物经印花后固色增白,可与分散染料印浆同时焙烘发色增白。

第三节　做好仿配色及色谱处方的优选

切实抓好仿配色,开出合理的配色处方对印花织物的品质及印花织物的印制是否顺利有至关重要的作用,同时对提高印花织物的花色鲜艳度也起着至关重要的作用。经常对色谱处方进行分析比较,优选出一些色泽鲜艳、用料省、成本低、牢度好的色谱处方是一件很有意义的工作，应该注意探讨。

要开出色泽鲜艳的配方，在配色中不仅要注意"色"与"色"的拼合，同时还要注意"调"与"调"的配合，要防止染料（或涂料）"调"拼合的不一致而影响到色泽的纯正。例如，一个带有蓝光的红与一个带有绿光的蓝，就不能拼出纯紫色，而只有用带有蓝光的红与带有红光的蓝才能拼出纯紫色。关系式大致如下：

$$（红光的）蓝 +（蓝光的）红 → 纯紫色$$
$$（黄光的）蓝 +（蓝光的）黄 → 纯绿色$$
$$（红光的）黄 +（黄光的）红 → 纯橙色$$

在实际配色中，往往配色染料（或涂料）的色别能满足配色要求，而染料（或涂料）的色调不能满足配色的要求，这时则可在这些染料（或涂料）中加入少量他色，以改变其原有的色调。在引入他色改变配色染料色调时，一般宜选用相当的二次色，不可直接引入原色来改变色调。例如，假定要把一个绿光的蓝变成红光的蓝，可加入少许蓝光的紫色来调节。如果直接引入红色染料，则配色效果不佳。

补色原理在配色中是一个十分重要的问题。在做深色印浆时，补色的引入，可以达到增加色泽深度的目的，故有时常常有意拼入一些补色成分。但在印制浅色或对色泽鲜艳度要求较高时，则在配色时必须尽最大的努力防止补色的产生，防止引入了主色以外的补色而产生灰色效果致使色泽灰暗不纯。

一、常见色谱的配色

在实际配色工作中，对常见色谱的配色，各自都有一定的经验和习惯做法。配色优选色谱度在配置下列色谱时，大体可通过下列途径获得。

（1）妃：宜选用带蓝光的红。如选用黄光红，由于黄光重，没有精神，低浓度更甚。

（2）嫩黄：一般嫩黄染料即可选用。

（3）金黄：黄色中带有红光。一般不用嫩黄，而用深度较深的黄色染料。若黄染料中嫌红光不足则可用拼少量红的办法解决，但拼色染料一定选用黄光红，不能选用蓝光红。

（4）橘：该色主色为橘带红色光。色光不宜太黄。若染料桔色带黄光，则宜拼黄光红进行拼色；若选用带蓝光红染料拼色，则色泽较暗。黄棕色染料本身色暗、不亮不宜当橘使用。

（5）红：大红色带橙光较多。如大红色中如嫌黄光不足，则可在红色中拼入黄色或橙色染料解决。大红如用蓝光红与黄棕染料拼色所得红色显得深浓。

（6）玫红：该色为红色带蓝光的深艳色。染料用量较多，宜选用提升率高与纤维固色率高的玫红色染料。若觉得深度不足则可考虑染料拼色。浅玫红可选用蓝光的红染料，该色与妃色不同在于配色的用量不同。

（7）蓝：染料色光有艳蓝、红光宝蓝、带青光的亮蓝色及带绿光的翠蓝色等。配色时要选用合适的色光染料进行配色及修正。

（8）绿色：将不同量的黄色与蓝色配合即可形成各种绿色，掺入红色使色光带灰，加入橙色其效果与前述相同。

（9）紫色：红色与蓝色拼色而成。如嫌色光太蓝，则可加红光紫或红进行调整；若掺橙或黄调整蓝光可减少，但有补色似深的情况，要慎用。

（10）灰色：一般采用黑色染料冲淡而获得。但应用单纯的黑色染料，往往不能获得所需要的灰色。因此，在配色时还应注意应用红、黄、蓝三原色的配合，以得到许多不同类型的灰色。灰色诸配合成分中最主要的是蓝色。在蓝色中加红、橙或黄以达到配色目的；因为红黄的混合是橙色，所以习惯上常用橙色与三原色拼用。经初步混合，如结果太浅，则可按比例追加染料；色光太红，可稍加若干的蓝及黄；色光太蓝可用橙中和；如色光太深，则可冲淡处方的成分。

（11）棕色：配色原理同前。不过在三原色中要增加红色和橙色的用量比例，蓝色和黄色仅作中和部分红色之用。如色光太红，可加少许蓝色和黄色；如色光太灰，则为应用蓝色太多的原因，可加入红色和橙色以冲淡。橙色往往用以加强棕色的鲜明度，红色往往用以加强棕色的深度。

（12）黑色：大部分黑色可直接得到。有时也可采用三原色拼色的办法而获得。

二、仿配色色谱处方

以上所述的是为了提高色泽的鲜艳度在仿配色、优选色谱处方方面的一些原理和做法。在实际生产过程中要在仿配色时获得理想的色谱处方还要考虑多方面的因素。如符合配色的染料的品种是否齐全、用料成本的高低、染色牢度能否达到要求等因素。就目前情况来看，切实抓好仿配色优选色谱处方不断提高印花织物色泽鲜艳度仍然是一项重要的工作。

在仿配色、优选色谱处方时还有个需重视的问题就是要抓好对色。

第一，对原样色泽的色光偏向要清楚。以便在对色中掌握颜色色光的比对。视觉上的各种颜色实际是物体吸收部分波长的光而反射其余部分波长光的结果。由于每个人的眼睛结构有差别，加上生长环境、生理因素以及年龄等差别，从而在辨色方面有一定或很大的不同。有两种趋势：一类人对黄光敏感，另一类人对红光敏感，尤其是在对彩度低的三次色调整色光时，两类人的判断截然不同。前一类人（通常年轻人多）总向红暗方向调整，而后一类人（老年人居多）则向黄亮方向调整。只有测色仪才能表示相对统一的数据，用测色仪来纠正视觉偏向是必要的，但是目前对纺织品对色大多采用目测，因此，重要的是搞清客户的目光偏向。

第二，在对色过程中要重视对色光源标准灯箱的使用。一般客户下单都有明确的光源要求如自然光、日光灯光、D65 光（人造日光）、TL84 光（欧式百货公司白灯光）、CWF 光（美式百货公司白灯光）、F/A 光（室内钨丝灯光）、UV（紫外线灯光）等。在对色中要注意下列问题：标准灯箱和使用的灯管品牌较多，不同品牌的灯箱和灯管，对对色色光存在着一定的差异。因此，标准灯箱特别是灯管，一定要选用符合国际标准的产品。标准灯箱的使用要合理，在对色操作时如在灯箱的灰色底板上摆放色卡样卡，甚至在灯箱灰色内壁上贴处方纸和色样板等，这会给对色色光造成一定的影响，以致会出现在标准灯箱对色时色光相符，而在客户公司的标准灯箱里产生色光偏差。

第三，要重视有些客户要求两种或三种光源对色。凡有此要求者，往往容易产生"跳灯"现象（灯光转色），也就是在某种光源下对色与原样同色，在另外光源下两者差异较大。产生"跳灯"的具体原因与织物所用的染料有关，例如常用的还原染料如还原蓝 RSN、还原橄榄绿 B、还原大红 R、还原黄 G 等，在不同光源下，其"跳灯"性较小，而常用的某些活性染料，在不同光源下，"跳灯"性相对较大。对于客户来原始样组织规格与所下订单指定的印花布组织规格不同的；客户来原始样并非织物，而是纸版等类，对此，应按原始样要求打出一块或稍多块数不同色光的小样，供客户选择确认。对于客户的确认样，要和客户提供的原始样贴在一起作为生产的对色依据。

第四节 严格管理印花色浆调制操作及剩浆

印花色浆在印制中对色泽鲜艳度的影响较大。各个印花企业对印花色浆的调制均有明确的操作规定，在印花色浆调制过程中影响印花鲜艳度的主要问题是调制操作的走样，诸多调浆桶及调制工具的清洁做得较差，化料操作温度太高、规定的染化助剂忽高忽低，不能准确称量以致杂质的掺入及操作的随意化，使得色不纯正，影响色泽的鲜艳。另外，剩浆的使用管理不善，剩浆未做到分类管理；剩浆搁置的时间较长，色浆色光、黏度及固色率都有所变化而未调整即付印，在主花或主色调上使用了色光不够纯正的剩浆等同样使印制的织物的色光不鲜艳。为此，要提高印花织物的色泽鲜艳度必须严格进行印花色浆的调制操作。做好调浆间清整洁工作，染化助剂准确称量按工艺规定进行。对于剩浆要严格管理，在浆桶上挂牌标明处方成分和日期，以便后续的修浆和使用；少量剩浆则分类分色归并且及时处理使用。使用剩浆要注意色光、黏性及固色率。使用前要打实样，根据要求修改色光，必要时补加助剂和糊料，为保证花色鲜艳度，在主花或主色调上不使用色光不够纯正的剩浆。

第五节 在印制过程中消除传色

消除传色的产生是保证色泽鲜艳度的一个非常重要的关键。传色的产生会导致所印花纹与原样色泽不符，色泽鲜艳程度受到影响。

存储、输送系统以及与印花色浆接触的器械上粘连的印制前花型的印花色浆未彻底冲洗干净，特别在印制深暗的色泽以后，紧接着换上色泽鲜艳、明亮、浅淡或为相反色的印花色浆，残留的色浆与新换上的色浆混合，造成污染，以致与原样色泽不符，色泽鲜艳度受到影响。因此原因造成的传色的特点是色浆调制搭样符样，开车不久即发现变色的传色。遇此情况应立即停止生产，要认真检查浆桶、印花刮刀、给浆管道、给浆泵清洁情况，做好彻底的清洁工作，置换新浆，重新开车。平时应健全调换印花色浆的操作规程，要从预防为主，不要待出了问题再解决。

在印花生产过程中，前圆网色泽的印花色浆通过后圆网刮刀刮印或重叠渗网传入后圆网印花色浆中，以致造成传色。该传色的特点是在印花开车过程中色泽逐渐变色的传色疵病，起先渗入、传入的量较少，色泽变化较小，以后传入异色的量逐渐增多，色泽变化较大。

在印花工艺设计时，除考虑印制效果外，还必须考虑传色疵病的消除。对同类色和姐妹色的花纹的花网排列尽可能靠近些。对于花型各色分开的，则应以浅亮色排前面，深暗色排后面。有时，由于某些因素的需要，须按先深暗后鲜亮的顺序排列，应分析花型结构，采取措施，以防止传色。如该花型深暗色为大满地与细茎、细梗并存，且细茎、细梗与其他有叠色情况，可考虑将细茎、细梗与其他不相碰、不叠印的满地部分分割成两只网筒，在印制时可将满地花网排列在较后或最后位置上，这样可有利于传色疵病的消除。又如花型深暗色面积较大，为格类花型，每一方块为深暗色，每块深暗色上有鲜亮色细线条，这类花型排列，若按一般先深后浅的规则，很容易产生传色，对此，可采用先染鲜艳亮色后印深暗色花纹，以减少一套印花色的办法解决传色问题，保证了印花质量。

在印花工艺设计时，对于某些花型可采用防印印花工艺。对保证色泽鲜艳度同样也能取得消除传色的较好效果。采用此工艺可将浅色纹样排列在前，深色纹样排列在后。

另外，在生产过程中加强印花半制品前处理及准备，做到退浆干净、煮练匀透、丝光要足；合理掌握印花色浆的黏度，合理使用印花刮刀，增加刮印时的压力以及酌情使用光面圆网等以提高织物的渗透性，提高印花色浆的渗透性，增加刮刀压力，以使瞬间刮印堆积在织物表面的印花色浆向织物内部渗透，织物表面印浆堆置量的减少，有利于传色疵病的消除。

渗网传色还有另外一种表现形式，其特点是从网边（一边或两边）向网中间部分逐渐变色的传色。其产生的原因是花网刻幅太宽，较大超越印坯门幅，宽于织物门幅的色浆刮印堆积在印花导带上，经后面花网的压轧，色浆向两边铺开，印花织物稍有左右方向的移动等都会造成残留堆置在前面花网的色浆渗入后面圆网中产生传色。待印织物在印花生产运行中不居中，在无织物一端，色浆刮印在橡胶导带上，渗网原理同上所说的一样。克服这种渗网传色的产生，就必须掌握待印半制品的上印门幅，应在印花前将印花半制品拉幅，保证印花半制品门幅略大于花网的印花宽度。一般印花半制品的两边应大于花网宽度 1cm 左右，花网刻幅较宽时拟采用胶带纸封去多余的两边刻幅。

第六节　防止印花织物白地沾污

织物经印花后，在固色蒸化（焙烘）、干洗的过程中，未固色的染料及有色物沾于不应上色的白地、白花或有色花纹上，致使白地、白花不白以及有色花纹得色不纯正、不鲜艳。为此，努力防止印花织物的白地沾污对提高印花织物的鲜艳度有着重要的意义。

造成印花织物白地沾污的原因大致有两方面。

一、升华沾污

升华沾污主要发生在分散染料、涂料印花工艺之中。造成升华沾污的主要原因是与染料（涂料）的性能有关，在热熔固色时较易产生升华，部分升华牢度低的染料（涂料）升华后被相邻的白地或纹样所吸附，造成沾色。要克服升华沾污的产生，选用升华牢度高的染料（涂料）是防止该类染料升华沾污的有效措施。在生产过程中要严格掌握焙烘的温度和时间，因其对染料（涂料）在织物上的吸附、扩散以及染料向所染纤维上转移起决定性作用。焙烘时温度和时间不足会造成浮色增多、色光萎暗；焙烘时温度和时间过高或过长，染料会产生升华，影响织物白地白度。

二、平洗沾污

印花织物在净洗过程中的沾污、沾色现象类似于染色过程。在净洗过程中，随着未固着的染料从印花织物上逐渐脱离布面，扩散于水溶液中，而扩散于水溶液中的染料与其浓度梯度有关。花布上的浮色越多，洗下的染料就越多，导致了花布在净洗中的沾色。活性染料固色率不高，在水洗过程中容易落色，容易造成沾色；分散染料在平洗时也可能产生沾污。在涤棉混纺织物上印花，虽不能上染棉纤维，但有些分散染料对棉亲和力强，易于黏附，使成品色泽灰暗，染色牢度降低，沾污白地。

要克服平洗沾色，首先，要做好印花染料的选用工作，注意选用那些固色率较高、落色较少的染料。其次，印花后要严格掌握固色时的温度、湿度、车速等工艺条件，控制好工艺条件，以减少平洗时的浮色，减少沾色。再次，在高温皂洗之前，印花织物上的糊料和浮色必须基本洗净。若在糊料及浮色等尚未洗净即进入高温皂煮则易造成沾色，印花织物在平洗时，防止沾污可采取以下措施和方法。

汽蒸固色后待洗织物首先用大量流动水进行喷淋冷洗。洗液由于落色较为严重，因此，不再继续使用，直接排除。

对一些色泽较深，浮色较多的活性染料印花织物改一次平洗工艺为二次平洗工艺。第一次用冷热水平洗，不进行高温皂煮；第二次用皂洗工艺。

阻碍浮色的再上染，例如活性染料上染棉纤维必须要在碱性条件下，为阻碍活性染料浮色的再上染，可在轧槽及部分平洗槽内添加酸性液。如添加醋酸液的办法以防止沾污白地、白花及花色被杂色罩染。目前防白地沾污净洗剂品种较多。合理选用防白地沾污净洗剂也是防止沾污的有效办法之一。

分散染料防止平洗沾污的措施和办法，除合理选用染料以及严格掌握焙烘热溶固色的温度和时间外，还可采用还原清洗的办法，以将印花时沾污与棉纤维上的分散染料清洗干净，以提高花色鲜艳和白地白度。

第五章　网版制作

网版（圆网、平网）制作是印花生产的重要工序。俗话说"若要印花好，首先要把网版、色浆和刮刀组合好"。网版制作的好坏，直接影响到花样的印制效果和印花产品的外观质量，如花型轮廓的清晰度、线条的精细流畅度和对花的准确性；影响到网版的坚固耐用以及印花生产的顺利与否。在印花生产中好多印花疵病诸如砂眼、刀线、对花不准、断网、脱闷头等都与网版质量有关。

圆网制版与平网制版虽然有所不同，但其网版制作流程大体相同。它们都分别在制版件（圆网、平网）上涂布感光胶液层，然后使用黑白稿基片感光方法，将非图案部分的网孔用感光后硬化的胶层封闭起来，仅留出图案部分的网孔。在印花过程中，色浆从网孔中渗出，以达到印制图案的作用和目的。其制版工艺流程为：

$$\left.\begin{array}{l}\text{网版（圆网、平网）的选择和准备、上感光胶}\\ \text{黑白稿的准备和检查}\end{array}\right\} \rightarrow 曝光 \rightarrow 显影 \rightarrow 检查修版 \rightarrow 固化（焙$$

$$烘或上漆）\rightarrow \left[\begin{array}{l}\text{圆网胶接闷头}\\ \text{平网修版}\end{array}\right] \rightarrow 待用$$

随着科技的发展，计算机已经进入传统行业，在网版制作过程中已有应用。印花原样经电脑分色后，不需再经照排机发片，可直接将分色信息通过喷蜡喷墨传输到已经涂布感光胶网上形成相应的蜡质或墨汁花纹图案，所不同的是前者喷的是黑色蜡液，后者是黑色墨汁。其后续工序仍然与传统感光法相同，必须进行曝光、显影等。计算机的进入在一定程度上缩短了工序，节约了原料，减少了制作时间，提高了拼接的准确性，提高了套版精确度，有利于提高印花面料的印制效果和质量。目前，网版制作有些传统的做法（如手工分色）已经很少采用，但这些操作法是制作良好网版的基础，弄清、弄懂传统制作网版的原理操作有利于先进操作的采用。当然，这一新生事物还不是相当完美，还存在这样那样的问题，如喷头易堵、产生花型缺陷、网上蜡墨的飞点会产生砂眼、增加专用蜡块和墨汁的费用及喷头的维修和调换费用等，有待进一步提高。

造成网版问题的主要原因主要有两个方面，即网版制作工艺操作不慎和网版制作用器材、化学助剂选用不当。为提高网版制作质量，减少和克服网版制作较易产生的雕刻疵病的发生，下面主要阐述常用印花网版（圆网、平网）制作过程及相关操作、雕刻用器材及化学助剂选用要求以及常见雕刻疵病的克服办法。

第一节　圆网制作

一、黑白稿制作

黑白稿制作最初描稿全是由人工制作进行的。人工制作黑白稿描稿操作流程大致如下：

审样→修接花型单元→开接版→平贴花样→裁剪描样片→划规格线→复合定位规格线→分色描稿→对花修露白→修漏光→涂边→检查→修理拷贝片

（1）审样。根据花纹图案，确定圆网印花生产工艺和来样的缩小或放大，修接花型单元，明确深浅层次等，并对描稿提出防止异色的工艺要求和措施。

（2）修接花型单元。由图案设计人员根据来样花型进行缩小或放大，接成一个单元的花回，要求达到画面各色分布均匀，以防止生产花型横直档现象和竹节现象。修接花回单元和尺寸必须准确，花型结构完善，符合原样精神。

（3）开接版。划出接版线，以利花型连续接版。

（4）平贴花样。把花型平贴在三夹板或不收缩的白卡纸上，使花样干燥平服。

（5）裁剪描样片。用无收缩性的涤纶透明片基，根据套色数多少、花型尺寸大小进行裁剪。裁剪时尺寸四周要留放 5~6cm 余量，以便接版完整花型涂边及连晒时覆盖黑色遮光纸之用。

（6）划规格线。规格线俗称十字线，为了描稿、感光、修稿、连晒和对花时有所依据，必须要划规格线。规格线要划得准确，若划得不准，将会给后续工序带来不必要的麻烦。圆网花样通常用两种花回单元（1/2 针、平针），1/2 针划 8 只规格线，平针划 6 只规格线；裙料花样例外。

（7）复合定位。在贴样版上复合定位规格线。将规格线复合在花样上面，要求上下左右对准开接版，定位在中间，距离要一致，把描稿胶片上的规格线复合在花样上，然后对准规格线作为分色描稿的依据。

（8）分色描稿。一般分色描稿是先花朵后叶子，其次是地纹。根据花样搭色情况，掌握深、中、浅色次序，由浅罩深的原则，相反色互相搭色要均匀。分色描稿时要根据花型特点、印花工艺、图案色泽及织物组织规格等不同酌情进行缩放，以满足实际印制的需要。

（9）对花修露白。对花的目的是检查描稿的叶子、花朵、细梗、点子、地纹及整个花型是否符合原样精神。同时检查接版情况以及有无露白、叠色的情况等。

（10）修漏光（修稿）。在各套色的描稿片上，由于描稿时落笔轻重不匀的原因，有些地方会有漏光、透光现象产生。因此，要进行修稿。修漏光是把描样片放在有灯光照射的玻璃台板上进行修饰，使花样线条粗细均匀、光洁，细点层次符合原样精神。

（11）涂边。为了使黑白稿在连晒时不会有重复感光的现象发生，有时花样并非完全在规格线范围内，连晒是上下左右相接，必须将与该花型重叠处的空白涂黑，防止该空白处曝光，以供连接版多次感光时使用。

（12）检查。全面核对每套色的描绘黑白稿片是否符合原样精神，并检查接版情况以及多花、漏光、搭色等问题，做到符合印花工艺设计的技术要求。接着是将已描成分色稿（俗称黑白稿）制成负片图案，为下一道工序连晒成多单元晒片作准备。负片制作过程为：

$$分色稿片\begin{matrix}\nearrow 拷贝 \searrow\\ \searrow 照相 \nearrow\end{matrix}显影\to水洗\to定影\to水洗\to晾干\to负片$$

制作负片有拷贝法和照相法两种方法。

①拷贝法。其制作负片是在拷贝机上进行。它适用于花样尺寸符合圆网回头尺寸要求的，即花样回头尺寸是圆周的整数倍。拷贝机可分为光源装在工作台上面和光源装在玻璃台板下面两种类型。它们都有使底片与描样紧贴在台板上的真空抽吸设备和用以严格控制曝光时间的自动计时设备。拷贝机上同时具有点光源和漫射光源。拷贝时，描样的正面紧贴未感光胶片的正面，描样的反面放在光源一边，光源从描样片照射过去时未感光胶片曝光。曝光后的软片经显影、水洗、定影、水洗、干燥后制成负片。

②照相法。其制作负片是在大型卧式或悬吊式照相机上进行。它适用于花型尺寸不符合圆网生产花样尺寸的要求，需要进行放大或缩小的花样以及难于描绘的花样，需在照相机上直接拍摄成负片的花样。大型悬吊式自动照相机，摄成负片的尺寸为81cm×96cm。可放大3倍，又可缩小至1/3。它用一名微处理机控制自动对焦，光源用6kW氙灯，可做反射、投射两用。它除了使用微处理计算机自动对焦外，还可手动对焦，并装有自动感光控制，操作甚为方便。

描稿经拷贝或拍片后制成的负片，一般是花样的一个单元。将单元花样按其接头方法拼接成一张大的正片的过程，称作连晒。该大正片的长度应等于圆网雕刻的长度；宽度为圆网圆周周长或圆网周长的1/2。连晒片制作过程为：

负片→连晒→显影→水洗→定影→水洗→晾干→连晒正片

圆网连晒机目前均采用全自动数控，它有一个微处理机来控制精度。操作者只要将所要连晒单元尺寸、回数及曝光时间等输入，它就自动完成。

人工描稿分色对操作人员要求较高。要描绘好黑白稿，对操作人员来说，不仅要求其熟练掌握图案描绘技术；同时还要对图案花样、织物品种、生产工艺、网版选用等与印制效果的关系有效了解和掌握。随着计算机技术的发展，原来完全依靠人工进行的分色、制作黑白稿的工作，无论在原样精神或是处理速度都远不能适应生产需要，所以，基本上都采用了计算机 CAD/CAM 花样分色系统来处理花样的分色。喷蜡、喷墨机的采用可起到替代一张分色黑白速晒正片的花纹遮光作用。

二、圆网制版的前准备

1. 网坯准备

（1）圆网的拆包检查。为缩小圆网在运输中的体积，圆网制造厂将圆网在专用工具上压扁成腰子形，20只网套在一起成为一箱。圆网之间用泡沫塑料作填衬材料，以防在运输过程中震动损坏。同时，当镍网拆包抽出时，应在专用工具上将填充材料与外包装除去，非常小心地将网坯抽出，并将圆网装在有灯光的检查架上，必要时用放大镜，仔细观察圆网网孔。要求透光均匀，亮度强弱一致，网孔六角形正直、光洁。用手触摸圆网坯表面无损伤折痕，两端与中间网壁厚薄一致，无小洞、无内壁不光洁、无杂物堵塞网孔等情况。

（2）网坯复原。拆包后网坯均呈椭圆形，因此必须在圆网的两端内壁支撑张力环，经高温焙烘，使其恢复成圆筒形。复原的条件是：温度为150℃，时间为2h。如果网坯储存的时间较长，则网坯的复圆需要适当提高温度和延长焙烘时间，但温度最高不得超过180℃，否则会使圆网发生脆损，影响其强度。

对于某些采用常规复圆方法难以恢复圆筒形，可用较硬质的25目或40目圆网坯作为复圆的衬胆工具，套在待复原网坯内壁的效果较好。具体操作是把准备用作衬胆的网坯沿中心线剖开，收小后，细心地放待复圆的网坯内，再按常规操作把张力圈装入衬胆网坯内，使其张紧，利用衬胆网坯的硬质性使复圆的网坯呈圆筒形，再用常规复圆的温度，焙烘1~2h，基本可使网坯达到使用要求。此方法还可以减轻网坯的拆皱印。

（3）圆网清洁去油。圆网坯在上感光剂前，必须去除网坯表面的油污而进行清洗，否则会影响上胶的质量。圆网清洁去油的方法是多种多样的，以下简述圆网清洁去油的方法和效果。

①铬酸。铬酸浓度为60%。将圆网套在不锈钢的清洗架上，以涤纶织物蘸取铬酸液，沿网坯圆周揩擦数次，然后用清水反复冲洗，去除铬酸液。充分清洗后的圆网，其表面应有一层薄而均匀的水膜，放置数分钟也不会断裂，不允许有花纹斑渍的出现。然后用10%碳酸钠溶液中和，并用水清洗，用试纸测完pH，达到中性为止。

使用铬酸液清洗网坯应在良好的排气条件下进行，操作人员应穿戴保护眼镜、橡皮手套等的劳动防护用品，以防止铬酸液灼伤皮肤。

②淡硫酸。淡硫酸浓度为7%~10%，网坯经该溶液擦洗后，再经碱洗、水洗至中性。

③洗涤剂加皂粉混合液。洗涤剂与皂粉按1∶4配制成浆状。网坯擦洗后再用水洗冲洗至中性。

④洗涤剂SCR-41。该产品为荷兰Stork公司产品，是有机溶剂。将圆网坯浸渍在溶剂中10~15min，取出后，用清水冲洗至中性。

⑤碱性清洗剂。按烧碱2份，纯碱、水玻璃、皂粉各1份配制成溶液，用涤棉蘸取擦洗网坯表面数次后，用清水冲洗干净。

⑥采用801#活性洗涤剂加适当的硫酸或盐酸配制成清洁剂。将网坯浸渍在清洗剂中10~15min，取出后，用清水冲洗至中性。

以上各种网坯清洗方法以铬酸为最好，但对人体健康的影响与环境的污染为最差。其次是洗涤剂SCR-41，问题是成本较高。较理想的是801#洗涤剂，劳动强度低，洗涤效果好，成本较低。碱性清洗剂在使用时必须现配现用，否则纯碱易结晶，造成网孔堵塞，洗涤剂加肥皂与淡硫酸的使用效果均不理想。

已洗净的网坯存放在低温烘箱内，用低于40℃的循环风吹干，要尽可能地防止灰尘及油渍沾污。

2. 上圆网感光胶

（1）圆网感光胶的调制。重铬酸盐、聚乙烯醇体系组成的圆网感光胶是目前仍在广泛使用的圆网感光胶。荷兰 Stork 公司 SCR 体系和某些国产感光胶在国内各厂家均有使用。常用感光胶配制处方见表5-1。

表5-1　常用感光胶配制处方

型号	水（g）	乙醇（g）	胶用量（g）	光敏剂（g）
SCR51	10	3	100	20%重铬酸铵4~6
SCR55	10	2	100	20%重铬酸铵4~6
SCR63	10	—	100	SCR61 1
SCR100	10	—	100	SCR101 1
AR105	—	—	100	20%重铬酸铵5~6
AR106	—	—	100	20%重铬酸铵5~6

注　重铬酸铵的用量应根据温度的变化、花型的精细程度适当加以调节。

重铬酸铵（化学纯）用蒸馏水充分溶解，配制成20%的溶液。如溶解困难，可稍加热，但温度不能超过50℃。然后，经过滤待用。

调制圆网感光胶时，在搅拌感光胶的情况下，将20%重铬酸铵溶液缓缓加入到感光胶内，使之均匀混合。然后用玻璃棒蘸取感光液，如能连续直线流下，说明其黏度适中，可以直接用于涂布。否则应加入适量的水，以降低其黏度。

感光胶液配好后，应在暗室低温柜中放置1h以上，也可滴入乙醇，使胶液内气泡完全消失，然后才可使用。

（2）感光胶涂布方法。圆网上感光胶涂布方法有手工上胶和机械上胶两种。机械上胶的特点：刮胶均匀，上胶可以刮得很厚（达到与圆网厚度相似），这样就能使相邻的两个圆网孔眼，由于膜层厚而构成渠道，使色浆易于流到两孔之间，使孔道接通，有利于印制效果的提高，有利于色泽的丰满，且有利于圆网强度的增加及砂眼的减少和克服。因而，目前国内多数企业均采用机械上胶的方法涂布感光胶。

机械上胶是在上胶机上进行的。自动刮板自上向下，下移速度应控制在10~12cm/min。被上胶的网坯要能保持一定的温度，温度一般保持在35~40℃，使胶液中的溶剂在运行中挥发而固着。

圆网坯上胶后，通常应立即置于低温烘箱内通风循环，温度应控制在25~35℃，相对湿度控制在 60% ~70%。干燥时间为 15~20min。

　　圆网坯上胶干燥后，应立即进行包片曝光，如因其他原因而需放置一段时间，则应将上胶后的网坯储藏于低温条件下，但以不超过 4h 为宜。

三、曝光

　　曝光是在曝光机上进行的。曝光机分单光源和多光源。多光源曝光的缺点和问题是光源不统一，操作控制难，曝光时间长，故现使用的圆网曝光设备均为单光源的，如荷兰 Stork SCR-70 型、SCR-70S 型曝光机，山东青州纺织机械厂生产的设备。

　　曝光时，把已涂敷感光胶的圆网套在橡胶圆筒气袋上。橡胶气袋经充气膨胀使圆网张紧，并与黑白稿片紧密吻合。以水平位置进行曝光，单光源的卤灯沿着圆网作左右平移，它可以用于全幅和分段的黑白稿片。光源在两可调节的限位器间往复运动，由于装有自动计数系统，有滑头，充气可调节恒定压力，因此，单光源的圆网曝光机具有高曝光精度和良好的重演性，操作也很方便。不同网目的曝光时间见表5-2。

表5-2　不同网目的曝光时间

圆网目数	时间（min）		
	温度25℃，相对湿度65%~70%	热天	冷天
125	4~5	2~3	4~5
100	5~6	3	5~7
80	6~9	3~4	7~9
60	10	5~6	10~13
40	15~20	8~10	15~20

　　曝光时，在操作前要注意检查黑白稿片的黑度是否"实"；圆网上胶胶层膜厚度如何，挂细花样要求圆网上胶胶层膜以薄为好，厚度控制在 0.04mm 左右；要注意曝光操作和曝光工艺条件的掌握。操作不慎或曝光工艺条件掌握不良造成曝光过度或不足，以致造成显影困难或剥落和花型纹样不符原样精神。

四、显影、着色、修网与焙烘

1. 显影

　　圆网经曝光后，可直接进行显影。显影可通过以下两种方法进行。

　　（1）浸渍法。为了去除网坯上未曝光的胶层，可在卧式显影槽内，用 30℃ 左右的温水浸渍去胶，浸渍时间为 10min 左右。在浸渍过程中，未曝光的胶层先膨化，似乳化状，一层层扩散溶落，每隔 1~2min 将网坯转动一下，加速其脱胶，然后取出，放在洗网架上，用泡沫塑料轻轻地在网表面来回揩拭几下，这对细茎、细点等图案的脱胶更为有利，并同时用清水由里向外喷洗。开始清洗时有乳白状液体冲出，必须充分喷洗除净，直至水质变清为止。

（2）自动显影机喷淋法。荷兰 Stork SCR-90 和山东青州纺机厂的设备中的实际喷淋装置。将经过曝光后的圆网放在一对外包丝的滚筒上慢速转动，圆网内部和圆网下面均有一根喷水管，从内或从外向圆网喷淋具有一定水压的水流。该喷淋方法效率较高，劳动强度低，质量较好，显影时间 5min 左右即可完成，尤其适宜细巧花型的显影。

2. 着色

为了便于检查和修理，感光层可用 3% 甲基紫溶液进行着色。一般采用泡沫塑料深敷，最后用清水冲净浮色。

3. 修网与焙烘

（1）检查与修补。已曝光的胶层在未经高温固化之前，较容易从网孔中去除，因此，对于曝光中产生的小砂眼、多花、漏花等制版疵病，都应在焙烘前进行检查和修补，这一工序不能忽略。经修补后的圆网应在低温 40℃ 的循环风中吹干，防止有微量胶液的水质从上淌下，使花网出现淌水痕迹，造成印花生产时这一部位的花纹轮廓不光洁和块面露底。干燥后的圆网，还应再次进行检查，无质量问题后可进行下一步高温固化焙烘。

（2）焙烘。为获得良好的化学机械性能，将圆网放在焙烘箱内，在 180℃ 恒温的循环风下，高温固化 2~2.5h，使胶层充分聚合固化，表面呈黄棕色。焙烘温度越高，表面色泽越深。温度超过 200℃，圆网坯将发脆，强度受到影响；温度若较低，胶层聚化固化不完全，胶层黏着强度差，在印花生产中易产生砂眼。焙烘固化时，焙烘箱内温度应上下均匀一致，否则会造成胶层局部聚合固化，或温度过高，使胶层焦化，这些均会影响胶层的刮印性能。

五、胶接闷头

将圆网套在架子上，用剪刀按曝光操作时预先划好的长度整齐剪下。由于圆网与闷头衔接幅度只有 1cm，因此圆网两端必须剪齐，不可歪斜，再用细砂皮擦清圆网两端内壁，并用乙醇加以清洗，刮上粘接胶，在胶接闷头机上，将圆网按对花标记与闷头标记对准，加压使闷头进入圆网两端各 1~1.5cm，并加热，保持温度 60~70℃，经 0.5h，环氧树脂因加热而均匀地溶化，并开始固着。由于环氧树脂尚未完全固化，因此已上胶的闷头圆网要轻拿轻放，特别要防止闷头的移动和碰歪，以免圆网在印花机运转时产生扭曲。闷头粘接 12h 后方可使用。

黏接闷头的环氧树脂为国产 634 型、固化剂 650 型，以 1:1 的比例混合使用。

六、印前检查

圆网在上印花机生产之前，应做最后检查，以保证印花生产的顺利进行。检查方法可采取如下方式。

（1）透光检查。将圆网套在有灯光的检查架上，透光检查砂眼、多花、漏花等。

（2）包覆黑白稿片检查。将分色黑白稿片包覆圆网核对花型，检查漏花和不必要的重叠。发现问题用烘干漆、12#缝衣针等工具加以修补。

（3）打样检查。根据原样的套数配置色浆，在专用的圆网打样机或就在生产用圆网打样机上对花刮印，检查制网效果，核对原样精神。

第二节　平网制作

一、黑白稿制作

平网筛网黑白稿制作与圆网筛网黑白稿制作原理和过程基本相同。但平网印花不同于圆网印花，平网印花具有间歇式刮印，运转速度慢，色浆呈堆积状，以筛网为花版，以橡胶为刮刀等特殊性，因此，对精密的几何花型、直线条花型、云纹花型、精细的"猫爪""干笔"就难以适应。相互拼接版易产生"接版印"，这对平网印花来说是其一大难处。在制作黑白稿裁接花样花回时，应选取花型凹凸度最小、拼接版最隐蔽处为准。拼接后的四边凹凸度要相接近，防止相对边凹凸悬殊，使感光和印制时，因花型在网版一侧太邻近边框而使刮印困难。同时，花样拼接后要将各边的半朵花迁移补正为整朵花，以利描稿、接版、感光和印花。另外，要使接版后的花样稿画面均匀，防止产生横档、直条和空白档。

二、平网制版的前准备

1. 绷网

（1）绷网前框架处理。新框用碱性洗涤剂洗清油污或用砂皮纸打磨网框黏合面，以提高黏结牢度；旧网除扯去旧网外，还得刮净残浆和旧胶。

（2）涂布黏合剂。一般用聚乙烯醇缩醛胶，涂布在框架贴布面处。涂布要求薄而均匀，不能堆砌。新网框要涂布两次。

（3）绷网程序。

装网框架→覆丝网→丝网上铗→设定气压→开气→顶框架→涂溶剂黏结→关气→切边→烫毛边→贴边

（4）绷网注意事项。

①丝网上铗时，每只铗子尽可能在同一经（纬）上，以保证网版经纬丝路平直，受力均匀，切忌随意上铗。

绷网时必须充分考虑恰当的张力要求。因为平网印花的精细度、印制效果与绷网的张力有直接的关系。绷网张力一般用丝网的拉伸量来控制。总体要求好的网版既要不失弹性，又要具有一定的抗伸长性，以达到最佳张力。不同丝网印花、印制与额定张力见表5-3。

表5-3　不同的丝网印花、印制任务与额定张力

丝网类型	印制任务类型	额定张力（N／cm）
涤纶丝网或镀镍涤纶网	电路及计标尺等高精度任务	12~18
	多色网印	8~16
锦纶丝网	手工丝印	6~12
	平整物体	6~10
	弧形或异形物体	0~6

②丝网与框架粘接牢固，无局部松缩现象。

③贴片要结实，无漏水、渗水。

④网框绷好后最好放置24h以上才可上胶、感光，以防框架变形过大。切忌即绷即用，否则易引起套版不准。

对于绷好的网版，在其后续的加工和使用中最大的问题是网丝与框架的脱胶收缩。国产异型钢管框因与网丝的粘接较窄，出现这种情况要多一些。还可以发生在绷框，上感光胶后的烘干、固化以及刮印的各个环节。造成上述问题的原因虽然有多种，但根本原因是网丝与框架间的粘接力不够。

绷网中，另一个容易出现的问题是"松版印"。所谓"松版印"是指网版感光制成的印花用网版在刮印过程中布面上出现的颜色深浅，其形状类似松板上的木纹。这种深浅花纹一旦形成就无法清除，并最终出现在成品布面上，其主要产生在大块面花型上，是丝网与织物布面接触时，经纬密度在某种数量条件下的反映。对此，可采用提高或降低丝网目数或改变网丝与网框边的夹角，俗称"斜绷"来降低，甚至消除"松版印"。

绷网形成主要有两种：一种是正绷网，另一种是斜交绷网。对于印花精度要求较高的多色印花，一般要"斜绷"，可避免"松版印"现象。但由于斜绷丝网耗材较多，对于一些印花精度不很高，且套色甚少的可考虑正绷网。

2. 上感光胶

（1）上胶前准备。

①网版净洗：10%~20%的氢氧化钠溶液或次氯酸钠溶液涂布网版静置20~30min清水冲洗，或用5%的醋酸中和后再用清水冲洗，使筛网在织造过程中沾上的蜡质油污等除尽，然后晾干或吹干，不再手触网丝，并要及时使用。有的工厂网版净洗用洗洁精或稀氢氧化钠溶液涂刷框架上丝网的正反面，放置10~20min后，用水冲洗，且边刷边冲，干净后，晾干或吹干。

②配胶：详见"第三节四、感光胶"。

（2）上胶。

①手工上胶（卧式）。将网版平放在刮胶架（或桌子上），用不锈钢刮刀（厚0.3cm，高7~8cm，长度比框架宽度小2~3cm，磨成小圆口）在其上面刮感光胶。先在反面（指与印

布接触面）将感光胶适量地倒在网版一端，使成 3cm 左右宽的长条，用刮刀将其刮向另一端，然后调转刮刀，即将刮刀左右调转，使带浆面始终带浆，再从末端刮向始端，然后用小刮刀（油漆刮刀）把余浆收入原胶杯内。

反面上胶后把网框平放入低温烘箱内，待干燥后，再用同样方法在另一面上胶。

②机械上校（竖式）。一般是桌面式上胶，先将网框固定在上胶机上，调整好刮刀口，把感光胶倒入浆斗，然后自下而上地在网版上刮胶，先刮背面，再刮正面，中间也需烘干。也有的采用双面式上胶，一次完成上胶过程。

（3）上胶注意事项。

①涂在网上的感光胶层要封住网版上所有网孔，所以要有一定的厚度，但又不能太厚。涂胶要均匀、平整、光洁。

②刮感光胶时，不锈钢刮刀与网版平面保持基本垂直，各处压力一致，压力适当，刮速均匀。切忌使用短刮刀，分次拼接涂刮。

③涂胶后的烘干。温度要控制在 40℃以下（最好在 30~40℃）。因为温度过高，感光胶干燥后容易产生热交联造成显影困难。同时烘房内应有循环送风系统，使温度均匀；网版上胶后送入烘房内应平放，并将印布面向上。不要将网版竖立烘干，也不能依靠在墙上，以免造成胶层干燥不均匀；另外，上胶场所和烘房要干净，尽量减少尘土飞扬，因为网版上的湿胶很容易粘住灰尘，造成砂眼。

④上胶前一定要清洗网版。目的在于清除织造和运输中产生的油渍和污渍，为感光胶与网丝的粘接创造良好条件，以减少网版上漏点、砂眼的产生。切忌将空白网版未作任何处理，就涂感光胶，因为这对网版质量是有百害而无一利的。

三、曝光

1. 曝光设备

目前主要有小片感光机和大片感光机两种曝光设备。

（1）小片感光机。该机又称作感光连拍机，其在以前相当一段时间是平网制版感光的主要设备，现在仍有相当范围的使用。以前印花图案的分色分套描绘均是由手工完成的。因此，黑白稿胶片的大小都只包含一个完整的花样单位（一个回头）。该机在感光时，将分色黑白胶片贴在玻璃板上（正面朝上），胶片四周用黑纸遮住，同时根据花回规格校准导轨上的定位块，然后将涂有感光胶的干燥网版装上感光机的移动框架，接着可将网版移动至所需位置，放下框架，贴紧黑白胶片，上加压板后即可开灯曝光。曝光时间根据花型确定。当一花样单位曝光之后，该机通过应用平接或跳接等拼接方式进行，第二次、第三次……多次扩展，进行感光连拍，以满足制版的要求。

该机用于感光的成本较低，能适应一般花样的印制，解决了很多花样的拼接和制版问题，它的缺点是利用机械定位，误差较大，拼接的准确度较差；或因灯管起跳有先后，导致同一版曝光中出现局部不均；或因计时器误差，造成各次曝光中的不一致性，这对精细花样影响较大。

（2）大片感光机。该机又称作整版感光机，一次性感光机。该机不存在花型拼接的精确度问题。感光时，光将大黑白胶片准确地贴在已上胶并干燥的网版背面（压布面），然后翻开橡皮膜罩，把贴有黑白胶片的网版放在平板玻璃上，使胶片接触玻璃，再罩上橡皮膜罩。橡皮膜罩密封包含并配有抽气泵的装置，通过抽气使网版与玻璃紧贴、使网版与黑白胶片紧贴，然后开灯曝光。曝光后放气、下罩、取出网版即可进行显影冲洗。以上操作均需在暗室中进行。

该机的优点是一次成形，整版曝光均匀，没有拼接误差，它的缺点是用点光源曝光，尽管光源可以拉远（当然是有限度的），但始终成放射状，网版边缘易产生衍射现象，影响精细花型的清晰度。

2. 曝光注意事项

在曝光过程中要注意以下事项。

（1）准确定位。对小片感光制网来讲，"准确定位"除了导轨要相互垂直，灯箱玻璃台面"十"字标准线要互相垂直和两组"十"字之间相互平行以外，还应包括贴片时，黑胶片上的"十"字线与玻璃台面上"十"字的准确吻合，移动定位块的准确定位。感光时，务必使网版、黑白片和反光玻璃台面三者紧密无误，才可开启感光灯源进行曝光。对于一次性大版的曝光，也有准确定位的问题，主要是起始位置和中心线，防止各套花版偏差过大造成印花机台上调整花位发生困难。

（2）曝光前其他准备。在曝光操作前，应检查黑白稿黑度和洁净度，以及玻璃反光台面的洁净度；还要对定位销位置和尺寸距离、时间继电器选定的时间、各转钮的位置、压版升降等复查一遍，然后将已涂布感光胶的网版放入框架中固定。

（3）曝光时间。曝光时间短，感光胶交联不充分，网上胶层易被冲掉，俗称作"嫩"；反之称作"老"。曝光时间短，花形显影快，网上细茎、泥点可能较原稿粗，网上胶膜牢度差，砂眼多；曝光时间长，花形显影慢，网上胶膜牢度好，砂眼少，网上细茎、泥点就可能较原稿细，甚至部分缺失。掌握好曝光时间是做好网版质量的重要技术参数之一。

小片感光机曝光时间一般从30s至2min不等，具体参数应根据光源强弱，灯管与网版的距离等情况试验确定；大片感光机曝光灯约距平面玻璃2.5m；曝光时间一般为5~6min，距离和时间均需试验后确定。

四、显影冲洗

把曝光的网版浸入显影槽的水中（20~30℃）。要求显影槽充满水后能浸没网版，可加热。浸渍1~2min后，适当晃动网版，待未曝光部分的胶膜吸水膨胀；明显出现与黑白胶片相同的花纹时，取出网版，放到冲洗架上，在有灯光照射方便观察网版上花纹的情况下（刮印面对灯箱），用冲洗喷头从网版压布面冲洗网上花纹，从上到下，从左到右依次排冲，直至各处细茎、泥点清晰，图形轮廓清楚，然后用无压力水将刮印面的残胶淋洗干净。

显影冲洗场地需安排在背光面（朝北窗口），与感光室的距离要近，使曝光后的网版送入显影槽水的途中无强光照射，无明显曝光的可能。

要掌握好显影程度。显影的时间过长，胶膜膨胀严重，黏结牢度降低，非花型部分的胶膜易被冲掉；显影的时间短，膜层膨胀不充分，易造成冲洗不彻底，残胶过多堵塞网孔。故显影冲洗的标准应该是在图形清晰的基础上，冲洗的时间要短，残留胶液要少，那种没有显影槽或浆网版长时间浸在显影槽里的做法是不可取的。

显影后的网版要及时送到带有循环风的低湿烘箱内平放干燥，防止残胶液堵塞网孔。

五、固化

所谓"固化"，是指提高已在网版上固着的感光胶膜的坚牢度与耐磨性。实践表明：未经固化处理的印花网版其可印制的数量是很有限的。固化处理有的需经二次曝光后再进行。现在固化网上胶层的方法多为配套的固化胶（固化剂）。只要用干净的软毛排笔蘸固化剂溶液，在承印面和刮印面各均匀涂刷一次、涂固化液时要放平网版，涂后适当敲打框架，使花型处网孔清晰，若有条件，建议用吸湿剂把网版空格中的水液吸净。然后放平烘干，以防塞网，烘箱温度为 50℃，带循环风的干燥箱内干燥 1h 或自然干燥 4h。

第三节　制版器材、化学品的选择

一、镍网

印花镍网是圆网印花重要的消耗性器配件。它的质量好坏关系到圆网印花机性能的发挥和圆网印花成品质量的好坏。下列的印化镍网技术参数、技术指标直接影响到印花生产的顺利进行和印花质量的优劣。

1. **印花镍网技术参数技术指标**

（1）目数。目数是沿孔距的方向上每 25.4mm（1 英寸）长度内的孔距数。常见目数见表 5-4，$M=25.4/a$。

表5-4　常见目数

目数（M）	中心距（a）	目数（M）	中心距（a）
80	0.32	185	0.138
100	0.25	135	0.188
125	0.204	165	0.154
155	0.164	195	0.130

镍网目数与印花种类、花型、线条粗细、清晰度等有直接关系。只有选择符合工艺要求的印花镍网，才能实现良好的印制效果。有关印花镍网目数的选用原则在本书印花工艺设计章节中已有阐述，故本处不再赘述。印花企业应在大量的印花生产实践中注意不断总结印花镍网目数的选用中的生产经验，合理选用印花镍网。

（2）开孔率及开孔率均匀度。开孔率指的是印花镍网开孔面积占总面积的百分比。开孔率大小影响印花色浆给浆量的大小，其是印花镍网的重要技术指标之一。使用企业总希望有较高的开孔率。开孔率高，可减小刮浆压力，提高纹样轮廓和线条的清晰度，减轻"锯齿"效应，增加渗透量，有利于印花的顺利进行。

开孔率均匀度表示同一个镍网各处开孔率的极限误差，又直接影响到得色的均匀性。印制精细线条和几何图案时应特别注意该项指标。

（3）壁厚及壁厚均匀度。印花镍网的壁厚是镍网的又一项重要指标，在一般情况下，在同一目数中，壁厚越薄，开孔率越高，但不耐用；在同一目数中，壁厚增加，开孔率相对降低，但镍网强度提高，在生产使用中不易折网、断网，使用寿命长。因此，比较镍网的技术指标时，要同时比较开孔率和壁厚指标，以两者都高为优。

壁厚不均匀时，厚处的开孔率小，薄处的开孔率大，易形成印花色差疵病。另外，壁厚不均匀，在印花生产过程中易造成上机运行时旋转不平稳，影响使用和印花效果。

（4）内外壁制造质量。外壁不能有毛刺，否则会划伤织物，产生色毛现象；内壁不能有"气泡""镍瘤"，如有上述问题，在印制时会加剧刮刀或磁棒的磨损，在印制生产时会产生高频振荡，致使刮浆压力分布不均而形成色差。

镍网在最大印花宽度内应无皱纹、折印、油污、毛刺等疵病。镍网从应用角度来看应无串通孔、盲孔。所谓串通孔指的是镍网相邻两孔间的镍桥断裂，便形成了连孔。二孔相连称二孔串通；三孔相连称三孔串通。盲孔是指镍网中的个别孔被堵塞，一个孔被堵塞，称为单盲孔；两个相邻的孔被堵塞称二连盲孔。印花镍网的某些孔一半被堵塞，称为半盲孔。由于半盲孔多属机械划伤模具造成，半盲孔呈条状出现，又称条状半盲孔。镍网上串通孔、盲孔的存在会对印花均匀度产生严重的影响，产生规律性色点、白芯疵病。

（5）韧性与弹性。镍网要承受布面与刮刀的压力。镍网在外力作用下不断裂的能力称之为韧性。韧性不好，镍网发脆，在装圆网闷头、制版及生产过程中可能出现断裂，影响使用寿命和印花生产。

弹性是指镍网在外力作用下自然恢复变形的能力。弹性不好，在生产过程中一旦镍网受轻微碰撞，将产生"死折"，使镍网报废。

（6）网孔排列方向。通常网孔与网轴线的角度为60°，而特殊的高目网已减小至45°。这种圆网在印制几何图形方面具有独特的优越性，提高了花型的适应性。

（7）孔形和横断面。挪发网（Nova）孔形近圆形，横断面呈近似的双喇叭形。可以加强浆料的静压，提高印花的稳定系数，相应提高透色能力。这是因为如壁厚相同，断面形状为双喇叭口的开孔率高于断面形状为单喇叭口的开孔率。另外，双喇叭口断面形状便于色浆流动，可以适当减小刮浆压力，有利于印花清晰度的提高。

（8）圆周周长。符合规格的镍网网坯，其外圆尺寸一般应控制到小数第二位。常用的圆网圆周尺寸为641.33mm、631.34mm、641.35mm、641.36mm。若该批网坯壁厚一致且在规定范围内，镍网内孔周长也应在标准规定范围内。这里所说的圆网圆周周长达到要求指两方面的含义：一是指镍网内孔周长达到要求，不能偏差过大。否则会出现闷头安装时过紧或过松现象，严重影响闷头的安装。二是指在同一套花版所用的每一个镍网的外圆尺寸要一致。若圆周周长不一致会造成印制时的花型错位，产生对花不准疵病。

圆网有大小头，即圆网两端直径大小不一致，应不超出允许误差，而且圆网大小头的允许误差应在同一侧。镍网两端直径的误差要小，较大的误差也容易使花布图案花型产生错位，造成对花不准。

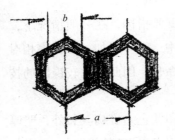

图5-1　显微镜测量

上述涉及印花镍网质量相关的技术参数，技术指标如何测定和评定，这对于使用者来讲具有较大的实用意义。下面介绍一些简易、实用的检测方法，以供参考。

2. 印花镍网技术参数、技术指标的测定和评定

（1）开孔率。开孔率可用开孔测量仪（Meshtester）进行测量。如果没有仪器，可用80倍以上读数显微镜测量，如图5-1所示。

按下式计算镍网的开孔率：

$$k=(b/a)^2\times100\%$$

式中：k——开孔率；

a——网孔中心距，mm；

b——网孔尺寸，mm。

（2）镍网壁厚均匀度。在不进行破坏性测试的情况下，可用0级外径千分尺在印花镍网两端圆周上各测三点的壁厚值，求最大差值，以此间接测定印花镍网的壁厚均匀度误差。

（3）透光均匀度。镍网放在光源检查架上（光源检查架一般装有两根40W日光灯），目测应透光均匀，无明显隐条。透光不均匀主要表现为局部透光不均匀、密集明暗相间的螺旋状条纹，或间隔较大的螺旋状明暗条纹。发暗处的网孔尺寸小于明亮处的网孔尺寸，产生的主要原因是开孔率不均匀或壁厚不一致。

（4）韧性。沿印花镍网圆周方向取长度60mm，宽度15mm的样片，用手对折成180°或用重锤对折成180°时不断裂为佳。

（5）弹性。印花镍网为便于运输而压缩体积，压扁成腰子型，每10只套装成一包，放置6个月后折开高温烘燥能恢复成圆形。镍网在最大印花宽度内应无皱纹、折印。

（6）网孔横断面。判断网孔横断面形状，可简单地用30倍以上放大镜观察镍网有内外表面而定。

（7）圆周。使用厂可用标准闷头进行检验，以能较顺利地装进且不自由下落为宜。印花镍网质量优劣的鉴定还应与印花生产实际、印花成品质量的好坏结合起来进行。镍网的优劣会在织物印制和印花成品的好坏中反映出来，故应在印花生产过程中予以留意和鉴别。

二、筛网

将筛网丝紧绷固着在筛框上后即成平网印花的筛网。筛框材料及其尺寸选择、筛网丝选用等是否合理对平网印花筛网的制作和平网印花运转是否顺利都有着密切的关系。

筛框材料要求变形小、重量轻、经久耐用、操作方便。最早使用的筛框材料是木制的。木制材料以优质松木、柳安等为主，且制框前需经"定形"处理，截面尺寸相应较大以增加自重。由于木制材料具有吸水性，故难以克服变形和扭曲的问题，并不十分适合在自动网印机上使用，因此，已被金属材料代替。主要采用两种：一是异形钢管，二是硬质铝合金异型管。前者重量重，手工搬动不方便，但成本较低；后者重量较轻，操作方便，但成本相对较高。

网框材料的截面主要是根据该材料的抗变性而定，但又与筛框尺寸的大小密切相关。金属框的横截面有多种不同形状，从制造和绷网难易程度来分，最为常见的为正方形或矩形、梯形、弧形、S形等几种。同样的框架材料当作大型筛框时，其抗形变性能下降，就要采用较大截面的材料来制作框架。截面形状又与印花方式有关系。例如在湿—湿连接版印花时，筛框力求与印花织物的接触面积减小，以改善所谓"压档印"疵病，这样就出现"异形"截面金属筛框材料。

各厂的筛网框架的外形结构不尽相同，一般要根据印花设备和印花方式而定。主要区别在于定位钉、移动机构、对花调节机构的安装位置不相同。

目前，我国在丝绸印花中应用较为普遍的筛网框架，外框尺寸为 520mm×140mm 的，适用于花回 330mm；外框尺寸为 850mm×1400mm 的，适用于 660mm 花回。

筛网框架的内在尺寸，一般按下述尺寸公式确定，如图 5-2 所示。

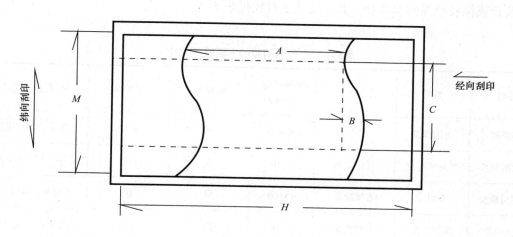

图5-2　筛框内缘尺寸计算示意图

刮刀移动方向	网框的内在尺寸（单位：mm）
经向移动	$H = A+B+$（300~400）
	$M = C+$（100~200）
纬向移动	$H = A+B+$（100~200）
	$M = C+$（300~400）

筛网丝网上的网眼大小和强力是衡量筛网是否适用于印花的主要指标。网丝直径的粗细直接影响到印花筛网的强力和网孔的大小。目前应用较多的筛网网丝材料多为涤纶和锦纶。其中，以涤纶筛网更为可取，并以合纤单丝筛网为多。另外，以筛网丝网织物组织来看，以平纹织物组织较多。关于其应用较多的原因以及网丝网目选用的一般原则，在本书"第二章　印花工艺设计　网版雕刻要求"有关章节中已有阐述，在此不再赘述。

三、绷网胶

制作平网用筛网丝网与铝合金网框或铁质网框的粘接主要靠绷网胶。因此，选用合适的绷网胶对于企业提高印花质量和生产效率具有十分重要的意义。

1. 绷网胶的性能要求

绷网胶应符合下列要求。

（1）胶层韧性好，粘接力强。绷网胶胶膜内聚力强，黏附力强。粘接时具有优异的耐屈挠性和蠕度性能，胶膜富有高弹性和柔韧性，可以有效防止绷网或印花时丝网损伤。

（2）干燥固网速度快。要求能在较短的时间内获得较高的初始粘接强度。一般在空气流动好的环境中，在较短的时间内即可固网。

（3）使用方便，耐化学品、耐热性好。在绷网操作时，能做到省时省力，绷好的网耐各种化学品，耐热性良好。目前常用的绷网胶有聚乙烯醇缩醛胶、丙烯酸酯黏合剂、环氧树脂胶及合成橡胶型绷网等几种。其主要性能对比见表5-5。

表5-5　几种绷网胶的主要性能对比

品名	类型	涂胶方法	绷网速度（min）	粘接力	耐水性	操作工艺
缩醛胶	溶剂挥发	预涂	40~60	一般	良好	简单，直接使用
丙烯酸酯胶	紫外线固化	直接涂布	1~10	强	良好	复杂，大功率紫外灯
环氧树脂胶	双组分	直接涂布	15~60	强	优	复杂，双组分
合成橡胶	溶剂挥发	直接涂布	5~10	强	优	简单，直接使用

2. 绷网胶的使用注意事项

绷网胶使用过程中应注意如下事项。

（1）网框表面应清洁、无灰尘等杂质。

（2）新的网框粘接面要先用砂皮打毛处理，并去除油渍。

（3）旧网框表面要平整，胶层无缺口或气泡。如果是不同类型绷网胶或网框粘接面有缺口、气泡时，则需要除去旧膜重新涂胶。

（4）涂胶要均匀，不宜过厚或过薄。使用完毕的胶要密封保存。

（5）绷网应在通风条件下操作。在略干燥时，用软布或橡胶板擦压粘接部分，使丝网与网框充分接触，效果更佳。

（6）制好的网版在使用过程中温度不宜超过 50℃。

四、感光胶

目前，感光乳液制版仍是制版的主要方法。感光胶是该制版工艺中重要的耗用材料。感光胶选用得好坏对制版、印制效果及印花产品的质量有着重要的影响。作为平网、圆网制作筛网使用的感光胶应具备下列要求：水分散性好，显影容易，经济安全；其成膜薄膜层应具有很高的对网丝、网坯的黏合力，具有一定机械强度而不至于剥落与网坯分离；感光胶要耐酸、耐碱、耐化学药品。随着喷墨、喷蜡制版技术的出现，还要求感光胶与喷墨、喷蜡材料具有良好的相容性和可冲洗效果；感光胶要求具有较高的解像，使印花效果达到精细、鲜明，感光胶的主要组成是成膜剂、感光剂（光敏剂）和助剂。光敏剂在特定光源的照射下引发和参与成膜大分子的交联反应，使成膜剂形成网状结构而失去可溶性，并与网丝、网坯牢固结合。

早期平网用感光胶的成膜剂主要有水溶性天然高分子物质如明胶、聚乙烯醇等。这类材料虽然也做了一些改进，耐印率有一定提高，但总的来说，这类材料的耐抗性较差。在印花生产过程中，感光胶层花膜难以承受印花色浆中酸、碱、化学药剂的侵蚀和印花刮刀千万次的刮磨，为此一般都要进行加固处理。即在感光显影干燥后采用后上生漆的办法进行加固，或采用网版在未感光前预洗涂布过氯乙烯的办法，备用的预上漆法进行加固，用此法制版，网版感光显影干燥后不再上漆，但要用醋酸丁酯揩出清晰的花纹网孔。采用上述成膜剂的感光胶所采用的光敏剂为重铬酸盐。加固剂分别为生漆、过氯乙烯。

1. 聚乙烯醇（或明胶）——生漆法

网版耐磨性、耐化学药剂、耐有机溶剂等都特别优良，特别适于较大印花批量的生产，用于涂料印花更为可取。但该法制版周期较长，生漆加固处理后不易干燥。若遇生漆质量不好，或气候干燥，漆膜更难干固，影响坚牢度。另外生漆有毒，易侵袭皮肤，不利于劳动保护。

（1）处方。

聚乙烯醇基本胶（16.6%）　　　　　　　　　　100g

钛白粉	3g
重铬酸铵	3~6g
柠檬酸	1g
蒸馏水	30g

（2）操作。

①聚乙烯醇宜选用高黏度的，聚合度在1500以上的为佳。

②聚乙烯醇基本胶（16.6%）的配制：先将100g聚乙烯醇在500mL蒸馏水中浸泡12h，使其膨胀，然后将其在水浴锅中90℃热水隔水加热3h，冷却备用。

③配制感光液要在暗室中进行。

④聚乙烯醇为成膜剂。钛白粉的加入为曝光后增进花型辨析度，重铬酸铵为光敏剂，在光的作用下发生光化反应：$Cr^{6+} \rightarrow Cr^{3+}$，与聚乙烯醇络合成难溶解物。柠檬酸的加入以使未发生光化反应的部分易溶于水，易洗除。

⑤先将聚乙烯醇基本胶与钛白粉混合调匀，重铬酸铵与柠檬酸混合溶解调匀。最后共同与30mL蒸馏水混合调匀，静置约30min即可。

2. 聚乙烯醇——过氯乙烯法

该法将网版预先涂布过氯乙烯备用，可使制版速度加快，周期缩短。使用过的网版还可用醋酸丁酯洗除过氯乙烯后再回用。因此，适用于小批量、多品种、多花色的生产需要，制版也较简便。但感光、显影、干燥后要用醋酸丁酯指出清晰的花纹网孔，气味刺激性严重，必须配备通风装置。

（1）处方。

过氯乙烯	15%~20%
醋酸丁酯（90%）	80%~85%
着色剂	酌量

（2）操作。不断搅拌下，用醋酸丁酯浸泡过氯乙烯，使成均匀透明溶胶，放置一定时间后，酌加着色剂并搅匀。用不锈钢长刮刀将其在平放网版的正面均匀涂布1~2次。必要时，待其干燥后可在网版反面再涂布1~2次。干燥后用0#砂皮或滑石粉在需涂布感光胶的一面"砂毛脱脂"，以利涂布感光胶胶层牢固。

需感光制版时，所用的感光系列和对应的工艺条件及操作可参照上述"后上漆法"有关内容。

3. 重氮感光胶制版法

20世纪70年代后期，重氮感光胶制版工艺技术逐步取代了过氯乙烯制版工艺，其重大突破是光敏剂体系与黏合剂合成一种互相交联的胶液。简化了操作，制版速度加快。另外，该工艺具有环保性强、无毒、无害的优点，存在的问题是在活性染料深色印花时，耐印率不甚理想，有时会产生砂眼。为此，感光胶生产商与印花企业在产品开发及使用过程中均注意采取措施，提高耐印率及克服砂眼疵病的产生，以满足印花生产的需要。

感光液的配制：感光液的配制必须在黄色的漫射灯环境下操作。称取 7g 光敏剂，用 80~100mL 的蒸馏水搅拌溶解，慢慢置入 1kg 胶液中搅抹均匀后用丝网过滤静止 10min 左右，即可使用。

配制好的感光液，在 20℃以下一般可存放 10 天左右，在 25℃以上，感光胶胶液一般只可存放 5 天左右。

圆网感光胶使用前的配制处方举例见表 5-1。

20%重铬酸铵溶液的配制注意事项如下。

（1）重铬酸铵使用化学纯级的。

（2）要用蒸馏水充分溶解，配制成 20%的溶液。如溶解困难，可稍加热，但温度不能超过 50℃。然后，经过滤待用。

（3）感光液配制时，应在感光胶不断搅拌情况下，将 20%重铬酸铵溶液渐渐加入到感光胶内，使用均匀混合。然后用玻璃棒蘸取感光胶液，如能连续直线流下，说明其黏度适中，可以直接用于上胶操作。否则应加入适量的水，以降低其黏度。

（4）胶液配好后，应在暗室低温柜中放置 1h 以上，也可滴入乙醇，使胶液内气泡完全消失，方可使用。

五、端环（闷头）粘接剂

在圆网印花中，端环（闷头）粘接剂是将端环与镍网粘接在一起，起传动作用的关键材料。选择好黏合体系和合理的粘接工艺是端环粘接成功的主要条件。

作为理想的端环粘接剂应是无毒、不易燃、耐热老化、耐化学性好、配比简单、宽容度大、操作方便、价格合理，能达到粘接各项技术要求。

目前端环粘接剂采用环氧树脂与聚酰胺树脂作黏合体系进行端环黏合。常用的环氧树脂为双酚 A 型。环氧树脂的各种特性随着分子量的变化而有较大差异。高分子量环氧树脂的软化点在 100℃以上，必须以较高温度才能使其软化。对金属的黏合力较好，耐腐蚀性亦较好，缺点是操作不方便，对金属表面浸润不充分；中等分子量的环氧树脂软化点在 50℃以上，常温下为固态，需加热才能熔化，对金属的粘接力较好，基本上具有环氧树脂的各种特性；低分子量的环氧树脂软化点在 20℃以下，常温下具有流动性，操作方便，但有些特性低于中分子量的环氧树脂。

用作环氧树脂固化剂的聚酰胺树脂是一种亚油酸二聚体与芳基或烷基多元胺的缩聚物。聚酰胺树脂通过分子结构中的游离氨基与环氧基交联，而进行端环黏合。聚酰胺树脂在常温下是一种黏稠的热塑性树脂，像环氧树脂一样，随着温度的升高黏度逐渐降低。

环氧树脂—聚酰胺固化体系一般选用低分子量的环氧树脂，这是因为聚酰胺的黏度较高，为便于操作必须选用低分子量的环氧树脂 E-44；聚酰胺固化剂一般选用中等胺值的聚酰胺650，按 E-44 ：650=1 ：0.8 的比例调配，在80℃条件下，固化0.5h。在应用中存在下列问题。

（1）低分子量环氧树脂固化后胶层耐热性、耐化学性不及分子量中、高的环氧树脂，因修补花网重新固化时，胶层热老化现象严重，易脱闷头。

（2）因环氧树脂和聚酰胺的体积差异大，在使用时较难控制。二者比例失调会影响粘接质量。

（3）聚酰胺的反应活性较低，与低分子量环氧树脂混合后加热固化时会产生淌胶。故必须先在室温下预固化一段时间，再加热固化。

为此，用低分子量环氧树脂和聚酰胺650作端环粘接剂时，要严格工艺条件，以确保粘接质量，防止上述问题的产生。

有人为防止上述问题的产生，在端环（闷头）粘接剂制造组成上进行改进，由 A、B 双组分组成。A 组分粘接体系中环氧树脂采用中高分子量与低分子量的环氧树脂相混合后经改性而成，具有较强的粘接力和良好的渗透性；增韧剂和增塑剂的加入改善了快固型粘接剂的脆性和流动性；潜伏性固化剂使胶层固化更充分；另外，偶联剂、填料的加入既降低了反应热，同时使有机物与无机物之间粘接；B 组分由叔胺络合物、改性胺类组成。在加热初期即有部分胶层开始固化，避免出现固化过程中胶液淌流流失现象，使胶的固化完全充分。A、B 两组分使用的比例约为 1 ：1。在平板或胶片上调匀后即可涂胶，然后在 80~120℃下固化 20~30min，或在室温下放量 20h，即可完全固化。

第四节　制版常见疵病的防止与克服

目前，平网、圆网制版较多采用的为感光乳液制版法。虽然平网与圆网各自具有不同特点，但是亦有相通之处。感光乳液制版要考虑网版与所使用的感光胶膜层黏结性及感光胶层的机械强度。符合制版要求的网版与感光膜层的黏结性及其机械强度，应该是在有花样纹样之处的未感光膜层应全部脱落，无任何黏结，在丝网或金属镍网上不沾染任何胶粒与杂质；而在无花样纹样之处，网版与经感光的感光膜层应具有优良的黏结性，同时具有优良的机械强度，经久耐用。这样致使无花样纹样处网孔被已感光的感光胶层封住，印制时不透任何色浆，而有花样纹样处网孔穿透，轮廓清晰，印制时能顺利透浆。反之，即是制版中问题与疵病。

在制版中常见的疵病如显影后冲洗牢度差、胶层脱落、网版曝光后显影不良、花纹边缘呈锯齿形状、绷网胶脱网、尼龙丝网上固色剂后出现破洞、产生砂眼、耐印性差等。除少数疵病有个别的特点外，可以说多属围绕网版与感光胶层的黏结性及机械强度而展开的。现就制版常见疵病的产生原因和防止、克服办法阐述如下。

一、显影后冲洗牢度差、胶层脱落

1. 产生原因

（1）由于油污、杂质的存在影响胶层的黏着。网版（网丝、圆网）表面去油、去杂不净。在浸水显影过程中，胶层脱落，呈现多孔状。

（2）网版干燥不充分。网版清洗后，未经充分干燥。网版表面含湿影响胶层的黏着。情况严重时，在显影过程中产生胶层脱落。上感光胶后低温烘燥时，时间过短，胶层内含有的水分或溶剂未完全蒸化，当黑白稿片包覆在网版上，曝光时，温度升高，这些剩余的水分、溶剂等蒸化，使胶层产生黏性与黑白稿粘连，当黑白稿片从网版上剥离时，也就会出现胶层剥落的现象。

（3）曝光不足。网版上胶后，烘干时间过短，或温度过低以及曝光不足，经曝光后的感光胶层未能达到完全光敏聚合。当浸水显影时，该胶层扩散，溶解于水，使整个网版胶层剥落，进而失去原有的花纹。

（4）感光胶层涂布过薄过厚或涂布不匀。胶层涂布过薄，经烘干后，胶层收缩，感光胶量少，与网版的黏结性弱，机械强度差，遇高压水枪冲洗时，胶层易被冲去及破损；胶层涂厚，同样不利于感光胶与网版的黏结。特别在涂布不匀的情况下，不利于烘干及曝光的均匀性。处理不好，易产生胶层脱落，造成胶层涂布不匀，大致有如下情况。

①感光液配制使用的化学品不纯。例如光敏剂应采用化学纯的重铬酸铵。如采用工业用重铬酸铵，混入不溶性物质或其他杂质，溶解后又未经过滤，即调入感光液中，或感光液储存时间过长，而产生自身聚合结膜，而造成涂布不匀。

②刮刀刀口黏附胶膜和其他杂质未清洗干净，或刮刀刀口毛糙不光而使胶层涂布不匀。

③刮胶时，刮胶速度不一，而形成胶层厚度不匀。

④圆网未能复圆。致使在涂刮感光胶时，圆网瘪的部分胶层厚，外突部分胶层薄。

⑤圆网的镍层厚度小于 0.075mm 时，在涂布感光胶过程中会造成圆网壁的偏移，造成胶层厚薄不一。

⑥平网涂感光胶厚薄掌握不妥。网版需正反面涂胶的未进行正反面涂胶。

（5）在曝光过程中，室内气流相对湿度过高影响胶层质量，致使黑白胶片与网版粘连，黑白稿剥离时造成胶层剥落。

2. 防止措施和克服方法

（1）要注意网版（丝网、镍网）的充分清洗。按可行的专用清洗剂和工艺规定做好清洗工作。

（2）严格按照工艺规定，做好网版的预烘燥和充分烘燥。

（3）要注意制版的充分曝光，保证感光胶的光敏聚合。

（4）要注意感光胶涂布的均匀性。

①配制感光胶液要注意防止杂质的混入，防止尘埃的落入，注意气泡的消失。胶液配制好后，应在低温暗室内放置 1h 以上，胶液内气泡完全消失后再使用。

②注意刮刀刀口的清洁，防止黏附胶膜和各种杂质，同时要注意保持刮刀刀口的光洁。

③刮胶时速度要保持一致，轻重一致，厚度均匀。

④做好圆网的复圆。注意检查圆网镍层的厚度，不符合要求的圆网不能使用。

⑤凡发现涂胶层厚薄不匀情况者，必须除去胶层，查明厚度不匀的原因，采取措施后再涂刮感光胶层。

⑥平网网版正反面都要涂感光胶层，涂胶不要太薄也不要太厚。

（5）网版曝光的暗室，应具有恒温恒湿的条件，以保证胶层质量，防止胶层发黏情况的出现。

二、网版曝光后显影不良

网版曝光后网版感光胶层分成两部分：一部分为花样纹样处来感光，希望该部分的感光层在显影过程能从网上剥离清除。第二部分是无花样纹样处已感光，希望该部分感光层能与网版黏结，并具有良好的机械强度。若未感光部分剥落不清，已感光部分黏不牢固，都会造成网版曝光后显影不良。上一节所述显影后冲洗牢度差，胶层脱落实际上也就是网版曝光后显影不良的一种表现，在本节不再赘述。本节着重讲解未感光胶层剥落不清，以致造成显影不良的产生原因，防止措施和克服方法。

1. 产生原因

（1）网版上胶后，烘干时间过长或温度过高。由于胶层受到烘干条件的影响，胶液发生初步聚合，使原来可溶性的胶层变成不溶性胶层。在浸水显影时，网版花样纹样处的胶层不能扩散和溶解于水而堵塞网孔。

（2）光敏剂用量过多。光敏剂如重铬酸铵等用量过多，产生过度光敏化，致使网版的花纹部分胶层难以扩散和溶解，致使网版网孔被堵塞。

（3）曝光时间太长。网版感光时间太长，致使不应曝光的纹样部分的感光胶层受到热和光的影响而产生聚合，同样在浸水显影时不能扩散和溶解于水而堵塞网孔。

（4）黑白稿片黑度不足。被覆盖的感光胶膜遮盖不力，致使有少量的光线透过，而使感光胶层聚合变成不溶于水的部分颗粒而堵塞网孔。

（5）黑白稿片与网版贴合不紧。致使有热的影响和光线的透过，一致纹样的部分的感光胶有部分被透光聚合，曝光后显影胶层不易被洗去剥落。

2. 防止措施和克服办法

（1）严格掌握好对网版上胶后的烘燥温度和时间的控制。按工艺条件和操作规程执行。

（2）严格工艺处方，准确称量制版过程中所需的各种染化助剂，不能少称或多称。

（3）曝光后要严格控制时间。

（4）曝光前要加强对黑白稿片的检查，包括黑度检查。凡黑度不够的要加深。

（5）注意黑白稿片与网版的贴紧。

三、花纹边缘呈锯齿形状

呈锯齿形状疵病在平网、圆网印花中都有出现。该疵病的存在致使花型轮廓不光洁。

产生锯齿形状疵病的原因与使用的网孔过大有关。在生产实践中遇此情况，根据花型特点，选择较高的目数的丝网、镍网，情况都有所好转。

另外，感光胶层太薄、曝光不足，以致曝光后的感光胶与金属或合成纤维丝网（涤纶或锦纶）结合得不够牢固。在水中显影时仍有一定的溶胀性。黏结率下降，感光胶的立网性不好，经不起显影高压水柱的冲击。由此制成的网版容易产生花纹边缘不光洁，呈锯齿形状。为此，要避免网版花纹边缘锯齿形的出现，除了合理选择较高网目的网版外，在制版过程中，对感光胶层的厚度、曝光工艺条件的掌握要严格按照工艺规定条件执行。

四、绷网胶脱网

绷网胶脱网产生的具体原因较多的是网框上的油渍、污渍未去除，或网框上过分光滑平整以及网框与丝网的接触面不紧密，致使网框与丝网虽经绷网胶的涂胶，但黏结力达不到印制所需要求，导致脱网。

要解决绷网胶脱网，除要选择优良的绷网胶外，绷网工艺及操作亦是重要的关键。绷网前根据印制的尺寸，选好相应的网框。首先要进行的是网框与丝网黏合面应清洁干净。第一次使用的是新网框需用细砂纸砂磨，使表面粗糙，然后用溶剂擦去油渍、污渍，并在网框黏合面预涂一遍绷网胶晾干；如使用的是旧网框，表面胶膜平滑无缺口，则无须铲除，清洗干净后可付绷网。网框固定在绷网机上，注意使丝网与网框贴紧，并在丝网与网框的接触部分再涂上绷网胶，然后干燥。绷网胶不宜涂得过厚或过薄。高目数丝网则应适当稀释黏合胶，在干燥时可用橡胶或软布边擦拭粘接的部分，边施加一定的压力，使丝网与网版粘接得更牢固。待绷网胶干燥后，松开外部张紧力，剪去网框外边四周的丝网，然后用单面不干胶纸贴在丝网与网框粘接的部位，这样既可达到保护丝网和网框的作用，还可以防止印制时印浆或水对绷网胶的侵蚀，以保证网版的有效使用。

五、尼龙丝网在上固色剂后出现破洞

尼龙丝网在上固色剂烘干后发生丝网绷裂或出现破洞。造成该问题的主要原因是固化剂液 pH 调节不当，pH 很低。该情况较多出现在尼龙丝网上，因尼龙丝耐强酸性较差。要改善和克服此类情况，解决的办法有两种：一是可改用涤纶丝网；二是在对感光胶粘接丝网牢度要求不高的，可配用尼龙丝网专用固色剂。

六、产生砂眼、耐印性差

在印花织物纹样之外出现的间距有规律，与网版周长相同，形态一致的一个、几个相同点或由若干色点组成的色渍斑。色泽与所印套色中的某一色泽相同，影响印花织物印制外观的这种疵病，称之为"砂眼"。

砂眼疵病形态有两种：个数不多，并无增多趋势的砂眼；个数较多，并有增长趋势的砂眼。砂眼的产生同样与网版感光胶膜层的黏结性及胶层的机械强度密切相关。上述砂眼的两种疵点形态的形成有共性也有所区别，现就砂眼的两种形态的产生原因和防止措施、克服办法介绍如下。

1. 个数不多，并无增多趋势的砂眼

"并无增多趋势的砂眼"指的是网版在印制过程中，随着印制时间的增加，网版砂眼没有增多的情况。这类砂眼疵病说明网版感光胶层的黏结性和胶层的机械强度总体而言是可以的，问题出在个别点上，因此，要从影响感光胶膜层黏结性和机械强度的个别点上寻找原因。

（1）产生原因。

①网版网坯没有洗干净。网坯在涂感光胶前清洗时，没有将网版表面的油类物质洗除。到涂感光胶时，因该处网孔被油质所黏附，使胶层无法涂敷在网版上，导致产生砂眼疵病。

②涂胶时有较大的尘粒黏附于网版的感光胶上，经曝光显影后，胶层脱落，尘粒洗去露出网孔，此处若没有及时修正，必然会出砂眼疵病。

③感光胶乳液有气泡。感光胶乳液配制好以后，放置时间不够，就用于网版感光胶的涂层，若胶液中有气泡存在，涂胶后气泡破裂，该处胶层极薄或根本没有感光胶层。

④上感光胶时，涂刮速度太快。涂刮速度太快，有时容易产生气泡，同样也会产生砂眼。

⑤感光液黏度太低。感光液黏度太低，胶液黏度若失去堵塞网孔的表面张力，感光液有流入网孔内壁的情况，形成网内壁胶层，通过曝光、显影后造成表面胶层不匀，在印花生产印制过程中，内壁胶层受到印花刮刀直接摩擦脱落产生砂眼疵病。

⑥高温固化产生砂眼。网版经过高温固化后，胶层有时会产生小孔（砂眼），这是由于曝光后，水浸显影时，胶层吸收水分，在高温固化时，水分立即蒸化，使胶层收缩，形成小孔。

（2）防止措施和克服办法。

①网版（网丝、网坯）要做彻底的清洗工作。注意去除油渍和各种污渍，对于圆网来说不光注意去油去杂，同时在上感光胶前还要注意网坯的复圆，以保证均匀涂胶。对于一些存放时间较长的网坯，其表面产生的氧化物和附着灰尘，使原来的银白色镍网变成乌灰色，为了保证圆网与胶层的紧密结合，同样必须进行彻底的清洗。其方法为将网坯放在洗网架上，用水冲洗网坯表面的灰尘，然后将网坯放入盐酸液的凹形槽中移动 1min 左右，最后用清水冲洗。洗网时必须备有良好的排风排毒装置。

已经洗净的网版，因有少量水分滞留在网版表面和内壁，故应放在烘箱或烘房内，用低温循环风将水吹干，同时要防止灰尘黏附，避免造成砂眼。

②涂感光胶要有良好的环境。对涂感光胶场所的环境是有一定要求的。除温度掌握在（25±5）℃，相对湿度65%的标准外，室内应尽量减少灰尘的飞扬，避免尘粒黏附在未干的胶层上面产生砂眼。

③要防止感光乳液中气体的存在。目前使用的感光胶中都要加入适量的重铬酸铵、乙醇和水。经拼混至适量的黏度、稠度，并经搅拌均匀。感光乳液拼混后，由于化学药剂的继续作用和搅拌过程中会混入空气，因而有气泡产生和存在。所以感光胶液拼混配置好以后，不能立即使用。应在低温的暗室内放置30min左右，使胶液内气泡完全消失后再使用。

④严格工艺规定，按操作规程执行。要合理调配感光胶液的黏度，涂刮不能太厚，也不能太薄。感光乳液涂刮时速度不能太慢也不能太快。网版固化时要按规定办。

⑤加强检查，并做好砂眼的修补工作。已曝光但尚未焙烘固着的胶层，较易从网孔中去除，因此在焙烘固色之前应对已曝光的网版进行有无砂眼、多花等内容的检查。凡发现有砂眼、多花等疵病时，应在焙烘固色前进行修补。

经修补后的网版应在50℃热风循环下快速烘干。干燥后的网版拟再次检查砂眼、多花等疵病，并用修补液直接涂补修理，然后进行高温焙烘固化。

修补时，一定要正确操作，切忌修正不当，砂眼处修补胶不能涂得太厚实。若这样做，砂眼虽然可以克服，但同时会产生新的疵病——压浅印。这方面的情况应予以防止和克服。

2. 个数较多，并有增多趋势的砂眼

（1）产生原因。这类疵病的产生说明网版感光胶层与网版的黏结性和胶层机械强度差，表现在较多点上，甚至发生在某一面上。形成这一类疵病的原因是网版感光胶自身的质量、涂布操作及影响网版感光胶脱落的外界因素等。而"个数不多，并无增多趋势的砂眼"中所涉及的原因，在某些特定条件下，也有可能产生个数较多，并有增多趋势的砂眼外，另外还有下列具体原因。

①感光胶乳液质量差。感光胶膜层的黏结性能差，或机械强度达不到要求，当印花刮印时，因色浆、刮刀与网版直接摩擦，经一段时间印花、刮压，黏结性能差的胶层从网孔上脱落，出现砂眼色点或形状各异的色斑。随着时间的延长，胶层从网孔上的脱落有所增加。

②网版上涂布的胶膜厚薄不当。胶膜过厚则因胶膜内层在低温烘燥时难以固化，在显影时易产生倒胶、脱胶现象，严重影响花型边线的光洁度，条子花型易出现线条不直或在细留白线上出现"大肚子"等现象；胶膜太薄，在印花机印制生产时，其摩擦牢度差，网版易出现砂眼疵病。

③某些染料对感光胶膜层的黏结性有影响。有人从印花生产实践中感到活性染料黑K-BR对感光胶膜层黏结性有一定影响。制作黑浆时，在印制生产过程中，随印制时间的增加，网版感光胶有脱落现象，砂眼从无到有，从少到多，布面小黑点也从无到有，从少到多，影

响织物外观。

有人发现，在印花生产过程中分散／士林印花工艺明显比涂料印花工艺容易产生砂眼。分析其原因可能与两种印花色浆、染料及助剂的物理状态有关。分散、士林染料均为粉状，都不溶于水，在水溶液中呈颗粒状态，如果颗粒过大，过滤时又未被滤去仍留在色浆中；加工粗糙的海藻酸钠糊中会混有小颗粒、砂粒。若未过滤除去，会残存于色浆之中。在印制过程中刮刀和磁棒一旦压在这些小颗粒上，就可能造成砂眼。

（2）防止措施和克服方法。克服砂眼个数较多，并有增多趋势的疵病应围绕保证感光胶乳液质量，保证网版感光胶膜层与网版的黏结性和机械强度为重点措施着手进行，具体措施和办法如下。

①正确调制感光胶乳液。要严格按处方所规定的用量，正确称料，经拼混后要保证适当的黏度、稠度，并要搅拌均匀。掌握配制感光胶乳液的稠度以调胶棒蘸取配制好的感光胶乳液呈连续线状下滴为宜，一般可用蒸馏水调节胶液的稠度。要求感光胶乳液无尘无气泡。

②合理掌控网版上感光胶乳液的涂布。网版上胶膜的厚薄是由配制的感光胶乳液的稠度和挂胶速度而决定的。感光胶乳液配得稠，网版上挂的胶膜就厚；反之，即薄。挂胶速度快，胶膜厚；挂胶速度慢，胶膜薄。

感光胶乳液成膜厚，并能保证显影结膜，有利于花纹清晰、轮廓光洁、色泽丰满，并使膜层的机械强度有所提高，有利于砂眼的减少和克服。

③合理选用染化剂。对感光胶膜层黏结性有影响的染料，在可能的情况下应予以取代。例如有人用活性染料黑 KN-B 替代活性染料黑 K-BR 感到对感光胶层的影响小，有一定的效果。

要防止和减少印花色浆中残存的细小颗粒、砂粒。制浆时要加强搅拌、过滤。选用多次沉淀已去杂的海藻酸钠。

印花采用分散／士林印花工艺时，为克服易出砂眼的问题，采用在调制感光乳液时，重铬酸铵浓度由 5％增至 6％，上胶速度由 10m/mm 增至 12m/min。速度快，胶层厚，成膜厚。焙烘条件加强，适当提高温度，砂眼疵病有所减少，甚至得以克服。

④对该类砂眼网版酌情修补。若牵涉的面较大的，在印制质量得不到保证的情况下，则应考虑重新制网。

第六章　不同组织规格、品种的织物印花

织物印花加工的对象是织物。织物组织规格各种各样，品种繁多。机织物两组纱线交织形式不同，可构成各种不同的组织。从织物的基本组织来看可有平纹组织、斜纹组织、缎纹组织之分。以基本组织为基础稍加变化可获得系列的变化组织例如重平组织、方平组织、加强斜纹、阴影缎纹等。另外，有两种或两组以上的基本组织、变化组织可获得织物的联合组织，例如条格组织、绉组织、凸条组织等，还有二重组织、双层组织、起毛组织、提花组织等。

按纤维种类来分，可分为纯天然纤维织物、纯化学纤维织物和不同纤维的混纺、交织织物。

按织物用途来分，可分为服装用织物、工业用织物、特种用织物及装饰和日用织物。

织物组织的多种多样，品种繁多。这对织物印花提出了新要求、高要求。不同纤维成分织物，需要采用不同的印花工艺，采用相对应的印花染料。不同织物用途，随着消费者生活水平的提高，国内外市场对印花产品的质量会提出更新更高的要求。印花织物组织规格不同，从织物外形来看稀密不一、厚薄不一、松紧不一、织造组织不一。织物在印染加工时，既受到物理机械作用，同时也受到化学作用。织物长度要比原坯布长，而布幅则比原坯布狭，织物经纬密也必然随之发生变化。织物断裂强度、缩水率及织物去杂效果能否达标，在印制时能否符合印制要求，以满足印花的需要；各种不同组织规格印花坯布，在印制时都各自有各自的特点，在生产过程中比较容易产生哪些问题，如何防止和解决，可采取哪些防止措施和克服办法，这是印花工作者所需要考虑的问题。本章中就日常印花生产中常见的一些品种，叙述一些体会和经验以供参考。

第一节　紧密织物印花

紧密织物具有纱支细、经纬密度高、组织紧的特点。府绸、贡缎织物即为紧密织物常见品种。府绸是一种细支高密的平纹或提花织物，其风格均匀洁净、颗粒清晰、薄爽柔软、光滑如绸。贡缎织物是缎纹组织所组成的一种高档棉组织，有直贡和横贡之分，其厚实者具有毛呢织物的外观效应，其薄爽者具有绸缎织物的效应，织物组织紧密、质地柔软、表面平滑匀整、富有光泽，经过印染加工更具有鲜艳夺目的光彩和弹性的手感。

紧密织物用于印花的品种组织规格，府绸有 40×40、133×72 纱府绸❶，40×30、130×60 精梳府绸，40×40、139×72 精梳府绸，60/2×60/2、110×64 精梳线府绸，60/2×60/2、120×60 精梳线府绸，80/2×80/2、138×72 精梳线府绸、80/2×80/2、144×72 精梳线府绸，45×45、133×72 涤/棉府绸等；贡缎织物有 40×40、94×140，40×40、99×140，40×60、100×155 精梳横贡等。

一、印制特点分析

由于紧密织物的经纬密度高、组织紧，在印制过程中的特点是不易吸浆、渗透性及匀染性差、容易造成溢浆现象，以致使花纹纹样轮廓不清、不齐，色浆相叠处花纹模糊不清、满地发花不匀。在印制中若处理不好，又易产生露底、鱼鳞斑疵病等。这些在该织物印制过程中应引起注意和考虑。

1. 产生原因

紧密织物在印制过程中之所以会产生上述问题，究其原因是该织物密度高、组织紧，在印制时对处理好滞浆量问题提出了较高的要求，合理的滞浆量是取得良好印制效果的关键。在印制时，若给织物的给浆量较多，印花半制品渗透性又较差，不能较快渗吸至织物纤维纱线内部，而滞留在织物表面的滞浆量较多，经网版的压轧，就容易产生溢浆现象，影响及造成纹样轮廓不清，满地块面发花不匀。在印花操作中有时为防止该问题的出现，以减少滞浆量为方向采取措施，致使滞浆量过少，又会产生露底、鱼鳞斑等疵病。这点可以说是造成紧密织物上述问题的基本原因。产生上述问题的具体原因阐述如下。

（1）印花半制品未达到质量要求。印花半制品未达到工艺所规定的要求，如退浆不匀、煮练不匀透，在印制时产生渗透性差，以致产生溢浆或露底，块面纹样还会产生"羽条形"或"鱼鳞斑"等色泽不匀现象。印花半制品手感不柔软，在块面花型周围未印部分会产生直条形起皱的疵病，进而会造成搭色、复印等疵病。另外，府绸易于起皱，横贡易于卷边，如布面不平整会严重影响印制质量和效果。

（2）网版选用目数太低。网版网目选用太低，在印制时会造成织物表面给浆量过高，滞浆量过多，容易产生溢浆现象，造成系列问题。

（3）网版使用只数配置不合理。印花布图案纹样的组成有大有小，有块面、满地、线条、点子、撇丝，有的纹样色泽要求丰满，有的要求印制精细。特别有些为同一色泽纹样，既有块面，又有细线点子、撇丝或枯笔。印花工艺设计没有全面考虑它们关系的处理，没有考虑便于操作、便于压力的调节；网版使用的只数做同一网上，在印制过程中不利于压力操作的调节，顾此失彼，以致造成溢浆、纹样模糊或露底，块面不实等问题。

（4）印花色浆渗透性不佳。作为紧密织物印制用的印花色浆应具有渗透性良好的特点。

❶ 即指经纬纱线线密度为40英支×40英支，织物经纬密度为133根/英寸×72根/英寸。换算为国际单位制（线密度Tt，单位tex），Tt=583.1/英制支数，经纬密度单位根/10cm，1英寸=2.54cm。下同。

首先考虑的是糊料，在印制实践中发现那些容易堆积在织物表面，不易洗涤的糊料不宜使用，如若色浆中使用淀粉糊易产生色泽不匀、淌浆或露底；使用合成龙胶不易达到匀染的效果，并且泡沫较多，有露底和小白点等疵病。

染料的选用对印花质量和效果影响也很大。染料拼色时，若使用了分子量相差悬殊或亲和力差别较大的染料品种，很易产生两色分层、发色不匀的情况及类似烘缸起皱的条形疵病。

在各个印花色浆中，还需考虑印浆中所用助剂的应用，特别在不同种类染料共同印花时应防止所用助剂对染料、糊料以及所用的化学品产生不良反应，防止产生凝聚、凝冻、凝结等以致印花色浆的渗透性的各种问题。

（5）印花后遇高温急烘。紧密织物印制时往往比一般织物容易产生"鱼鳞斑""搭污搭色"疵病。这两疵病的产生同样与织物紧密、印花色浆不易渗透、易堆积在织物表面有关。在印花后烘燥过程遇高温或急烘，受热不匀，产生染料的泳移现象而致。另外，堆积在织物表面的印花色浆，容易黏搭烘筒、导辊，吹风口碰撞摩擦而造成搭污搭色。

2. 防止措施和克服方法

要注意和防止溢浆问题的产生，可采取下列措施和办法予以克服。

（1）保证印花半制品的质量是提高印花实物质量，防止和改善织物表面滞浆量过多的有效措施之一。作为印花半制品应达到如下要求。

第一，要求印花半制品退浆要净，煮练要透，半制品毛效要高，并要做到退浆、煮练要"匀"，做到前后一致，左、中、右一致。

第二，印花半制品手感要柔软。有人认为紧密织物在丝光时，由于碱液不易渗入织物内部，而在织物表面遇碱后，即刻发生了强烈收缩，致使织物表面纤维膨胀，更阻碍碱液渗入内部，导致手感发硬。如果退浆不净，半制品带浆进入浓碱，则更严重。一般认为采用湿布丝光较好；或可以把丝光机第一轧槽内分成两格，前半格碱液浓度为 150 ~ 160g/L，后半格碱液浓度为 240g/L；第二轧槽碱液浓度为 240 ~ 280g/L。目前，棉府绸丝光轧碱浓度使用较多的是前轧槽碱浓度为 260 ~ 280g/L，第二轧槽碱浓度 220 ~ 240g/L。

第三，要求印花半制品平整无折皱。府绸易于起皱，横贡易于卷边。因此，机械平整度、清整洁工作和操作上应予以重视和注意。在生产过程中，要注意绷布去皱，要注意克服和防止丝光去碱箱中"死皱"的产生。丝光去碱箱在机械设计时，已考虑到丝光织物在丝光去碱的过程中，织物随烧碱不断洗去的情况下，经向稍有伸长，所以丝光去碱箱内的主动辊由小到大进行排列，存在一定公差［间只主动时 0.25 ~ 0.38mm（10 ~ 15 英丝），逐只主动时 0.13 ~ 0.19（5 ~ 7.5 英丝）］，以此来减少和消除织物皱条，这一措施和办法对减少和消除织物皱条是有效的。但在生产时，去碱箱内导辊易被碱垢、水污垢（硬水）沾污，易失去主动辊逐渐增"丝"的效果。为此，定期做好清整洁，清除碱垢、水污垢是防止织物起皱又一重要的措施和办法。印花坯布的前处理、各机台做好清整洁工作均都应做到。

第四，印花半制品在印前预先浸轧酌量的渗透剂，对改善和加强织物对印花色浆的渗透能力有一定的帮助。虽然织物毛细管效应，无明显影响，但刮印上稀薄色浆后，其瞬间吸收能力和扩散速度却有一定提高，对布面发花的改善有一定的帮助。

（2）网版网目目数选用不宜太低。网版网目的选用直接关系到印制给浆量，滞浆量的多少，直接影响到印制效果的好坏。圆网网孔的表面形状为六角形，网孔排列与花型纹样轮廓并不完全一致，若镍网的表面形状呈圆形，三孔相交处会产生三角死区，会明显地增加锯齿效应，在印制精细花型时较为明显，网版网目的选用还直接关系到花型纹样轮廓的清晰度。根据印花生产实践来看，网版网目目数的选用，轮廓网一般选用 125 目网，加网可选用较低目数网 80 目、100 目。

（3）合理网版雕刻工艺设计。对于同一色泽既有块面，甚至满地纹样，又有点、线、撇丝细小纹样的花型，在网版雕刻工艺设计时，要合理考虑网版使用的只数，以适应便利印制，保证织物印花的实际效果。对于上述花型在网版雕刻工艺设计时可用两种方法处理：一是将较大块面或满地纹样与点、线、撇丝等精致细小纹样分刻两只网版，以便印制时便利网版印制排列顺序和印制操作时压力的调节；二是做一只该色全纹样网版，另外再做一只加网，也是做两只网，印制时，全纹样网版以达到精致、细小纹样的印制效果为主，对于块面、满地等较大纹样的色泽丰满度以及露底白芯等疵点的克服可以用加网予以调节来解决。

对于深浅倒置的不同色位的纹样，在网版雕刻工艺设计时，为获得各色位间印花成品纹样大小一致，必要时则要考虑深浅倒置网版的增加。

（4）注意印花色浆渗透性的提高。紧密织物印花印制过程中，一般较少选用淀粉糊、合成龙胶糊。较多选用海藻酸钠糊。该糊料具有良好的渗透性、匀染性、易洗涤性。如将海藻酸钠配制成半乳化糊，从印制角度看，效果更佳。这主要是乳化糊中含有火油成分，具有优良的渗透性，能较迅速地扩散至纤维内部，并在花纹边缘形成油晕，有利于防止色浆渗开，从而提高了印制轮廓的清晰度。乳化糊与海藻酸钠的混合要注意控制适当的比例。因为乳化糊混入太多会影响印花色浆的给色量，一般以不超过海藻酸钠：乳化糊 =7 ：3 混合为妥。

在染料选用上应选用亲和力、直接性相一致或接近的染料，选用具有良好的向纤维内部渗透扩散及键合能力的染料进行印花，以减少或克服染料拼色时产生的色泽分层、发色不匀的情况和问题。在不同种类染料共同印花时还要考虑各个印花色浆间所用的助剂，如遇强碱、酒精、酸剂、电荷性等对染料、糊料间的相互影响，避免产生凝聚物、沉淀的产生，以致影响印花色浆的渗透性以及印制生产的顺利进行。

（5）避免急烘，尽力减少染料泳移。织物印制后烘燥，应在保证印花织物落布干燥的情况下，尽可能避免采用高温。烘燥温度一般掌握在 100℃左右。高温急烘容易产生染料的泳移而致色泽不匀。若采用烘缸在操作上应采取逐步升温的办法，前四只至六只烘缸可采取包布的方法做到逐步升温，以减轻或克服"鱼鳞斑""发色不匀"等疵病的发生。

二、印花生产过程中应注意的事项

1. 缝头

缝头要做到平直、坚牢、均匀、整齐，要控制好缝针针密及缝线拖出长度，以避免在印花生产过程中折皱、卷边、豁边、拖线等疵病的产生。

2. 烧毛

棉府绸使用气体烧毛机时，一般二正二反。如坯布棉结杂质和短毛较多时，可采用圆筒烧毛机烧毛，但需注意接触"面"要平整，要防止产生烧毛条花和擦伤疵病。

涤/棉府绸采用气体烧毛时，在烧毛过程中要防止织物过热。织物纬向收缩率要小于2%，落布前要经过冷却透风，使布温低于50℃才落入堆布箱。

横贡织物两边松，中间紧。气体烧毛时，易产生两边烧毛效果较中间要差；圆筒烧毛时，织物紧贴圆筒表面的张力不同，会造成织物两边与中间烧毛效果有差异。因此，在烧毛前拟将横贡坯布在烘筒烘燥机上预烘，以使布身柔软易于拉伸，克服上述问题。在接触火口前要用木棒压平，使布均匀紧贴火口，防止卷边。

3. 退浆

府绸组织紧密，含浆率较高，在煮练前应退去75%，棉籽壳去除。府绸退浆工艺应根据所上浆料决定。对淀粉浆料宜采用碱酸退浆或淀粉酶退浆；对化学浆料宜采用氧化退浆或淡烧碱溶液、进行退浆。

退浆对横贡织物的漂练质量、成品手感都有着重要的影响，并且对漂练加工中的绳状开幅控制、纬斜的纠正都有重要影响。

4. 煮练

煮练要求匀透，杂质除尽。一般经煮练、漂酸洗后毛细管效应（经向）达到10cm/30min，煮练设备有煮布锅、双汽蒸绳状煮练、履带汽蒸煮练、R-箱煮练等。质量以煮布锅生产为佳，但其为间歇式生产，生产时间较长。

煮练后水洗要充分，以防酸洗时硅酸胶附于布上面而造成煮练斑。

5. 漂酸洗

棉府绸、横贡缎漂白一般用次氯酸钠、双氧水。涤/棉府绸主要用双氧水平幅漂白，要注意张力的控制，以减少皱条的产生。

为便于横贡缎开幅，要求控制织物的含潮率尽可能低，同时要注意穿布路线，避免小角度，要给予适当的张力，以保证开幅的顺利进行。

6. 定形

定形是涤/棉织物印染加工的特有工艺。定形前，织物不可带碱。否则，在高温下织物会泛黄。

7. 丝光

要求掌握好丝光工艺条件，丝光进行得好坏对保证成品的缩水率关系很大。丝光织物张力的掌握和控制一般按"紧—紧—松"原则进行操作。织物在丝光去碱之前，经纬向张力原则上要偏紧。这是防止织物收缩，获得丝般光泽的关键。通常第二碱轧槽织物的线速度要比第一碱轧槽快 1% 左右。织物出浸轧槽至上布铗链横向伸幅，冲吸碱时，纬向张力掌握偏紧，经向张力尽可能放松，以利于织物的伸幅，中车门幅原则上要达到坯布门幅。当织物进入碱蒸箱及平洗格时，在织物不起皱的情况下，织物张力可适当放松，丝光落布门幅原则掌握为成品门幅。

府绸织物紧密而较薄，经过机台各道滚筒容易起皱。织物丝光出布铗，至去碱蒸箱、平洗槽以及进行烘燥的过程中如掌握不好，较易产生皱条，要减少或克服皱条的产生就必须注意机械运转状态和保持机械的清洁平整。要注意总结、积累去碱蒸箱、平洗槽及烘筒等部位所产生的皱条疵点形态、产生原因及防止措施和办法，以便在产生问题时可尽快解决。另外，在丝光时，还应注意是否有布铗破洞和布面擦伤情况，要经常检查布铗链条松紧张力及其销子磨损等情况，防止纬斜的产生。

涤/棉府绸丝光时，要注意去碱箱温度不能太高。浓碱与高温湿热对涤纶有损伤，宜适当降低去碱箱温度，一般掌握在 70℃ 左右。丝光烘干要注意落布温度，不宜超过 50℃，宜低于 50℃ 落布。必要时要进行冷却透风后，才落入布箱。

横贡缎经浓碱浸渍后，容易发生收缩而产生卷边，一般采用经向添加小辊或滚筒的办法，以缩短织物运行导辊间的距离，增加织物运行支点以及正面朝下等办法，以减少卷边。在平洗去碱的过程中，应避免织物与固定或反方向转动的螺丝分布辊或分布板接触，防止表面产生直条形等间距的擦伤疵布产生。布边含碱必须洗净，防止布边收缩成弓形，以致产生豁边。

8. 印花

棉府绸、横贡缎印花目前仍以直接印花为多。常用的印花工艺以活性染料为多，有时采用涂料印花或活性染料、涂料共同印花。单面防印印花工艺采用的也较多，如涂料防印活性染料，活性防印活性染料印花工艺。拔染印花有时也有采用。目前染底多数采用可拔活性染料染色，着色拔染染料有还原染料，涂料或耐拔活性染料等，而防染印花工艺目前采用不多。

涤/棉织物印花也主要采用直接印花工艺，目前常用印花工艺有涂料印花、分散—活性同浆印花。浅色选用单分散染料和单可溶性还原染料印花；中色选用分散—活性同浆印花，深色小面积纹样采用涂料印制，各印花工艺有一定的特点，可根据需要酌情选择使用。

有关印花注意事项，易产生的问题及解决办法已在上节阐明，此处不再赘述。

9. 柔软、增白处理

柔软整理能赋予府绸织物手感柔软、滑爽的效果。浅色白地花布如在柔软溶液中加入增白剂，能增加色泽鲜艳度和白地洁白的效果。

10. 轧光

轧光以不影响府绸粒纹的清晰度的突出为度。轧光时，少穿硬轧点，多穿软轧点，以避免产生极光，采用先轧光后拉幅的工艺，能达到较好的整理效果，其可使府绸表面产生柔和的光泽，手感柔软。

府绸在轧光前的含潮率要在6%以下为好。轧光前的含潮率小，则手感柔软无极光；反之，则手感硬而有极光。

横贡缎做摩擦轧光前，钢辊、棉花辊表面必须高度平整光洁，压力要均匀，否则易造成轧破。每次开车前必须预热30min，并可略上油蜡以润滑表面。钢辊和棉花辊开车前应洗净，并用厚薄与加工产品相仿的引布调整压力和光泽。摩擦轧光后，所带极光经电光可以克服。单用电光整理，其光亮程度远不如两者相结合的整理工艺。

11. 拉幅

棉府绸、横贡缎拉幅落布门幅比成品幅宽大1～2cm，含潮率为7%～9%。涤/棉府绸高温热拉一般在热定形上进行，温度为150～180℃，为了保持布面平挺，落布时应予以透风，使织物充分冷却。

12. 预缩

为提高预缩后缩水的稳定性，预缩前的织物要充分均匀给湿，含潮率达到10%～12%，预缩后要经烘缸或羊毛毡烘缸干燥定形，车速不宜过快。

13. 树脂整理

通过树脂整理能使织物获得较持久的耐久压烫、防缩防皱效果，使织物不易变形，弹性提高。

三、印制实样举例

1. 织物品种

14.5tex×14.5tex（40英支×40英支）、523根/10cm×283根/10cm（133根/英寸×72根/英寸）纱府绸。

2. 花样分析（彩图1）

（1）该花样色与色接触要求无异色，花纹色泽要求鲜艳、明亮。红、妃、白点均细小，叶、杆精细，宜选用防拔染工艺。

（2）地色深蓝按现行染色一般采用可拔活性染料染色工艺做拔染。而本块布样，地色深蓝为凡拉明深蓝（不溶性偶氮染料），用还原剂作为拔染剂，着色染料为还原染料，拔白浆选用还原性拔白浆，用滚筒印花机印。

（3）该花型绿、蓝冷色占纹样的较大部分。如红色、妃色印制色泽浓艳，百花白地洁白，能起到"万绿丛中一点红""暗中透亮"的画龙点睛的作用，使整个花型层次丰富，精神饱满；反之，则显得平淡、呆板。所以为保证红色、妃色色泽鲜艳，白色洁白，宜把上述三色花筒排列时拟往前排。一般情况下，拔白浆花筒总排在第一号，但该花样红色、妃色与白色有叠印、碰印情况，为保证红色、妃色印制轮廓清晰度，则宜把红色、妃色花筒排列在白色花筒之前。为减少红色、妃色对白色的传色，因此在印制时，在白色花筒之前添加淡水白浆花筒，白色花筒后依次排秋香色和草绿色花筒。

（4）花筒雕刻时要注意色点、白点以及细杆的精神。

3. 生产设备

生产设备主要有 LM001-160 气体烧毛机，LMH083 绳状连续漂练机，LM101-160 三柱开幅轧水烘燥机，LM222 双层布铗丝光机，LM534 八色滚筒印花机，LM435 还原蒸化机，LM631-160 平洗机，LM734 热风拉幅机，进口（德国）五辊轧光机，树脂整理机，呢毯预缩机，验码布机。

4. 工艺流程

烧毛→平幅轧碱→绳状轧碱→堆置→热水洗→冷水洗→轧酸→堆置→冷水洗→热水洗→轧碱→汽蒸→轧碱→汽蒸→水洗→热水洗→再次轧碱→汽蒸→轧碱→汽蒸（采用二次轧碱双气蒸）→热水洗→冷水洗→轧漂→堆置→冷洗→轧酸→堆置→冷洗三格→开轧烘→丝光→染色→上柳地哥→印花→汽蒸→水洗→皂洗→水洗→烘干→轧光→拉幅、柔软整理→码验→装潢成件

5. 印花前准备工艺条件

（1）烧毛后轧碱。烧碱 3 ~ 5g/L，堆置 2h 以上。

（2）轧酸。硫酸 5 ~ 7g/L，堆置约 30min。

（3）轧碱。烧碱 25 ~ 30g/L，另加洗涤剂 2g/L，汽蒸堆置每次约 2h。

（4）轧漂。用次氯酸钠，有效氯 2.4g/L，堆置约 1h。

（5）漂后轧酸。硫酸 1 ~ 3g/L，堆置约 30min。

（6）丝光。第一轧槽碱液浓度为 260 ~ 280g/L，第二槽碱液浓度为 220 ~ 240g/L。浸碱时间 45 ~ 60s，四冲四吸，冲吸温度在 70℃以上，淋碱液浓度为 50 ~ 60g/L，第一去碱蒸箱碱液浓度为 25g/L 以下。

（7）染色（凡拉明蓝地）。

打底：色酚 AS	4kg
30%（36° Bé）烧碱	3.4L
601 松油	6L
	300L

开车冲淡 30%，温度 70℃，二浸二轧

显色：凡拉明蓝盐 B	8kg
硫酸锌	2.5kg

硫酸镁	2.5kg
平平加 O	0.5kg

$$300L$$

pH 为 5.5 ~ 6.5，开车冲淡 25%，开车前加小苏打 70% ~ 80g，充分透风再加亚硫酸氢钠冲洗，再水洗，皂洗，水洗，轧热酸，然后复洗，最后烘干。

（8）上柳地哥：0.9kg/300L。

6. 花筒排列和印浆处方

各拔染印浆中的吸湿剂、碱剂按常规处方用量使用。

（1）1# 红。

士林大红 GGN	4%
士林妃 FR	2%
雕白粉	24%
蒽醌	1%
印染胶糊	x

（2）2# 妃。

士林棕 RRD	0.24%
士林妃 FR	0.25%
雕白粉	24%
蒽醌	1%
印染胶糊	x

（3）3# 淡水白浆。

（4）4# 白。

雕白粉	26%
蒽醌	1.5%
增白剂 VBL	0.5%
烧碱	3%
碳酸钾	3%
酒精	0.5%
三乙醇胺	2%
印染胶糊	50%

（5）5# 秋香。

士林蓝 3G	3.6%
士林黄 RK	2.2%

雕白粉	18%
蒽醌	0.3%
印染胶糊	*x*

（6）6# 浅绿。

士林黄 GCN	0.24%
士林绿 F2F	0.24%
雕白粉	24%
蒽醌	1%
印染胶糊	*x*

7. 花筒雕刻

全部为 72 线 / 英寸。雕刻深度 0.28 ~ 0.33mm（11 ~ 13 英丝）。

8. 蒸化

温度为 102 ~ 104℃，时间为 7 ~ 9min。

第二节　稀薄织物印花

　　稀薄织物具有纱支细、密度稀、坯布薄的结构特点，经印染加工后具有地色丰满、色泽鲜艳、质地轻薄、手感滑爽、透气性能良好，外观呈半透明的独特风格。其是优良的内衣衣料，特别适合夏令衣着。印花巴厘纱、印花麦尔纱等稀薄印花织物，是深受国内市场欢迎的产品。广泛用于夏季女士服装面料、童装面料，另外还可作头巾、手帕、面纱、窗帘、台灯罩等。

　　麦尔纱和巴厘纱虽同是一种轻薄平纹织物，但是织物结构上是有一定区别的。麦尔纱的经纬常用普梳纱，采用与一般纱相同的捻系数。经纬纱线密度范围一般在 10.5 ~ 14.5tex（55 ~ 40 英支）之间；而巴厘纱的经纬多用精梳纱或线织制，采用的捻系数多高于一般用纱，即高捻或强捻，以达到布孔清晰，透气性能好，手感挺爽的效果。经纬纱线密度一般在 10.5tex 以上（55 英支以下）。

　　麦尔纱、巴厘纱常用品种规格（以英支表示）有：40×40、58×52 普梳麦尔纱，55×55、60×60 普梳麦尔纱，J55×55、59.5×60 精梳巴厘纱，J60×J60、80×74 精梳巴厘纱，J90/2×J90/2、60×55 精梳线巴厘纱。

　　由于织物稀薄，给印染加工带来一定的困难。如生产过程中容易产生纬斜、移位、折皱、破洞等；在印制过程中，印花色浆较易渗至织物反面，较易产生搭色、复印等疵病。要做好麦尔纱、巴厘纱等稀薄织物的印花，在质量上要重视，并在印制过程中采取必要措施，同时，又要重视印染加工的全过程。

一、纬斜疵病的防止与克服

纬斜是织物在印花加工中常见的疵病之一。尤其是条格花型的稀薄织物、疏松织物更为突出。

印花布防止纬斜疵病产生的关键是要克服印前纬斜。印花布在印花后会产生纬斜，这类纬斜的回修要比印前所造成的纬斜容易些。因印花布一旦产生纬斜，回修纬斜不单要考虑纬纱的平直，同时还要考虑花型的平直问题，特别对一些条格花型更为突出。若印前产生纬斜与花型横线、横条不相一致，甚至纬纱斜向与花型横线、横条斜向呈交叉状态。对于这样的纬斜处理起来比较困难，当纬斜回修能达到要求时，花型横线、横条却产生花斜；当花斜解决时，纬纱又产生倾斜，条格花型就显得突出。为此，要重视印花半制品在印花前纬斜的检查。若发现有纬斜，必须要经过整纬达到印花要求后才能付印，要重视印前纬斜的克服。

另外，还要注意印后上浆拉幅前印花半成品纬斜情况的检查。稀薄织物为了增加身骨，一般均进行上浆拉幅。在上浆拉幅前必须对来布纬斜是否超标进行严加检查。若超标必须进行整纬达标后才能上浆拉幅。特别在整理时上硬浆的更应从严，因上浆后进行纬斜回修的困难很大。

纬斜疵病的特征是织物经、纬纱线互不垂直，或纬纱呈不规则的曲线形状，纬纱主要表现形态有左右不同方向的直线纬斜、左右不同方向的单边局部纬斜、大小不同的横向弧形纬斜及不规则的局部纬斜等。产生纬斜的基本原因有三种。

一是坯布缝头不良。原坯布头稍不整齐，未撕齐就缝头；缝头操作不符合要求，缝得不平直；在加工过程中，有时产生断头，不用缝纫机缝接，而用手工方法接头，造成纱线歪斜，产生纬斜。

二是加工时织物所受张力不均匀，大致有下列几种情况：

轧辊左右压力不一致，导辊、烘筒等左右两端高低不平、直径大小不一和相互间不平行；布铗丝光机的冲吸部分、热风拉幅机的高速热风部分等，当织物在其运行或接触时，织物中间与两边所受的阻力、张力不一致；布铗、针铗链速度不等。

三是绳状加工过程中产生"局部平幅"，织物在正常的绳状加工中是不会产生纬斜的，只有在绳状运行过程中产生"局部平幅"，致使经向承受的张力不匀，从而产生纬斜。

纬斜疵病的表现形态有多种，以上介绍的是产生纬斜的基本原因。各种不同疵病形态的纬斜又各自有其产生的具体原因及克服办法，阐述如下。

1. **左右不同方向的直线纬斜或单边局部纬斜**

表现为纬纱基本呈直线，与经纱不垂直或纬斜产生在织物一边，呈连续性，部位固定，形态基本不变。这种纬斜的产生大致有下列三项原因。

（1）织物所受张力不一致、织物平幅加工时导辊、烘筒左右两端有高低、直径不一或相互间不平行等，使织物左右所受张力不一致，松的一边纬纱超前形成纬斜。

（2）左右铗链速度不等。经过布铗、针铗之处（如丝光拉幅、热定形机、热风拉幅机等），左右铗链速度不等，速度快的一边，纬纱超前，形成纬斜。

（3）轧辊压力不匀。轧辊左右压力不均匀，使织物两边线速度不一致，压力轻的一边纬纱超前，压力紧的一边纬纱滞后，造成纬斜。

这类纬斜用整纬装置比较容易纠正。有的甚至可以利用拉幅机左右两边布铗线速度差异来纠正。

要防止这类纬斜疵布的根本解决办法是要加强设备维护保养，应保证导辊、轧辊表面平整，压力均匀，各机台应定期检查，发现问题及时调换；烘筒表面要光洁，圆周大小一致，相互间要平行；布铗、针铗左右两边线速度要一致，布铗的灵活度应保证，刀口应符合要求，对有毛病的布铗不能勉强带病使用；布铗两边的布铗只数必须相等。要注意操作严格按照操作规程进行，轧辊左右压力要保持一致。

2. 大小不同的横向弧形纬斜

（1）产生原因。这类纬斜纬纱呈弧形。主要发生在下面两种情况。

①布匹在布铗丝光机上运转时中间产生滞后现象。布铗丝光机由于冲吸碱效果好，吸碱泵功效大，使布匹在布铗上运转时，中间有滞后现象，造成规律性的弧形纬斜。

②在热风拉幅机上处理时，织物受到的热风阻力中间较两边大。当热风拉幅机车速度为 70 ~ 90m/min，织物被布铗夹持前进，而热风管道喷出具有一定风速及风压的热风，上下对吹，织物中间受得的热风的阻力较两边为大，以致中间部分产生滞后现象，逐渐形成全幅弧形纬斜。从实践看，越是稀薄宽幅的织物弧形纬斜越是严重，最严重的可滞后 2.5cm 及以上。

（2）克服横向弧形纬斜的措施和办法有以下几种。

①将弧形纬斜疵布调头重新拉幅。最简单的办法是将已有全幅弧形纬斜的织物调头，再重新拉幅一次，以产生与原有弧形方向相反的纬斜，使前后两次纬斜相互抵消而得以纠正。

②使用光电整纬器，在各关键平幅加工机台上广泛使用光电整纬器乃是解决织物纬斜的较好办法。

③为解决布铗丝光机由于冲吸碱致织物中间滞后而造成的弧形纬斜。一是适当调节冲吸碱吸力。在不影响丝光冲吸碱效果前提下可适当降低冲吸碱吸力；二可在出布铗进轧辊前加装一组超速弯辊加以纠正。它是由主动小滚筒（平滚筒）上面压一只弯辊（被动辊）组成。主动辊的线速度要超过布速的 10% ~ 15%，当弧形纬斜的织物进入超速弯辊时，由于上滚筒有一定弧形，下滚筒又是主动超速，从而使织物的中间与两边在受不同力的牵动下使纬纱向前进方向移动，纠正了原来纬纱向后的弧形纬斜。据说这个装置的弧形纬斜的最大纠正量可达 5cm。在使用时，要注意上滚筒弧形的角度必须与织物的弧形方向相反，如果方向搞错会适得其反。上滚筒弯辊下压时的压力大小是调节整纬幅度的关键。压力大，调节幅度大，但从使用情况来看，压力不宜过大，否则织物易纬移，同时橡皮弯辊极易磨损。

④热风拉幅机采用斜风口解决织物弧形纬斜。热风拉幅机上、下风道风口形式常见的如图 6-1 所示。

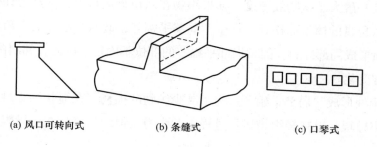

(a) 风口可转向式　　　　(b) 条缝式　　　　(c) 口琴式

图6-1　热风拉幅机喷风口常见形式

图 6-1 （a）、（b）、（c）为不同形式的风口，其共同特点是从喷风口喷出具有一定风速的热风，其方向均同织物垂直，容易产生弧形纬斜，原因分析前面已述。若采用斜喷风办法对解决弧形纬斜有一定效果。斜风管倾斜于出布方向，一般热拉机风速大多控制在 12 ～ 15m/s。根据下列公式计算：

$$v_{水平}=v_{风} \times \sin\alpha$$

$$\alpha=\arcsin v_{水平}/v_{风}$$

喷风管的倾斜角掌握在 15° ～ 20°。改造可采取两种方式：一是等截面分风导流板，以保证风道出口的风速、风量的均匀性；二是上下风口采用斜风口形式，如图 6-2 所示。

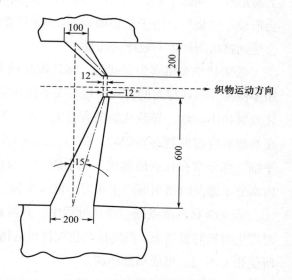

图6-2　斜风口形式示意图

3．不规则的局部纬斜

这类纬斜主要发生在绳状加工中，其形状与发生在织物一边或某一部位的局部纬斜相似，但部位和方向不是固定的，而是多变的，时有时无，时左时右，时前时后。

（1）产生原因。织物在绳状加工过程中产生纬斜，其原因大致如下。

①织物采用双层烧毛，烧毛后双层织物同时浸轧退浆液。浸轧槽内有一对轧辊，每层织物的张力控制得适当与否是正常运转的关键。如果里层织物太松就会起皱，起皱部分的织物会被轧辊轧坏，所以一般调节外层织物使其略松于里层。如果外层太松，会在两层织物间裹上较多浸轧液，在轧点处来不及挤出，而使外层织物鼓起成一"水袋"，这样织物受到的张力中间大，两边小，导致织物产生全幅或局部弧形纬斜。

②瓷圈安装位置不当。织物烧毛后，自平幅转至绳状，如果瓷圈位置不对准织物的中心线，平幅织物在瓷圈中集束成绳状时，会使织物两边的张力不匀，造成两边线速度不一而产

生纬斜。

③产生"局部平幅"。远距离输送绳状织物，通常安装主动六角盘来带动织物运行。六角盘表面线速度一般大于织物线速度。如果织物在六角盘运行中，不经过任何瓷圈，可观察到绳状织物受六角盘的撞击而松开，产生"局部平幅"，此时与超速的六角盘接触，使其受到不匀的张力而形成局部纬斜。因"局部平幅"的部位不固定，因此，纬斜的部位也不固定，纬斜方向也经常变化。

④在小导辊处形成"局部平幅"。为了减少织物的擦伤，在绳状练漂过程中常用装有滚珠轴承的被动小导辊，以减轻织物运行过程中的张力，但织物极易在小导辊处形成"局部平幅"，产生纬斜。

导辊与瓷圈的安装位置对纬斜的产生也有影响，如果绳状织物先经过小导辊、瓷圈后再进入绳洗机，这样织物自 J 型箱至小导辊所受张力很小，基本是松的，因此，织物在小导辊上易形成"局部平幅"。从小导辊进入瓷圈时，又使织物集束，此时织物的"局部平幅"处会形成"气袋"，由于从瓷圈到绳洗机间的织物处于拉紧状态，因此，"气袋"进入瓷圈时会受到挤压而产生不规律的纬斜。

⑤绳状洗布机多为紧式的，其轧辊是较重的铁芯橡胶辊，易造成纬斜。绳状洗布机都采用多浸多轧的环穿布的方式，每一头子循环穿布 6 ~ 8 道，多至 10 道以上。由于每道的轧辊轧点磨损不一致，导致轧辊的直径有差异，使每道织物所受张力不均衡，有松有紧，当织物在水槽底穿过两根导布辊时，张力松的每道织物易松散，而形成"局部平幅"。此时"局部平幅"部分常在轧点前形成一"水袋"，因织物运行过快，"水袋"受轧辊挤压，"水袋"内水分不能及时挤出而产生压力，使"水袋"变形，造成纬斜。

⑥在绳状汽蒸煮练、漂白过程中，布段被压住或翻到打结。织物从绳状汽蒸箱中被拉出时产生时松时紧情况。当绳状织物在较松的情况下被拉出时，织物易松散，产生"局部平幅"，所受张力不匀，形成局部纬斜。

⑦织物的运行路线有直角转弯。在绳状织物漂练运行过程中，如有直角转弯，则是产生纬斜的重要因素。绳状织物运行至直角转弯处时，由于转弯处里外档所受张力不匀，形成"局部平幅"产生较大的纬斜。

（2）克服不规则局部纬斜的措施和办法，主要包括以下六项。

①注意缝头质量。缝头针密比一般品种要密，为 4.5 ~ 5 针 /cm 为宜。并在距布幅两边 1 ~ 2cm 处加密至 7 ~ 8 针 /cm。缝头要求做到平直坚牢。在印花生产过程中如有断头，不能打结，而必须用缝纫机缝头。

②严格控制双层织物的张力。双层烧毛平幅浸轧退浆液时，需经常检查并严格控制两层织物的张力，使两层织物始终紧贴运行。尤其在更换品种时更要注意。

③瓷圈安装的位置必须对准织物的中心线。瓷圈与导布辊的距离应尽可能远些，使织物逐渐转为绳状。这样，可显著降低织物全幅范围内的张力不匀。

④保证织物始终按绳状运行。为了使织物保持绳状运行，织物在进六角盘前和出六角盘后都应穿过瓷圈，瓷圈的位置应稍低于六角盘的表面。同时各六角盘的表面线速度也应随织物的前进而逐只增快，这样可使绳状织物有适当的张力，不使织物松开形成"局部平幅"，以减少纬斜的产生。

⑤导布辊与瓷圈安装位置要得当。在导布辊与瓷圈的安装位置上，合理的穿布法应该是织物先经瓷圈，然后经小导辊。小导辊处于瓷圈和绳洗机之间，使绳状织物有一定的张力，以防止织物产生"局部平幅"而形成"气袋"。更好的办法应是不用小导辊，而采用车轮式的活动转盘（双头绳状织物有各自的转盘可以互不影响），织物卡在转盘圆周槽内，不致松开而形成"局部平幅"，可克服纬斜的产生。

⑥绳状洗布机克服纬斜的措施如下。

a. 避免双头绳状织物用一对轧辊，应采用两对轧辊分别穿头，有利于分别控制织物的张力，防止产生"局部平幅"。

b. 减轻轧辊的重量，采用弹簧加压方式，使轧辊轧点较松动，且有弹性缓冲，有利于各道织物自动抽紧而使张力一致。

c. 在轧辊上包绕绳索以加强轧液效果，且避免轧辊产生磨损凹痕而造成轧液不匀和各道织物张力的不一致。

d. 水洗槽底的两根导辊必要时可改用不锈钢固定件，使织物有一定的张力，以防产生"局部平幅"。

e. 在绳状汽蒸煮练过程中，要防止布段被压住和翻倒打结，特别要防止当布拉出汽蒸箱有一松一紧的现象。

f. 在织物绳状漂练过程中，要避免直角转弯。

g. 绳状加工过程中要掌握好张力，为防止"局部平幅"产生，适当地施加一定的张力是必要的，但不是越大越好，在不产生"局部平幅"的情况下，织物的张力还是以小为好，这样有利于降低织物伸长率及减少纬斜。如在每台绳状机后加小型伞柄箱，使绳洗机张力降低，特别是可使直角转弯的张力得以改善。此法的缺点是操作上比较麻烦，需增加操作人员。为此，在绳洗机之间安装由若干光导管组成的自动控制同步装置，效果较好。

二、破洞破边疵病的防止与克服

麦尔纱、巴厘纱在染整加工中比较容易出现破洞、破边以及布面拉破等疵病。破边、拉破往往与幅宽加工系数定得不合理有关。高捻织物的纬向缩率大，不宜强行伸幅。坯布布幅的设计比一般捻度的细布织物要加宽，约比成品布幅增宽 10% 以上。例如 J60 英支 /2 精梳线巴厘纱开始试生产，成品幅宽要求 76cm，布幅设计为 99cm（39 英寸），在印染加工中出现大量破边。以后经反复摸索，采取增加总经根数至 104cm（41 英寸），终于解决了破边问题。对组织较密的布边采取适当加宽的办法，如 J100 英支 /2 精梳线巴厘纱，布边加宽约 1.5cm，对解决该织物印染加工过程中的破边也起到良好的作用。另外，在生产过程中注意上机前的布铗完好情况，凡发现布铗咬边不紧、不平，要及时调换修理。一般来说，破边疵病可以解决，而破洞在生产过程中要时时注意防止和克服。稀薄织物经印染加工，半制品或成品上出现大小孔洞，轻者断一、两根纱；严重时呈现出大小破洞。有的有规律，有的无规律。该疵病一般是突发性疵点，如有疏忽，将产生大量疵布，严重影响印花半制品、成品质量和使用价值。

1. 表现形态

织物在染整加工过程中形成破洞的表现形态可归纳为烧破、钩破、擦破、拉破、轧破以及纤维脆损等几种。

（1）烧破。主要发生在烧毛机。原因大致有以下三方面。

①织物上拖纱、纱结等燃烧余烬未及时熄灭，落入布箱中继续阴燃。

②稀薄织物纱支如粗细不匀；如果烧毛过于剧烈，就可能造成烧断一两根纱，甚至烧成不易察觉的小破洞，这些小破洞在以后加工过程中，由于受张力的影响逐渐扩大。

③汽油汽化不足，有油滴喷至布面，在高温过程中容易着火燃烧，烧破织物。

（2）钩破。在染整加工过程中所有布匹经过的部位都有发生钩破的可能。例如，导布木棍、六角盘、分布棒、J型箱等机部件表面或箱体内部有铁钉、螺钉、螺帽或凸出硬物；导布磁圈有破裂等情况。织物在运转经过时，与铁钉、螺钉、螺帽、凸出硬物以及破裂磁圈等接触而造成钩破。热定形布边出现的针眼扎破，主要是由于针板上的弯针所造成，必须及时检查调换。

（3）擦破。在织物所有经过的部位也都有发生擦破的可能。产生原因大致有以下几种。

①织物在绳状运转过程中与粗糙的铁板、水泥池壁或折角、含有钙垢的拦板或导辊、被碱腐蚀的瓷圈（瓷面脱落后，就会露出粗糙的砂粒面）、橡皮辊老化龟裂，汽蒸箱内比较毛糙的接缝等硬物摩擦都易造成擦破小洞。

②堆布J型箱内表面不光滑，塑料管破裂，接头毛糙，特别当织物在J型箱中运行不正常，时紧时松，就容易产生擦破洞，绳洗机电器失控，前后不同步而发生布匹硬拖现象，也会产生擦破洞。

③织物在绳洗机分布档中，有时因操作失误多绕一道，或因操作不当造成布身张力过紧，则会拉裂出无规则较大的破洞，并拌之而产生破边。

④六角盘转速太快，即线速度超过布速20%以上，布身张力又较紧，再加上前道轧辊有些不平，则稀薄织物较易产生较多的经纱断裂的小洞，紧密织物很易产生摩擦小洞；绳状织物加工途中停车，六角盘照常运转，有时也会产生破洞。

⑤轧辊本身不平或已形成凹形或弓形等，布身张力又大，很易擦出小洞。

⑥穿布路线角度太小，摩擦力增大有可能造成破洞。

（4）拉破。一种情况是织物本身已有小破洞，未及时发现，经丝光拉幅，或染色、印花后拉幅整理原有小洞扩大呈拉破状者，则应注意寻找前加工过程中产生破洞的根源；另一种情况是稀薄织物前处理伸长过大，门幅过窄，拉至规定门幅时拉幅机扩幅过大，则织物易被拉破。

（5）轧破。织物经过嵌有坚硬物质的轧辊而被轧成破洞。嵌在轧辊上的坚硬物质常见的有纺织厂里的钢丝针头、螺丝、螺帽等；染整织物表面黏附的花衣毛，在上浆时，黏到轧浆滚筒及烘筒上，积聚到相当程度变成干硬块状物，再自然落下由织物传带至轧光机滚筒，造成轧光破洞。

（6）纤维脆损。织物一拉就破，织物强力显著降低。产生的原因是印染加工中化学加工处理不当所致。该纤维的脆损特点是经纬纱双向损伤，是化学性损伤，其与磨毛起绒的纬向单纱的物理性损伤是不同的。产生脆损的具体原因有下列几种。

①强酸对织物的损伤。纤维素纤维等遇到强酸，如硫酸、盐酸以及印花中的酸性防染剂等处理不当会使纤维素纤维发生加水分解作用，形成水解纤维素，致使纤维脆损；如有空气或氧化剂存在，同时又会发生氧化反应作用，生成氧化纤维素，使织物强力明显下降。

②碱对织物的损伤。棉纤维对碱的稳定性应该说是较好的。但棉纤维遇碱，在高温处理时若有空气存在，纤维则会变成氧化纤维素。例如煮布锅煮练时，锅内空气未排除尽，会使纤维强力下降，严重时造成脆损。

③氧化剂—双氧水对织物的损伤。在双氧水连续漂白时，如溶液中或织物上含有铜、铁等金属离子，会使纤维素纤维的催化脆损作用加剧，造成局部损伤，形成散布性小破洞。

2. 防止措施和克服方法

防止和克服破洞疵病的产生可采取下列措施和办法。

（1）要坚持"一平、四不、五检查"操作法。即轧辊、小导辊都要平。在运转过程中掌握布身不紧、不擦、不顿、不跳。

五检查是：每周清洁工作要彻底检查设备完好状态；开车运转过程中巡回检查；出 J 型箱进堆布池展幅检查；换品种时注意详细检查；发现疑点停车分段检查。

两台绳洗机之间的电器松紧架一定要灵活轻巧，每天加油保持润滑正常，若有故障必须维修。

开车穿头前绳洗机内要做好冲洗清洁工作，检查绳状机内小滚筒运转是否灵活，各滚筒表面是否平整光洁。一般穿布 6 ~ 8 道，各道线路正直不歪斜，各轧点摆平不重叠，轧辊两端压力均匀。

（2）运转中加强巡回或交接检查。

①各道松紧架是否灵活轻巧。

②布束运行中是否有碰、擦或敲击状况。

③绳洗机中穿布是否平、稳、直、松，轧辊两端压力是否均匀一致。

④各溶液浓度是否合乎规定，轧液率及液面是否恒定正常。

⑤进各 J 型箱内的布，带湿适当。堆布高度、汽蒸温度是否合乎规定，车速是否符合规定。

各 J 型箱翻身要好，布束拉出时，一定要防止"顿""跳"现象。

⑥煮练质量是否合格，经常检查堆布池织物的白度、pH，有无破损，沾上油污情况。

⑦各道六角盘是否按规定超速 20%，发现问题要进行测定检修。

（3）清洁机械时的检查。

①各大小滚筒表面是否平整光洁。

②各小导辊头子轴承是否磨损。

③各槽内是否洁净，衬垫是否牢固。

④各六角盘表面是否光洁，转动是否平稳，隔距是否正常。

⑤各 J 型箱内（包括碱蒸箱）是否洁净光滑。

⑥碱蒸、漂白过程中，各道绳洗机分布档等碱垢、钙垢是否已清除。

（4）故障停车注意点。

①带有碱、酸、漂液的织物要防止风干，必要时冲水洗净。

②布匹不能长时间停留在碱蒸箱中，如有故障停机，必须开蒸汽保温，每 20min 用碱水循环一次。停机超过 1h 以上，必须关闭蒸汽，立即冲水（或淡碱水）冷却，要防止带碱高温烘干。

（5）要加强布面检查，严格把关。特别要注意只断 1 ~ 2 根纱的细小破洞的产生，在烘燥机落布装置的上方装一只日光灯，以使破洞易于发现。破洞主要防患于先，一旦发生，要立即组织力量逐道停车检查，找出产生破洞的根源，切不可大意，以防止大量破洞质量事故的发生。

（6）结合稀薄织物的特点在染整工艺设计时应采取措施，减少破洞，例如，该织物在烧毛时较易产生小破洞的情况，如布面光洁度许可，即可改烧毛为不烧毛。若就是要进行烧毛，其工艺条件要掌握为小火焰、快烧的原则，一正一反，车速在 130 ~ 140m/min 为宜。又如稀薄织物布边较紧而宽，拉幅时进布铗困难，拉时易脱铗。丝光不能按常规工艺掌握，中车门幅要偏窄。有人认为采用湿布丝光，碱液浓度掌握在 220 ~ 230g/L，冲洗要充分，有利于减少纬向缩幅，降低纬向缩水率及防止拉破疵布的产生。另外，要密切注意布铗的完好情况。在整理拉幅时，在防止布边水印产生的情况下，应适当喷湿，以保证拉幅的顺利进行。

（7）防止脆损破洞。主要围绕合理工艺处方、控制用量、严格工艺上车等方面进行解决，具体可采用下列措施和办法。

①严格控制各种助剂用量及工艺条件。要严格掌握各加工工序中所用碱、酸、氧化剂等的用量和加工时间、温度等条件，严格按照工艺所规定的条件进行生产。特别应该注意在加工过程中所选用的比较强烈的酸剂、各种氧化剂等，切实保证工艺上车，防止氧化纤维素及水解纤维素的生成。织物在煮布锅内煮练时，必须排除锅内的空气。双氧水在连续漂白时，要注意双氧水溶液的清洁，防止金属离子混入漂白液内。配制双氧水漂白液用的自来水管出口处，要用聚酯过滤器或非金属耐双氧水的过滤器过滤。双氧水漂白用设备、管道及容器都

要用不锈钢，要防止铁屑和铁锈混进漂白液中。织物在漂白前，如发现有金属污染物，必须先用草酸洗水以后才能进行双氧水漂白。

②合理制订印花色浆的用料处方。应根据印花织物组织规格，花纹面积大小及印制效果等因素，合理制订印花色浆的用料处方，特别对那些宜使纤维素纤维生成氧化纤维素或水解纤维素的印花色浆成分应慎重选用，其有效成分在生产前必须准确测定，做到心中有数，以利于准确称量和合理使用，保证染化料助剂用量的准确性。保证合理制订的印花色浆用料处方的准确使用。

三、搭色、复印疵病的防止与克服

稀薄织物的特点：由于稀薄具有一定的透明度，白地浅花布服用时过于透露反而不受欢迎。为此，巴厘纱、麦尔纱印花图案要求新颖别致，花色要以大面积深色为主，深色花型深受消费者青睐。

稀薄织物要具有爽适的手感，类似真丝乔其纱手感。为此，在纺纱时必须采用较高捻度的纺纱工艺。否则，手感软无身骨，类似纱布感。高捻纱吸液低，渗透慢，这给印制提出了更高的要求，该织物印制时采用薄浆印花会造成渗化，印制轮廓差，故印制时印花色浆应比一般色浆厚些，在织物表面的滞浆量相对要高。该织物印制带来的问题是：经后续网版、滚筒的压轧，色浆会渗至织物的反面，如对此处理不好或烘燥不干较容易产生搭色、复印的疵病。特别在大面积深色花布的印制中更显得突出。为此，印制稀薄织物时，防止和克服搭色、复印疵病的产生是该织物印花生产顺利的关键之一。搭色、复印疵病的防止与克服拟采取下列措施。

1. 以防拔染印花为主

防拔染印花工艺与直接印花工艺比较，其工艺流程冗长、繁复，印花操作要求高。因此，对于一般织物进行印花工艺选择时，能用直接印花工艺的，则不选用防拔染印花工艺。而在巴厘纱、麦尔纱印花工艺中，则主要选用防拔染印花工艺。这是因为采用防拔染印花工艺最大的长处是在深色印花中色泽面积最大一套色，"地色"进行染色，而其他较小面积的色泽做着色拔染印花；或者先印较小面积的着色防白、色防印花色浆烘干后再染地色。这样在印制时印在织物上的印花色浆面积较小，滞浆量减少，对防止和克服搭色、复印疵病的产生具有重要的意义。

在以往巴厘纱、麦尔纱等稀薄织物上防拔染印花工艺常用的有还原染料着色拔染不溶性偶氮染料地色印花、还原染料着色拔染活性染料地色印花、还原染料着色拔染不溶性偶氮染料套活性染料地色印花、凡拉明蓝地色防染印花、酞菁蓝地色防染印花、苯胺黑地色防染印花等。在以往的拔染印花中以还原染料着色拔染不溶性偶氮染料地色印花应用得较多，常用的地色有大红、玫红、橘、枣红、紫酱、棕、中蓝、深蓝等，与活性套染成墨绿地色，防染地色可获得凡拉明蓝、酞菁蓝、苯胺黑地等。上述印花工艺中所应用的染料有些含有致癌芳香胺的禁用染料。例如：不溶性偶氮染料中用的色酚 AS-D、色酚 AS-OL、色酚 AS-G、枣红 GBC、蓝色盐 B 等均属禁用之列，可以分解成 MAK（Ⅲ）A_1 及 A_2 组中胺类的偶氮染料、苯胺黑及某些重金属离子超标的染料也属禁用之列。因此，防拔染印花工艺有待进一步探索，目前用还原染料作拔染的着色染料，原使用的大部分染料都可使用。目前，拔染地色采用可拔染活性染料，这两类染料色谱齐全，故该印花工艺是目前主要的拔染印花工艺。

2. 花筒、网版制作要考虑给浆量的减少

由于稀薄织物捻度高，织物组织稀薄，经后续网版的压轧，印花色浆易压至织物反面，故在印花工艺设计时要考虑给浆量的减少。滚筒印花花筒雕刻斜纹线及腐蚀深度：一般块面用 66 根 / 英寸斜线，腐蚀深度为 0.28 ~ 0.30mm（11 ~ 12 英丝）；小面积纹样用 72 ~ 75 根 / 英寸斜线，腐蚀深度为 0.25 ~ 0.28mm（10 ~ 11 英丝），以上用线标准及腐蚀深度比一般花样的用线标准及腐蚀深度要浅，基本能适应稀薄织物印制的要求，既不溢浆，又不露底，或因色浆太少而影响花色深度和艳度。圆网印花、平网印花制网考虑给浆量的减少要选择使用相对较高目数的网坯或筛网，以保证印花生产的顺利进行。

3. 严格印花色浆的调制

稀薄织物采用黏度较小的色浆印花时，容易产生渗化现象，印制轮廓差，因而调制的印花色浆的黏度以偏厚为好。糊料选用应以给色量高、抱水性好、不易渗化、印花轮廓清晰的淀粉糊和还原性强、流动性好、渗透性好的印染胶糊为首选，这两种糊料往往根据染料性能、拔染效果、地色拔染难易等要求和情况按比例混用。在防染印花或直接印花时，可根据印花工艺选用淀粉糊、海藻酸钠糊、合成龙胶糊、乳化糊或与其他糊料拼混使用。另外，还可选用植物种子胶、醚化瓜尔胶等。

原糊制作时，要准确称量，严格执行制糊操作规程。淀粉、印染胶煮糊要求成熟度高，无粒子产生。淀粉糊煮制不宜用快速喷嘴。经生产实践对比以烧煮的浆，印制轮廓效果要好。

另外，为保证印花色浆在印花生产过程中顺利进行，还原染料的颗粒不能较大，除超细粉染料外，染料在调浆前必须先进行研磨：即先将染料加入研磨机内，加甘油及适量水，必要时可加酒精，消除泡沫进行研磨，并可用水调节黏度，然后研磨至用玻璃片检验无粗粒为止。经研磨的染料出球磨机时要经过磁铁处理以去除铁屑。调制色浆时，要用绷网和布袋过滤方可使用。

4. 印制操作注意事项

利用滚筒印花机印制稀薄织物的生产经验丰富。利用圆网印花机和平网印花机印制稀薄织物时可以借鉴。

（1）印制时的承压件。如承压橡皮滚筒、橡皮布、衬布等要有较高的弹性。滚筒印花机印制深色稀薄织物，其印花操作基本与一般花布的印制操作相同。但在操作中作为稀薄织物印制的专用机台，印花机橡皮锡林的硬度要低些。橡皮锡林外包的合成橡胶厚度一般为 20 ~ 25mm，硬度在（90 ~ 98）±2，用于稀薄织物印制的橡皮锡林以选用硬度为 90±2 的硬度较为理想，并要求将橡皮锡林经车磨成橄榄形。在两边边缘距中心约 40cm 处，要比中间低 0.15 ～ 0.25mm（6 ～ 10 英丝），做到逐渐向中心过渡。如承压滚筒为铸铁空心滚筒包毛衬布的，则要求包得厚些，避免因硬度硬而产生破洞疵病。

橡皮布同样要求弹性要好。接头处要用细砂皮打磨至平。因稀薄织物在印制过程中较易反映出橡皮接头印。

衬布要求柔软、清洁。印制时应做到勤换。印制块面较大花型时，衬布除采取正反面应用外，每印一个色位就要调换并清洗。因为稀薄织物印制时除衬布两边带色浆外，印制门幅范围内的色浆较易渗透而沾染上衬布，极易造成印花搭色、复印等疵布，严重影响产品质量。

（2）橡皮布、衬布张力松紧要掌握一致。在印制过程中，进布张力不宜过紧或过松。过紧易断布；过松易荡下起皱。橡皮布、衬布松紧需要掌握一致，避免反面拖色疵病的产生。

（3）花筒印制压力要酌情偏轻些。在不露底的情况下，尽量减少印制织物表面的滞浆量，防止产生溢浆而造成印制轮廓不清、搭色、复印疵布。

（4）较大花型面积印制后需加光版花筒或用小面积花型花筒加压，将堆置在织物表面的印花色浆酌量压至织物纤维间或织物反面，以减少织物表面的滞浆量，防止搭色疵病。

（5）努力做好机台清洁工作。对于印花机台运转的大、小导布滚筒、烘筒表面要严防硬物浆块积聚，要保持光洁无杂物、无浆块，这是保证稀薄织物印制质量，防止织物搭色、复印的重要措施，为此，要特别注意机台清洁工作。橡皮布每次印两个色位以上花样时，应进行检查有无浆块的黏结，如有应该做清洁去除。

圆网印花机、平网印花机印制的方式，虽然与放射式滚筒印花机有所不同，但印制过程中的经验、体会，例如：印制时压力、弹力的掌握，织物表面滞浆量的控制，印制过程中织物张力的掌控，贴布操作，网版的排列，机台的清洁工作等都能予以借鉴，并应用于印制实践中。

四、印制实样举例

1. **例一**

（1）织物品种：14.5tex × 14.5tex（40 英支 × 40 英支）、264 根 /10cm × 193 根 /10cm（67 根 / 英寸 × 49 根 / 英寸）纯棉麦尔纱。

（2）花样分析（彩图 2）。

①该花样地色乌黑，纹样精细，点、线清晰。该花样属苯胺黑地色防染印花纹样。

②印制色泽有白、黄、绿、红色四种。各色互不相碰，也无叠印，印制面积大体相仿，花筒排列按浅→深的原则排列。

③印制织物为麦尔纱。要注意稀薄织物的印制特点，注意考虑稀薄织物在印制中可能会遇到的问题，采取防止措施，以保证印花生产的顺利进行。

④印花坯布不能带碱，否则影响苯胺黑的发色及乌黑度。

⑤要注意细点子、细线条的防染效果。要注意织物强力损伤，防止脆布现象的产生。

（3）生产设备。LMH083 绳状连续漂练机、LM101-160 三柱开幅轧水烘燥机、LM222双层布铗丝光机、LM534 八色滚筒印花机、阿尼林连续轧染机、LM734 热风拉幅机、轧光机、呢毯预缩机、验码布机。

（4）工艺流程。

验布→摆布缝头→（不烧毛）轧退浆碱液→J 型箱堆置→绳洗两格→轧碱液→J 型箱汽蒸→热洗去碱→绳洗两格→氯漂→J 型箱堆置→绳状水洗→绳状酸洗→J 型箱堆置→绳洗两格→落布池堆放→开幅轧水→湿布丝光→烘燥→（印花前处理）→印花→（染色）→后处理→上浆上柔软剂拉幅→轧光→验码成件

（5）印花前准备工艺条件。

①缝头：针密为 4.5 ~ 5 针 /cm，距布幅两边 1 ~ 2cm 处加密至 7 ~ 8 针 /cm（满罗式缝纫机用 42 英支 /6 股宝塔线或 42 英支 /3 股宝塔漂白线代用）。

②烧毛：不烧毛。

③退浆：烧毛灭火箱平幅轧废碱 3 ~ 9L，90℃ 以上，J 型箱堆 45min。

④轧碱汽蒸：

供应槽	烧碱	130 ~ 150g/L
轧槽	烧碱	28 ~ 32g/L
	亚硫酸氢钠	6kg
	皂粉	10kg
	乳化糊 A	5kg/600 匹

汽蒸压力为 29.4 ~ 39.2kPa（0.3 ~ 0.4kgf/cm²），汽蒸时间为 90min，毛细管效应要求 8cm 以上。

⑤氯漂：次氯酸钠有效氯为 1.7 ~ 2g/L，室温（冬季可加热，但不超过 30℃），堆置 60min。

⑥酸洗：98%（66° Bé）硫酸浓度为 0.5 ~ 1g/L，轧槽温度为 40℃，J 型箱堆置 30min 后经两台绳洗机水洗，布面 pH 为 6 ~ 7 落堆布池。

⑦丝光：湿布丝光时，轧槽碱液浓度为 30%（36° Bé）烧碱 240 ~ 260g/L（淋碱五冲五吸，淋碱温度为 70℃ 以上），布铗拉幅基本按坯布门幅、落布门幅达到成品门幅，去碱要求净，平洗槽中以硫酸中和，布面 pH 为 6.5 ~ 7。

⑧烘燥：丝光布经 36 只烘筒烘燥，再经光电整纬器整纬。

（6）花筒排列和印浆处方。

①1# 白。

纯碱	100g
印染胶—淀粉糊（1：1）	x

印染胶—锌氧粉（1：1）	200g
亚硫酸钠	15g
增白剂 VBL	3g
	————
	1kg

② 2# 黄。

涂料黄 FG	100g
涂料黄 FGR	50g
尿素	50g
龙胶—锌氧粉（1：1）	200g
三乙醇胺	120g
东风牌黏合剂	200g
交联剂 EH	30g
	————
	1kg

③ 3# 绿。

涂料绿 FB	24g
涂料黄 F7G	160g
尿素	50g
龙胶—锌氧粉（1：1）	200g
三乙醇胺	120g
东风牌黏合剂	200g
交联剂 EH	30g
	————
	1kg

④ 4# 红。

快色素红 6032	100g
酒精	30g
30%（36°Bé）烧碱	5g
淀粉糊	x
印染胶—锌氧粉（1：1）	160g
醋酸钠	20g
	————
	1kg

（7）轧染工艺。

①苯胺盐酸处方：

苯胺	100kg
（19°Bé）盐酸	132kg
水	375kg

苯胺与盐酸的比例为1∶（1.27～1.3），配制好的苯胺盐酸盐pH为2.5～3，放置24h后经测定备用。

②苯胺黑轧染液处方：

苯胺盐酸盐	145g
黄血盐钠	78g
氯酸钠	36g
冰醋酸	30mL
合成龙胶糊	x
	—————
	1kg

溶液比重为9°Bé。

③苯胺黑轧染工艺条件：

a. 轧染温度：不超过30℃。

b. 染液pH：供应桶pH为3～3.5，轧槽pH为3.5～3.8。

c. 轧染方式：采取面轧，一般花样为正面向下，以平穿为主，如图6-3所示。精细花

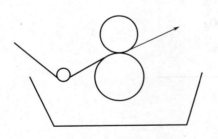

图6-3　面轧平穿平布示意图

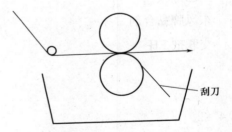

刮刀

图6-4　面轧直平穿布示意图

样为正面向上，以直平穿为主，如图6-4所示。

④烘燥：烘筒的蒸汽压力一般应在48～78.4kPa（0.5～0.8kg/cm²），落布色泽应达到和保持橄榄绿色。

⑤蒸化：蒸化时间为2.5～3.5min，汽蒸箱总表蒸汽压力为78.4～98kPa（0.8～1kgf/cm²），夹板蒸汽压力为48～78.4kPa（0.5～0.8kgf/cm²），温度为（95±2）℃，后拨风要开足，底层不存水。

⑥水洗、皂洗：轧流动冷水→流动冷水→流动冷水→80 ～ 85℃热水→碱洗（烧碱 2.5 ～ 3g/L，80 ～ 90℃）→皂洗两格（皂粉 5g/L，纯碱 3g/L，90 ～ 95℃）→热水两格（80 ～ 90℃）→温水→冷水→烘干

2. 例二

目前，以可拔活性染料染地，以还原染料作着色染料的拔染印花工艺是常用的印花工艺之一。

还原染料制成的印花色浆比较稳定。为了便于应用，一般均事先调制成基本色浆，临用前将基本色浆用冲淡浆冲淡至所需浓度，而后应用。

目前印花色浆调制计算，表示方法有下列四种。

（1）体积计量法。色浆处方以单位体积中所含的染料、化学品、助剂、原糊的克数、毫升数来表示的。单位体积一般为 1L。在实际操作时，只是将单位体积中所示的克数、毫升数乘以需用体积数，称料，调制成色浆。

（2）重量计量法。色浆处方以每千克重色浆中所含染料、助剂、化学品、原糊的克数、毫升数表示。实际操作称量染料、助剂、化学品、原糊等，计算办法与上述方法基本相同，不同的是最后合成规定重量。

（3）百分比计量法。色浆处方的每一种成分均以百分比形式表示，最后合成配至100%。

以上三种色浆调制表示方法，在印花色浆调制的各种处方中均可见到。

（4）基本色浆调制法。该种印花色浆调制计算表示方法，仅用在还原染料印花色浆的调制计算中。在印花色浆调制时，运用此法只要将已调好的基本浆按一定比例混合，如若深浓，可用不含染料的冲淡浆拼混冲淡。该法调制计算方法举例如下：

$$\left.\begin{array}{l} 3 绿\quad FFB \\ 2 黄\quad GCN \end{array}\right\} 1/4$$

表示以 3 份绿 FFB 与 2 份黄 GCN 基本浆拼混；1/4 表示基本浆 / 冲淡浆。也就是表示上述所拼得基本浆重量作为 1，与 4 倍基本浆重量的冲淡浆拼混，从而获得所需的印花色浆。

假如要做 250kg 上述处方的印花浆，则需要 50kg 基本浆与 200kg 的冲淡浆拼混即可。由上述处方可知，50kg 基本浆绿 FFB 基本浆称 30kg，黄 GCN 基本浆称 20kg 拼混而得。

还原染料基本色浆的调制方法有预还原法和不预还原法两种。

1. 预还原法

预还原法是在印花色浆中以保险粉或其他还原剂在一定温度下将还原染料还原，还原后的隐色体溶解于含有适量碱剂的色浆中，在色浆中另加雕白粉，以作为印花以后染料在汽蒸过程中的还原剂。具体操作如下。

（1）还原染料除超细粉染料及浆状染料不研磨外，一般均应研磨。染料用水、甘油、酒精调和，在球磨机内研磨 24 ~ 36h。

（2）将研磨好的染料加入原糊内，再加入规定量的烧碱，边搅拌边用间接蒸汽加热至 60℃，将保险粉慢慢加入色浆内还原约 30min 后，关闭间接蒸汽，开冷水冷却至 30℃，最后再加入溶解好的雕白粉，合成规定量即可。

（3）为了防止基本浆表面结皮，可在表面加少量火油。

2. 不预还原法

制备不预还原法色浆时，不加保险粉，用普通粉染料与甘油、酒精、水调成浆状，倒入球磨研磨机研磨后，加至原糊中，分别加入已溶解好的碱剂和雕白粉，配至总量备用。

常用还原染料着色拔染基本色浆处方见表6-1，常用拔白浆及还原染料冲淡浆处方见表6-2。

表6-1 常用还原染料着色拔染基本色浆处方

染料名称	染料用量（kg）	甘油用量（kg）	酒精用量（kg）	球磨时间（h）	水	研磨比例	还原方法	印染胶—淀粉糊（kg）	烧碱30%（36°Bé）（kg）	保险粉（kg）	雕白粉（kg）	碳酸钾（kg）	初配总量（kg）
还原黄G	8	4	2	36	适量	1:2	不预还原法	30 ~ 35	—	—	—	7 ~ 8.5	70
还原黄GCN	8	4	2	36	适量	1:2	预还原法	30 ~ 35	4.2 ~ 5.5	1.5	5.5 ~ 7	—	70
还原黄RK	15	7.5	2	24	适量	1:2	不预还原法	30 ~ 35	—	—	5.5 ~ 7	5.5 ~ 7	70
还原橙RF	8	3	1	24	适量	1:3	不预还原法	30 ~ 35	—	—	5.5 ~ 7	5.5 ~ 7	70
还原橙GR	6	4	2	36	适量	1:2	不预还原法	30 ~ 35	—	—	5.5 ~ 7	5.5 ~ 7	70
还原妃R	6	4	2	24	适量	1:3	不预还原法	30 ~ 35	—	—	5.5 ~ 7	7 ~ 8.5	70
还原妃FR	6	3	2	36	适量	1:3	不预还原法	30 ~ 35	—	—	5.5 ~ 7	5.5 ~ 7	70
还原棕RRD	6	3	1	24	适量	1:3	不预还原法	30 ~ 35	—	—	5.5 ~ 7	5.5 ~ 7	70
还原灰BG	6	3	1	36	适量	1:3	不预还原法	30 ~ 35	—	—	5.5 ~ 7	5.5 ~ 7	70
还原莲RR	6	4	1	36	适量	1:3	预还原法	30 ~ 35	5.5 ~ 7	1.5	5.5 ~ 7	—	70
还原红莲RH	6	4	1	36	适量	1:3	预还原法	30 ~ 35	6	1.5	5.5 ~ 7	—	70
还原绿FFB	6	4	1	36	适量	1:3	预还原法	30 ~ 35	5.5 ~ 7	1.5	8.5 ~ 10	—	70

续表

染料名称	染料用量（kg）	甘油用量（kg）	酒精用量（kg）	球磨时间（h）	水	研磨比例	还原方法	印染胶—淀粉糊（kg）	烧碱30%（36° Bé）（kg）	保险粉（kg）	雕白粉（kg）	碳酸钾（kg）	初配总量（kg）
还原蓝3G	6	3	2	36	适量	1:2	不预还原法	30~35		—	5.5~7	5.5~7	70
溴淀蓝	6	3	1	36	适量	1:2	不预还原法	30~35	—	—	7~8.5		70
印德元CL	15	7.5	2	48	适量	1:3	预还原法	另行介绍	另行介绍				
还原蓝2B	6	3	2	36	适量	1:2	不预还原法	30~35		—	5.5~7	5.5~7	70

表6-2　常用拔白浆及还原染料冲淡浆处方

染化料名称 ＼ 用量（g）	拔白浆（1）	拔白浆（2）	烧碱冲淡浆（1）	烧碱冲淡浆（2）	碳酸钾冲淡浆
淀粉印染胶1:1	400~500	400~500			
淀粉印染胶2:1					300
淀粉印染胶2:3				250	
印染胶糊			300		
加白剂VBL	3~6	3			
酒精	3~5	3			
温水	x	x			
蒽醌	0~1.5	10			
吊白粉	160~300	280~300	300	200	200
30%（36° Bé）烧碱	60		120	60	
纯碱		50			
碳酸钾					100
合成	1kg	1kg	1kg	1kg	1kg

注　1. 拔白浆（2）用于较难拔地色如紫酱地、枣红地。
　　2. 烧碱冲洗浆（1）用于溴淀蓝。
　　3. 烧碱冲洗浆（2）用于还原染料黄GCN、绿FFB、蓝2B、青莲RH。
　　4. 碳酸钾冲洗浆用于还原黄RK、黄G、橙RF、橙GR、妃R、棕RRD、灰BG、蓝3G、元CL。

第三节　棉/氨纶纬弹织物印花

由含弹力纤维（氨纶）织造的弹力织物，是一种在服装使用上为人们提供了穿着舒适性、随意性和显示人体形态美观性优良的服装面料，通过印染加工在织物上配上色彩、丰富，变化多样的花布图案，从而获得了棉弹力印花织物，较大满足了人们日益提高的生活需要，棉弹力印花织物深受广大消费者的欢迎。

　　棉弹力印花织物的生产质量要求，基本与棉印花织物的生产质量要求相同，但又有一定的区别。除了基本上依照纯棉印花织物的各项基础质量要求外，增加了弹力要求和不同缩水率的要求。总的来说，作为棉弹力印花织物，要满足常规印花布质量规定，同时又要达到有伸缩的弹性要求和尺寸的稳定性。这就给印染加工提出了新的要求。另外，棉弹力织物在生产过程中遇到的另一个问题是较易产生折皱、卷边，要注意防止和克服。为此，要提高和保证棉弹力印花布质量必须在上述方面予以注意，采取措施。

　　目前，从市场看棉弹力织物有纬向弹力织物和经纬双向弹力织物之分。但供印花用的坯布以纬向弹力织物为主，故本节以纬向弹力织物为主要对象进行讨论。

一、织物弹力与尺寸稳定性的掌握与平衡

　　弹力布的特点是要具有弹力。伸缩、弹力是考核弹力布的重要指标，同时要具有稳定的尺寸且缩水率要达标。弹力布弹性的伸缩率和缩水率之间往往是有矛盾的。这就要求在印染加工中采用不同的工艺和办法以进行调节，求得不同要求的平衡和适应。

1. 影响织物弹性和缩水性的因素

　　（1）弹力布织造过程的张力。张力过大，会造成织物下机后幅宽逐渐缩窄太多。

　　（2）幅宽加工系数的掌握。弹力织物在印染加工时，既受到织物物理机械作用，同时也受到化学作用，织物在加工前后的组织规格和物理性能均会发生一系列的变化。例如，印花成品长度比原布长，即有所伸长，而布幅则比原布布幅狭。这其中为达到订单成品的幅宽要求，对坯幅会有一定的要求。坯幅与成品之间存在着一定的规律。若布幅太窄，为达到订单成品的要求，在加工中弹伸硬拉，不符合织物幅宽加工系数的规律，会造成织物弹性的破坏及缩水率不符要求。

　　（3）热定形效果。热定形加工对弹力织物弹性伸缩起到降低的作用，同时对弹力织物缩水率也起到降低作用。即用热定形工艺可以降低缩水率，但要损失部分或大部分弹性。若在印染加工过程中，未能对客户订单提出的对织物弹性及缩水率的要求进行分析，没有采用相应的热定形工艺，则可能出现织物弹性及缩水率不达标的情况。

　　（4）化学助剂的使用。氨纶不耐含氯氧化剂。在次氯酸钠的溶液中会形成氮氯结合，而造成纤维损伤，所以在漂白过程中不能使用氯漂。若使用了氯漂，纤维弹力损失严重或消失。聚醚型氨纶损伤则更严重。退浆时，也不能使用亚溴酸钠。

　　（5）印染加工过程中张力太大。在机织物印染加工过程中，为了防止织物起皱往往在生产加工中采用加大张力的做法。但张力太大，掌握不好，就会影响到弹力织物的弹性及缩水率。

（6）印染加工过程中遇湿遇热，特别是首次遇湿遇热产生剧烈收缩过大，同样会给弹力织物后工序带来幅宽和弹性掌握上的困难。

2. 保证棉弹力织物弹性和缩水率的若干措施

（1）做好生产前的准备。在接受生产订单的洽谈中要做好两件事。一是要清楚了解客户对加工成品的要求。对于棉弹力织物来讲，特别要弄清有关弹力、缩水率、幅宽和长度要求。中高档弹力要求 15% ~ 30% 的伸缩弹力；中低档弹力要求 10% ~ 15% 的伸缩弹力。同时要求织物的缩水率要在规定范围之内，不能因织物有弹力而织物尺寸不稳定。客户对棉弹力织物缩水率的要求：一般经向缩水率在 3% ~ 4%，纬向缩水率在 6% ~ 8%；而要求高的则经向缩水率 < 3%，纬向缩水率在 3% ~ 5%。如果弹性要求高档，缩水率也要求高档，并且手感要求丰满、厚实、柔软则属高档质量要求。二是要弄清楚坯布的组织规格，包括幅宽、经纬纱线密度以及弹性纱中氨纶长丝的线密度等。还要了解清楚经纱浆纱所用的浆料，坯布的经纬向弹力伸长和缩水率，特别是来坯。如果客户提不出后者资料，则可由客户提供坯布样 1m，供印染厂自行加以检验，以利于在签订合约订单中决定成品交货的幅宽范围、长度交货率和加工费用。

（2）对弹力纱和织造的要求。弹力布是中高档产品，混配棉成分中，10 英支、7 英支的粗支纱也不能混入低级棉和不成熟棉纤维。否则会造成加工后布面色泽不匀，棉结白星多。在返工回修中造成生产被动，影响弹性和缩水率。

目前，棉弹力纱以采用氨纶弹力长丝为芯，以棉纤维卷绕的包芯纱为主。氨纶丝粗支采用 7.8tex（70 旦尼尔），细支纱采用 4.4tex（40 旦尼尔）。经纱用的浆料考虑到退浆顺利，建议纺织厂最好采用易溶退的淀粉浆料。

在织造过程中应尽量降低张力。从纬向来说应努力避免下机后幅宽逐步缩窄太多的问题。织机以采用剑杆或片梭为佳。布边的组织规格和张力需要特别注意，布边张力要小，否则易造成后加工易卷边，以致加工困难。幅宽要根据最后成品幅宽的要求来确定棉弹力布幅宽。应用于印花的棉弹力织物的组织规格，起初的是较厚的，常见的组织规格有：7 英支 ×20 英支 /2+70 旦，78 根 / 英寸 ×42 根 / 英寸、16 英支 ×16 英支 +70 旦，112 根 / 英寸 ×46 根 / 英寸等。以后细支纱的棉弹力府绸如 40 英支 ×40 英支 +40 旦，133 根 / 英寸 ×72 根 / 英寸问世以来，较大地增加了印花的需求量。纱支粗细不同，密度、组织规格不同，幅宽加工系数有差异，要经过测试后制订，棉弹力布幅宽加工系数一般掌握在 0.7 ~ 0.75。以经密较多的棉弹力斜纹布为例，其幅宽加工系数掌握在 0.75 左右，即最后成品幅宽要求为 44 英寸 /45 英寸则坯布下机的幅宽为 58 英寸 /60 英寸。如果最后成品幅宽为 50 英寸 /51 英寸，则需要 66 英寸 /68 英寸的坯布下机幅宽。细支的棉弹力府绸幅宽加工系数的掌握还要低些，一般掌握在 0.7 左右。

为能从弹力芯丝（氨纶）、棉纤维原料起，至纺织、印染加工掌握各工序中弹力的伸缩度，从而保证最后成品的经、纬向弹力性能和稳定的缩水率等质量能达到客户的要求。最好以纺织印染联合开发、生产。

（3）要注意防止染整加工首次遇湿热的剧烈收缩。棉弹力布氨纶遇湿热会产生较大的收缩，特别在坯布首次遇湿热时收缩更大。棉弹力布在印染加工的首次遇湿热如产生剧烈收缩会给棉弹力布后工序带来幅宽和弹性掌握上的困难，并较易产生折皱疵病，影响产品质量。棉织物进行印染加工，坯布缝头后一般先进行烧毛，棉弹力布印染生产在相当的工厂也是先进行烧毛工序的。这种做法带来的问题是棉弹力布遇高温高湿产生剧烈收缩。外加烧毛机导辊若不清洁，导辊间不平行等因素产生的皱条较多。在生产过程中改烧毛后退浆为退浆后烧毛可取得较好的效果。棉弹力布织造时若用淀粉浆，则缝头后织物可先进行酶退浆。落布松堆在运布箱中，任其布幅自然收缩，这样有利于棉弹力布幅宽和弹力的掌握，布面较为平服。

（4）要重视热定形工序的操作。热定形对弹性的伸缩起到降低伸缩率的作用，同时对织物缩水率也起到降低的作用。也就是说，采用定形工艺可以降低缩水率，但要损失一部分弹性。单从考虑弹性、缩水率两个质量指标来看，根据客户要求，对该工艺可以"取"与"舍"。当客户要求较低缩水率，保证缩水率指标，宁可弹性减小一些的情况下，即可进行热定形工艺；如客户要求不降低弹性，而纬向缩水率可在 6% ~ 8%，而在加工过程中能掌握布幅的伸缩率，则可不经过热定形；如客户要求中高档弹性指标，同时又要求有较低的缩水率，可以降低一些成品布幅的幅宽，则也可以不经过热定形。然而，从生产实践上看对于棉弹力布的生产，基本上都要经过热定形。这是因为对弹力布质量标准的要求不光只是弹性和缩水率，而且还要求有其他方面的要求，如布面要平整无折皱等，则必须经过热定形。热定形根据生产需要可分前定形、后定形以及印前定形等形式。有的织物还需进行二次及二次以上的热定形。

前定形温度一般选择（180 ± 2）℃，定形时间方面薄织物要 30s，车速度掌握在 30m/min，出高温区需要冷风冷却或冷水滚筒冷却。

（5）染整加工过程中张力掌握同样不宜太大。棉弹力布和纯棉布一样需要经过煮漂工序。一种采用平幅连续式煮漂机，在操作时，张力要小，传动同步性要好。要注意防止在运转中布幅的逐步收缩而引起折皱。另一种可采用冷轧堆工艺，冷轧堆在弹力布上有其独特的优点：除了节能节约成本、机台占地面积小外，还有低温平幅的特点。湿热定形所形成的皱印压痕很难消除。履带箱、R- 汽蒸箱，在温湿度掌握不好时，与金属板块豁干时，织物上会产生浆斑、碱斑等疵病。在冷轧堆时，上述疵病可较大地减少，故弹力布采用冷轧堆做煮漂的较多。

棉弹力布中 95% ~ 98% 是棉纤维，因此，丝光工序是必需的，应用平幅连续式布铗丝光机。在生产中可以调节掌握所需扩幅尺寸，以适应弹力布的各种不同密度、组织规格及成品对坯布的不同幅宽加工系数的需要。

氨纶不耐浓碱、高温。在丝光工艺中，因是冷碱浸轧，且为短时间作用，所以棉纤维遇浓碱后，致使棉纤维膨胀，纬向收缩，织物紧度增加，碱液不易渗入棉纤维中的芯丝。因此，对氨纶丝不致造成很大损伤。丝光工艺采用的碱液浓度为 220 ~ 240g/L，浓碱冷液浸轧。

丝光工艺中的扩幅程度要比纯棉布小，中车门幅不能拉至坯布门幅。这是因为棉弹力布具有较高的弹性伸长，又由于缩水率不能太大。如果丝光扩幅大，在整理前已超出成品幅宽，弹性伸长减少，缩水增大。

（6）染整加工中，禁用含氯含溴等卤素离子的染化助剂。退浆时不能用亚溴酸钠，漂白时不能使用氯漂。因为氨纶不耐含氯、含碘的氧化剂，在这些助剂溶液中形成氮—氯结合，而使纤维损伤，失去弹性。

（7）加强机械预缩整理。机械预缩整理要在具有喷雾给湿、机械拉斜、胶毯压缩，无张力呢毯烘燥结构的预缩机上进行。在整理前，先要对前道送来的印花半制品进行经纬向缩水率测试和斜纹织物的拉斜标准测试。根据稳定缩水后的门幅缩水率来决定拉幅整理机上的超喂百分率和预缩机上的压缩率及拉幅尺寸。如根据订单要求掌握成品幅宽的下公差、中间还是上公差。另外，整理前已符合拉斜标准，则预缩机不用手控拉斜。如拉斜标准不合格，则使用手控拉斜，强行控制顺斜纹方向拉斜。如果纬向缩水率仍超过 6% ~ 8% 或客户要求不超过 5% 的订单，则需要采取下列措施。

①采用后定形工艺，定形温度比前定形高 5℃，即（185±2）℃。车速同前定形，根据不同厚薄、松紧规格决定车速的快慢，以降低成品缩水率。

②进行防缩防皱洗可穿整理，以求缩水率的合格，在洗可穿整理中，焙烘温度不能太高，温度在 150℃，时间为 3min30s 至 4min。如果客户要求防缩防皱洗可穿整理或抗水、抗油、易去污整理，则可以结合柔软整理同浴，在树胶整理机上进行。

③如果客户需要弹力伸缩好（20% ~ 30%）、缩水小（3% 左右），又要手感丰满厚实和柔软度佳：160cm 坯做 112cm 成品幅（斜纹），坯布加工系数为 0.7，对此高档整理，有企业以增加一道 Aiyo-1000 气流洗缩机工序。在洗缩机中，织物在 50 ~ 60℃ 温热水全松弛状态下水洗 20min 后排水，同机中无张力热风烘燥，出机退捻开幅，然后再 S.S.T 短环预烘，热风拉幅机上进行整理，最后经过机械预缩整理。机械预缩仅是压缩掉预缩前的微量伸长，主要是利用预缩机胶毯的微量压缩使织物的经纬向交织点松动，致使手感松软，同时，利用预缩机的无张力呢毯烘燥取得布面的平整度，以满足客户要求。

二、皱条（折皱）疵病的克服与防止

在印花前、后及印花过程中，印花织物布面因折叠而致使折痕处色泽呈明显的深浅，或虽然色泽深浅不太明显，但织物表面却留有直向或斜向的条状折痕，被称之为折皱疵病。

皱条、卷边是棉弹力布在印染生产过程中常见的疵病之一。这一疵病的存在，严重影响着该产品的质量和生产，克服和解决皱条疵病的产生是提高棉弹力布质量及扩大生产的关键内容之一。

棉弹力布折皱疵布产生的基本原因如下。一是印染产品产生皱条的所有原因都会致使棉弹力布产生皱条。二是弹力布中氨纶有弹性、收缩的特点。遇热遇湿都会产生较为剧烈的收缩，特别在坯布首次遇热、遇湿时收缩会更大。弹力布中氨纶的这一特点使弹力布更容易产生皱条疵布。

印花弹力布折皱疵病产生的具体原因是多种多样的，在生产过程中应根据疵病形态，在找出产生折皱的确切原因的基础上采取对策予以解决，做到有的放矢。折皱有的有规律，有的并无规律。长短大小不一，形态较多。印花织物常见的折皱疵病形态有：多条相互平行头尾平齐的皱条，有与缝头相连的皱条，有在布面呈直向拉平显现深浅或色白分明的皱条，有伴有搭色的皱条，还有布面拉平深浅不明显的皱条、月牙形和S形小皱条等。以上各种形态皱条的产生原因及防止和克服办法介绍如下。

1. 多条相互平行，头尾平齐的皱条

这种皱条产生在纬向，但其折皱条则表现在经向。折皱在布面呈现多条相互平行的皱条，头尾相平齐，折皱条的形状一般中间大、两头尖，布面起皱交界处，往往留有换梭纱尾，并断续出现在布面，其长度一般等于一只纬纱所织的长度，或者是它的倍数。不同品种的折皱程度也不同，这种皱条称之为"裙皱"。裙皱多发生在含化学纤维的织物上，如涤棉混纺细布织物、氨纶弹力高支织物等容易显现。

裙皱在原坯布上不容易被发现，只有经印染加工，纬纱经过热和碱的处理才显现出来。产生的原因主要是化学纤维本身性能不同以及在纺织厂高温定捻中，由于温度的不均匀促使纱线的缩率不同；或纺织厂纬纱线密度（支数）用错，相差在3%以上；或纬纱线密度相同而捻度不同，其收缩率也不同。捻度大的收缩率大，捻度小的收缩率小，使布面呈现裙皱皱条。

克服裙皱疵病必须要加强与纺织厂的联系，要了解纤维原料、加工条件，特别是蒸纱条件和纱线捻度等情况，如发现有裙皱问题则不能投产，应请纺织厂采取必要的措施。

2. 与缝头相连的皱条

这种皱条与织物缝头相连，在布面上呈现出一条、两条或多条皱条；有的在缝头的一面，有的以缝头为中心线向两边伸展开来，短的约0.5m，长的有1~2m或更长，把这类皱条称之为缝头皱。

缝头皱的产生与缝头操作有密切的关系。缝头应做到平直、坚牢、边齐，针脚均匀一致，不漏针跳针。若缝头不良，将会造成皱条、卷边等。如缝头不平服，不能与纬纱平行，甚至弯曲起皱；有的虽然缝得很直，但到缝头将近结束时向里（向左）一弯形成习惯，都易产生皱条。

克服缝头皱关键要合理进行缝头操作。做到缝头平直、坚牢。布面两头缝头略向外伸（向右），这样在后道加工时布边略松，对克服折皱有利。

其次，要合理选择缝纫用线。环缝针接头的织物产生两边折皱除因缝头不良外，还与缝纫用线有关。要选择与织物纤维类似的缝纫线，避免因纤维性能不同，在后加工中缝纫线和织物的胀缩不一致而产生折皱。

3. 布面直向拉平，折皱处深浅明显或色白分明的皱条

这类皱条疵病的产生一般都发生在印花前及印花时织物在接受印花色浆之前，织物已有

折叠之处。印花时，印花色浆只能印在折皱处的外层，折叠在内层的织物印不着色浆，致使显现出深浅明显、色白分明的折皱条。造成这类皱条的具体原因是：印前半制品布面上已有皱条，除上面已述的裙皱、缝头皱是形成印前半制品布面上有皱条的成因外，产生布面印前皱条较多的前处理各机台加工时所引起的加工机台皱。

加工机台皱一般在布面呈现的条数不多，是通常的直形或斜形皱条，长短不一，宽窄不一；有的较宽，有的只能隐约可见；有的连续出现，有的断续出现；有的表现为横向压皱印、边皱、荷叶边等。

造成加工机台皱的原因可归纳为以下几种。

（1）机械折叠痕迹。皱条多为横向压皱印，是由于堆置的许多布层之间相互挤压形成的。

（2）机械张力折皱。皱条呈纵向的、斜向的折皱印。这类疵病占折皱疵病的大部分。它的形成与操作者的责任心、操作水平、机械设备状况有关。例如与轧车压力的控制、张力的调节、机械清整洁程度以及机械使用周期过长等引起滚筒直径的改变、电器不正常、前后单元机台不同步、张力不一致、导辊和烘筒间的水平度、平行度差等有关，在某一方面产生问题都会引起折皱。

（3）纤维热收缩折皱。在这里主要指的是由于某些原因，如机械设备条件的限制或操作不慎，热加工时温度控制不当，造成织物上温度骤变或左右温度不匀，影响了纤维的性能，使其产生热收缩，引起张力的不同而造成折皱。

克服机械加工皱关键要围绕机械设备检查、保养，落实好防皱措施。具体可采取下列措施和方法。

①机台探边器要定期校正维修。

②应经常检查发生折皱部位。及时加以纠正或使用扩幅螺纹导辊。

③要注意橡皮导辊磨损程度的检查，如磨损情况比较严重，要予以车平或调换。

④要注意保持导辊、烘筒等运转零部件的水平度、平行度，要做到定期检查，发现问题及时校平。

⑤热定形机链条质量要经常检查，针板保持平直。

⑥布铗应防止脱铗。经常注意布铗有否磨损，布铗若有磨损会导致咬合不良。相邻的两只布铗间隙不能太大，以防产生纬向张力不均。

⑦要加强对机台导辊、烘筒的清洁工作，防止由于导辊、烘筒黏附垃圾污垢造成起皱。

⑧严格操作管理，执行操作规程，可大量减少褶皱疵点。

⑨控制好蒸汽流量。

⑩控制好加热温度，使织物受热均匀。

⑪要控制调整好织物加工张力，做到适度，不使张力过松也不过紧，以不起皱为好。

⑫要掌握好圆网印花机进布处压力辊的两边压力。应使织物在印花过程中全幅布面平服地经过压布辊和各个印花圆网。

4. 伴有搭色的皱条

这类皱条一般都发生在印花后至固色平洗前这一阶段。多半是印花织物刚获得印花色浆后，织物布面干潮不一或在运转过程中张力大小不一等因素，导致印花织物布面收缩，产生皱条。由于这时印花色浆还处于不干状态，故在形成褶皱的同时还伴有搭色。造成伴有搭色皱条的具体原因包括以下几点。

（1）织物布面干湿不一，织物潮湿部分易引起收缩，在较干燥部分易起褶皱。条子花型（特别是宽条花型）及半幅大花型（吃浆面积大），半幅小花型（吃浆面积小）的裙料花型，在印花生产过程中宽条或大花型部分印上色浆后，在蒸化固色时。因布上印浆吸湿致织物纹样处较潮。织物较潮会引起织物的收缩，未印上印花色浆的或印上印花色浆较少的布面部分较易引起褶皱，并伴有搭色情况。

（2）圆网印花机前后车速不一致。印花部分与烘燥部分之间松紧调节不适当。如烘燥部分拉得过紧，织物必然产生褶皱，并伴有搭色。

（3）烘房中聚酯导带张力掌握不当。烘房中聚酯导带较松，张力不够，会造成印花织物较松，产生间断性、无一定规律和形状的褶皱。当聚酯导带经带动聚酯导带的主动辊时，织物受力拉紧，有时在经向会起皱条，并伴有搭色。

（4）烘房内不锈钢小管脱落。圆网印花机的烘房内的烘布路线呈"Z"形，印花织物进入烘房是依靠由主动辊传动的聚酯导带，并借热风喷嘴的压力，使织物平稳地"躺"在聚酯导带上进行第一道烘干，在烘去一定水分的情况下转入第二、第三道烘干部位都装有不锈钢小管作为支撑。若不锈钢小管脱落，印花织物缺少支撑易产生褶皱，并伴有搭色。

（5）蒸化固色湿度太大。蒸化固色中湿度太大，织物会吸湿，印花色浆也会吸湿，但吸湿程度不一。若印花纹样在布幅分布不均匀，致使布面色浆分布不均匀，从而造成有浆部分与无浆部分的织物布面干湿不一致，含湿较大的部分产生收缩，并导致褶皱的产生。

克服伴有搭色的折皱疵病的措施和办法主要围绕减少印浆获得处与未印上印浆处干湿不一的差异，合理操作，调节好张力等方面进行，具体的措施和办法如下。

（1）减少印有色浆与未印色浆处干湿差异程度。

①加做白浆网。对于那些花样纹样面积占整个布面40%～60%的花布图案，在印花工艺设计时，为防止印花色浆吸湿造成织物干湿不一而易造成褶皱的问题，可考虑在织物的未印上印花色浆的白地部分做一只白浆网，在印花生产时印不带色素的白糊浆。这样，织物布面几乎100%都上了色浆和白浆。干湿程度差异几乎不存在，对减少这方面的皱条大有好处。

②采用光面圆网。经光面圆网把部分印花色浆压至织物反面，以减少印花色浆在织物表面的滞浆量，可减少印有色浆处与未印色浆处的干湿差异程度。

③为减少织物表面的印花滞浆量，在可能的情况下网版排列尽量不将大块面或满地网版排列在最后，这样可利用后续网版的挤压，以减少织物表面的滞浆量，减少干湿印花处之间

的差距，从而减少收缩，减少褶皱疵病的产生。

（2）蒸化时要掌握好汽蒸的湿度、温度和车速。

（3）对于吸湿性较大的染化料、助剂要慎用，以防吸湿过大造成褶皱。

（4）合理操作，要调节好车速和张力。

①印花机车速前后要保持一致。织物运行中松紧程度要调节好，张力要一致。

②烘房内聚酯导带也应调节好张力，防止聚酯导带过松和过紧。

③要注意导辊转动灵活。脱落的导辊要及时修复或调换。

（5）减少或防止印花织物收缩而引起的褶皱。蒸化固色时可采用有衬布蒸化，即采用衬布与印花织物一起双层蒸化。衬布起支撑作用，宜采用略厚的织物作衬布。

5. 布面拉平深浅不明显的皱条

这类皱条疵病一般都发生在印花平洗以后的机台上。这类皱条疵病只要将布面拉平，色泽深浅不太明显。这说明在印花固色前未产生皱条，而是在印花固色平洗以后产生的。多数为机台加工皱。产生原因基本上与上述所涉及的机械加工皱产生原因大致相同。不同的是查找这类疵病的产生的机台应从印花干洗车及其以后各道加工的机台上去查找。

克服这类皱条疵病的措施和办法可参照机械加工皱及有关皱条所述的措施和办法进行。该类疵病一般是能回修的，经重新拉幅、预缩，此类皱条疵病均会有所改善。

6. 月牙形、S形小皱条

这类小皱条实际上是一种压皱痕。形状为宽约0.3cm，长约15cm的细深条。印花后深条周围有0.2cm左右的浅框相嵌，形成明显色差；也有形状相似，但深条深度不重，外围没有明显浅框，在整个布面上该深条略倾斜于经纱方向（即略垂直于纬纱方向），并有一定的弧度，呈无法伸平的月牙形或S形的小皱条。它的大小和在布面上的位置没有一定的规律。从数量上看，每车半制品中，下面半车出现得比较多，这与堆置的时间较长、承压的重量较重有关。

这类小皱条的产生与织物长时间堆积在布箱内有关。纯棉织物的压皱痕容易去除，而涤棉混纺织物如存布时，织物烘燥后，落布温度超过50℃，即落入布箱长时间堆压就很容易产生压皱痕，并难以去除。为此，要用好透风架和冷水滚筒，使织物的落布温度控制在30℃以下，以防止压皱痕的产生。

在磨毛过程中，对织物的压皱痕有较高的要求。织物的横向压皱痕在磨毛过程中完全可以去除，因为织物是在紧张状态下进行砂磨，不会留有痕迹；但经向和斜向压皱痕则无法去除，这也包括纯棉织物。经向和斜向压皱痕织物用于磨毛，会致使织物留有不规则的深浅不一、茸毛不齐的痕印。解决磨毛压皱痕有两种办法：一是磨毛前织物应大卷装，不要装在运布箱内，磨毛好的织物可直接存入运布箱；二是磨毛机前配置喷雾给湿烘干装置，与磨毛机同步，不要间断。

三、棉弹力布皱条（折皱）的克服与防止

以上叙述的一般印花织物折皱的产生原因及防止和克服的办法，同样适用于棉弹力布。棉弹力布鉴于其织物的特点较易产生皱条，弹力布在印染的全过程都会有产生皱条的可能性。印前、印后都会产生皱条疵布，甚至连成品验布车卷布辊不平，布卷堆放时间较长都会形成皱条。客户对此不予接受。印后产生的皱痕一般经回修能予以纠正解决。问题是印前皱条一旦产生，成品回修较难得到解决。因此，要解决棉弹力布的皱条疵病，重点放在印前。注意克服烧毛、冷轧堆或煮漂、定形、丝光、印花前准备等产生皱条疵病的原因及可采取的措施和办法，除上述方法外，鉴于织物特点还可采取下列措施和办法，供参考。

1. 改"前"烧毛为"中"烧毛

这一条可以说是弹力布生产防止折皱疵病的较为有效的措施、经验之一。弹力布摆布缝头后，随即烧毛，特别是低特（高支）细纺的弹力布很易产生皱条，这主要是未经过湿热处理的弹力原坯布，在烧毛时极易产生剧烈的收缩，外加设备上的问题，如导辊不平、不平行、织物张力不匀等，致使纤维收缩的同时产生皱条，而且这种皱条难以去除。

所谓"中"烧毛即将弹力布烧毛安排在弹力布湿处理致使布面横向在较缓和的条件下收缩成较窄的门幅情况下进行。这样做的好处是在烧毛时，布面没有剧烈的横向收缩，对防止皱条的产生大有好处。

为确定"中"烧毛安排在漂练工序的哪一步效果较好，分别对退浆后烧毛、煮漂后烧毛、定形后烧毛都做了实验，目前做得比较多的是退浆后烧毛。

2. 冷轧上卷时一定不能有卷皱

冷轧上卷时有折皱经冷轧堆后退出后皱条去不掉。在冷轧生产时如果发现有折皱应将布卷退出重卷。

在冷轧上卷时一定要重视工艺和上卷操作。在设备上要注意合理使用宽幅弯辊及腰辊。在进轧点、干布刚接触冷轧液处及导布距离较长有松动情况的部位可适当加装弯辊、腰辊等，以防止皱条的产生。

3. 要注意发挥冷轧堆前处理工艺在生产中的作用

在漂练前处理棉弹力布，目前常用的两种方法为"热煮漂"与"冷轧堆"。这两种方法各有利弊。"热煮漂"生产连续化，生产效率高；"冷轧堆"生产时所需的劳动力更多，生产不连续。从生产实践看"冷轧堆"有其特点和优点，主要表现在：第一，织物打卷是平整的；第二，生产运转时是在较低温度条件下进行的。正因为如此，"冷轧"有"热煮"所不具备的优点。做"热煮漂"弹力布有时会有横档印，有类似刀口印的疵布产生；做"冷轧堆"横档印疵布，皱条疵布要少些，故要重视"冷轧堆"工艺的应用与开发。

4. 关于热定形工序

热定形工序在棉弹力布生产过程中的作用：一是可以去皱，保证织物布面的平整；二是

在达到客户要求弹性的情况下控制好门幅，以保证织物缩水率的达标。

有的印染企业做棉弹力布印花，开始做的是较厚的弹力布，起先并不定形，以后逐渐有高密低特的弹力布生产，不定形就解决不了皱条疵病，经丝光也拉不掉。因此，以后生产的弹力布全都经过热定形工序。

"定形"安排在织物漂练前处理工艺流程哪一步可取得最佳效果有3个选择：烧毛前、冷轧前（或热煮漂前）、丝光前。

以上流程安排在生产实践中都做过摸索。起先，该织物漂练工艺采用先烧毛工艺时，在漂练工段需做二次定形：即在烧毛前或冷轧堆前安排一次定形和在丝光前安排第二次定形。之后改"前"烧毛为"中"烧毛工艺后，织物皱条情况有所改观，故在烧毛前、冷轧前安排的定形工序取消，一般安排在丝光前定形为多，厚弹力织物是否定形看情况而定；细薄弹力织物一般都要定形。

热定形时要严格掌握工艺，要控制好定形温度、车速、门幅。弹力损失、缩水率要控制在允许范围之内。

5. 关于"丝光"操作

棉布在"丝光"时起定形作用。在操作上要求中车门幅扩至坯布门幅，落布要达到成品门幅，布铗链的造型呈腰鼓形，冲吸碱要充分。而棉弹力布丝光的目的主要是对棉纤维进行作用的。氨纶不必进行丝光，氨纶不耐浓碱，在碱液中会发生收缩，所以弹力布丝光操作与棉布丝光操作有所不同。在生产实践中发现以下丝光操作对减少棉弹力布皱条疵布的产生有帮助。

（1）中车门幅不能扩至坯布门幅。布铗链拉得越宽，脱铗回缩得越厉害，较易产生皱条。一般薄型棉弹力织物每边宽5cm（2英寸）；厚型棉弹力织物不加宽。落布门幅与丝光进布门幅基本相同。

（2）丝光喷淋开小或不开。在该工序生产时，在落布处要经常检查布面pH，以防止带碱。

6. 改进减少穿布路线减少皱条产生

薄型棉弹力布较易烘干，较易在导辊不平行、导辊不水平、不清洁的情况下产生皱条，改进、减少穿布路线对防止和减少皱条也是好措施。以连续轧染车操作为例，原染色织物经均匀轧车出来，要经红外线预烘后才进入该车预烘箱，穿布路线较长，操作不好容易产生皱条，以后在此操作上进行了改进，缩短了穿布路线，染色织物经均匀轧车出来，不经红外线预烘，而是加装了几根扩幅弯辊，直接引入了预烘箱。另外，采用轧车控制轧余率的办法，同样对减少皱条起到较好的作用，这一经验可以借鉴。

四、印制过程中应该注意的事项

1. 棉弹力布印花工艺可参照棉印花工艺

目前较常用的印花工艺为：活性染料直接印花、活性染料防印活性染料印花、涂料防印活性染料印花等，运用涂料作为着色印花一般印制的纹样均为点、线，花型面积较小的纹样。若涂料花型面积较大则会影响织物手感。

2. 印制过程中要注意防止产生溢浆疵病

棉弹力府绸结构紧密，布面光洁，渗透性差，印花色浆在织物表面的滞浆量较多，经后续网版的压轧，色浆铺开花型轮廓易模糊不清，甚至产生第三色，具有紧密印花产品较易产生溢浆疵病的特点。为防止该类疵布的产生，提高和改善棉弹力布府绸印花产品的印制效果，拟可采取下列措施。

（1）参阅紧密织物印花溢浆疵病产生的原因和防止措施及克服办法，并运用于生产实践。

（2）在印花糊料的选择上下功夫。据有关资料介绍，使用高替代度羧甲基淀粉糊：海藻酸钠糊 =7 ：3 拼混使用，可得到较为满意的印制效果。

另有企业选用海藻酸钠糊：乳化糊 A=7 ：3 拼混使用也能对紧密织物印制取得较好的效果。乳化糊含有火油成分，它具有优良的扩散性能并能在花纹边缘形成油晕防止色浆渗开，对纹样轮廓的清晰度有好处，又因其油性成分容易挥发，能有效地减少布面色浆的堆积。使用该拼混原糊的缺点是乳化糊拼混量要予以控制，使用量如过多会影响到织物的得色量。

（3）网版网目的选用应相对高些。在印花生产过程中不产生露底等疵病，保证印制效果的前提下拟选用网目较高的镍网或网丝制作网版，以降低给浆量，酌情降低织物表面滞浆量，减少溢浆疵病的产生。圆网印花镍网网目一般选用 125 目左右为妥。

（4）注意防印印花工艺的应用。印制满地碎花花型从花布从图案的特点看，满地色深、面积大，而碎花色浅、面积小，对此花型若采用直接印花的方法，按色泽从深往浅排列网版，在印花制中往往容易产生传色色异色等印花疵病。若采用单面防印工艺则可将较大面积色泽较深的纹样网版排列在较后位置，有利于印制效果的提高。

（5）待印半制品要进行整纬拉幅及必要的拉斜。印制前对于弹力布待印半制品要进行质量检查。织物布面要平整不可有纬斜及皱条，为此要进行整纬拉幅，拉幅程度依据成品门幅要求进行，以保证成品花纹图案符合原样精神，不致花型图案变形。斜纹类弹力织物要进行拉斜标准的测试。符合可投入印花生产，不符合标准的则要进行拉斜拉幅，符合标准后才能上印。

五、印制实样举例

1. 织物品种

16 英支 ×16 英支 +70 旦，110 根 / 英寸 ×48 根 / 英寸，棉 / 氨纶纬弹织物。

2. 花样分析（彩图 3）

该花型为条格花型，印花工艺与棉印织物印花工艺相同。该花型可选用活性染料直接印花。在生产过程中要注意上述容易出现的问题，除要采取必要措施外，对于该花型的印制特别注意印花半制品要做好整纬工作，条格花型分色时要处理好色与色的关系。

该组织规格的棉／氨纶纬弹织物属中厚织物。织物处理过程中处理得好，皱条疵病出现较少。如印坯规格为薄型织物的话，则在生产过程中要注意及防止皱条的产生。

3. 工艺流程

坯布翻布缝头→干布直接冷轧上卷→平洗→烘干→烧毛→第二次干布上卷冷轧→平洗→烘干→（定形）→丝光→（染色）→印花蒸化→水洗皂洗→上柔软剂拉幅→成品码验

4. 工艺条件

（1）冷轧堆处方。

烧碱	40 ～ 45g
双氧水	18 ～ 20g
氧漂稳定剂 OS	5g
高效渗透剂 CP	8g
	——————
	1L

浸轧方式：多浸一轧。堆置 20h，布卷用塑料布包严实，堆置时布卷转动，室温条件。

（2）平洗。浸轧 1/3，冷堆处方料，然后经汽蒸、热水洗、冷水洗、烘干。

（3）烧毛。二正二反车速 100 ～ 110m/min，烧毛 4 级，要防止斜皱产生。

（4）第二次冷轧堆。

处方为第一次冷轧堆处方各成分的 1/3，其余工艺条件同上，接着平洗。目的是进一步去杂、去糊料。

（5）定型。车速 30m/min，温度为 170 ～ 175℃门幅不拉宽。对于在冷轧堆中易产生皱条、皱痕的棉／氨纶纬弹织物如薄型织物及其某些中厚织物，定型工序则安排在冷轧堆工序之前进行。因冷轧堆一旦产生皱条、皱痕，则去除较为困难。

（6）丝光。碱液浓度为 160 ～ 180g/L，中车门幅；薄型织物每边各扩 5cm，厚型织物不拉宽。落布门幅与进布门幅同。

（7）印花。四套色　网版排列　1#黑　2#蓝　3#绿　4#灰。

网版制作：上下放大 2% ～ 3%；上下大借，左右小借 0.01 ～ 0.02mm（4 ～ 8 英丝）；斜线压印，深色做线，浅色托底；色块收描 0.02 ～ 0.03mm（8 ～ 12 英丝）；斜线黑白比为（1∶2）～（1∶2.5）。

网目选用　1#125 目，2#125 目，3#125 目，4#105 目。

印花工艺：采用活性染料，直接印花。配色同常规配色。

（8）蒸化。温度为 100 ～ 102℃，时间为 7 ～ 8min。

第四节 人造棉（黏胶纤维）织物印花

人造棉（黏胶纤维）印花织物具有吸湿、透气性能良好，手感软糯、花纹艳丽、美观大方、穿着舒适等特点，深受广大消费者的青睐。但由于人造棉（黏胶纤维）本身的特点，虽然其结构的基本组成与棉纤维结构的基本组成相同，但其聚合度（DP）小，为 250 ~ 500；强度低，特别是其湿强更低，湿强比干强降低了 51%，黏胶纤维不均匀的横截面结构分为皮层（最外层）和芯层（纤维内层），皮层和芯层组织结构存在着相当大的差异。黏胶纤维的化学性能是不耐强碱、强酸，不耐氧化剂的。人造棉印花织物在棉型设备上进行印花，较易产生的质量问题是手感不理想、较易产生破洞、得色量不够深浓、发色不够均匀、蒸化时易起皱，平洗易拉断、水浸牢度不佳、缩水率较大等。针对上述问题采取了相应的对策措施，在实际生产过程中取得了较好效果，从而提高该印花织物的实物质量。现将生产中的经验积累归纳如下。

一、保证和提高印制质量的若干措施

1. 保证织物的柔软性

人造棉（黏胶纤维）织物具有手感柔软的特点，手感柔糯是人造棉织物品质风格的内容之一。松式加工设备对提高织物柔软性能有利，在棉型紧式设备上加工人造棉织物的生产过程中主要采取了以下措施。

（1）不用碱退浆，用酶退浆。为了做好这一工作，拟与纺织厂加强联系，建议纺织厂选用以利于酶退浆的上浆浆料。

（2）染料的选用。印花宜用活性染料，不用涂料或少用涂料。尽管目前有一些手感较为柔软的涂料黏合剂，但其印花织物的手感不如活性染料印花织物的柔软。

活性染料在人造棉织物印花过程中织物所得到的手感总体来说是柔软的，但在生产实践中发现有个别活性染料印花织物的手感不理想、有发硬的情况。例如，国产黑 KN-G2RC，该染料是由黑 KNB 和多活性基橙复配而成。使用活性强的多活性基活性染料印花时，由于能与部分糊料发生反应而不能洗除以致造成不同程度使黏胶织物手感发硬；掺杂多的海藻酸钠糊会使手感发硬的现象更为明显，故不能使用。需寻找其他活性染料予以替代，有人使用过上海染化工厂新品种 EF-2BG 黑，经试验，其乌黑度和染深性均优于 KBR，与 KN-G2RC 相同，而且手感良好，用量度 6% ~ 7% 即可。国外产品 CibacronP-T 系染料黑 P-TS 等使用性能优良。

（3）水洗。印花后半制品要充分水洗，注意充分去除浮色和印花糊料，不致因糊料的存在而影响织物的手感。

（4）柔软处理。织物浸轧柔软剂，控幅烘干，并经预缩机预缩后，织物手感有较大的提高，效果良好。

2. 破洞疵病的克服

人造棉（黏胶纤维）织物在生产过程中时有破洞的产生。疵病形态表现较多的是一种有一定规律、距离的扎破或轧破洞，此类破洞发现后能较易找到产生问题的原因，并得以解决；另一种是呈分散性的针状小洞，系氧漂时造成，这类破洞到成品检验也只有针状小洞的大小。在氧漂时不大容易发现。该疵病带有批量性，为此，要做好预防工作。

减少、消除金属离子及控制氧漂工艺是解决氧漂破洞的主要措施。

（1）减少、消除金属离子。为了防止铁等金属离子渗入氧漂液，氧漂设备（包括化料桶及管道）一般均采用不锈钢材料，这对减少金属离子是起到了一定作用。但还不够，还应密切注意其他使金属离子渗入的途径。经对金属离子源进行调查分析，发现金属离子存在于以下几方面。

①水中有时有铁锈流入，特别在停水以后再放水的过程中，滞留在管道中的铁锈会被带至机台内。

②漂练用剂中也会有金属离子的带入，例如，烧碱液中的悬浮物、絮状物中含有一定量铁离子，用硫氰酸法检测呈血红色反应。

③直接蒸汽管在喷出蒸汽过程中也会喷出金属离子，在布面横向出现与蒸汽管孔眼距离相仿的针眼小洞疵病，即与蒸汽管道有着直接的关系。

（2）控制氧漂工艺。

人造棉（黏胶纤维）系再生纤维素纤维，基本上不含天然杂质，控制氧漂工艺时，双氧水浓度不宜高，一般在保证质量的前提下以浓度低些为好。在生产中采取了以下措施，破洞疵病大为减少。

①检查设备上直接蒸汽管孔眼的情况，凡是孔眼面对布面的均改换方向，转过90°，使喷出的蒸汽不直接面对布面。这里不光氧漂部位机台的直接蒸汽管要变方向，而且煮练部位机台的直接蒸汽管也要改变方向。

②在操作上，应注意检查停车后初开车时有无黄锈水。若有黄锈水要换掉。另外，要注意烧碱中悬浮物、絮状物的流入。絮状物一般沉淀于碱液的下部。当碱液将用完时，要防止絮状物随碱液翻起流入漂练设备，而将金属离子带入。

③严格控制氧漂液双氧水浓度在 1g/L 左右。要准确称量双氧水稳定剂、金属络合剂等。

3. 得色量的提高

人造棉较丝光棉得色浅。这主要是由于人造棉存在着皮层、外层结构紧密，影响染料向纤维内部扩散的缘故。特别是染料分子体积较大，皮层的阻碍作用就更为突出，为此，人造棉（黏胶纤维）织物得色量的提高，同样是提高该织物实物质量的突出问题。

采用在印花色浆中多加尿素及碱剂，以提高给色量和染色牢度的方法的效果不明显，而且尿素和碱剂的过量会影响印花浆的稳定性。若按常规处方添加的尿素、碱剂不能适应提高得色量的要求。

人造棉织物经退浆后，在印花前浸轧尿素、纯碱可提高活性染料的给色量和鲜艳度，这即是传统的尿碱工艺。用量为尿素100g/L，纯碱20g/L。工艺流程为多浸—轧—烘干。该方法应用方便，对设备要求不高，但存在以下问题：尿素用量大，成本较高；污染环境（尿素）较严重；人造棉织物经尿碱处理后容易吸潮，尤其是阴雨天或黄梅雨天，半制品若不及时用布罩罩好或上机间隙时间超过24h，织物印花时，很容易发生半制品布边吊边、荡边、花型发毛、色差或刀口色档，精细花型的线条变粗等。

提高人造棉织物得色量的办法较常用的方法是苛化处理。所谓苛化处理即用一定浓度烧碱在一定条件下处理后即可改善织物得色量。其作用机理是在碱剂作用下，黏胶纤维开始充分溶胀，且呈无序排列状态，从而提高纤维的吸附能力，改善染色性能。可提高得色量及匀染性。苛化工艺流程：浸轧烧碱（多浸—轧，轧液率80%～90%）→堆置（室温5min）→热水洗（60～65℃两格，50℃醋酸1～2mL/L，一格）→热水洗（两格）→烘干

> 处方：烧碱　　　　　　40～45g/L
> 　　　渗透剂　　　　　0.2～0.3mL/L

黏胶纤维织物在做苛化时必须要主意以下几点。

（1）烧碱用量要严加控制，要注意烧碱浓度前后一致，要防止因黏胶纤维的吸碱量不一致而造成苛化的不均匀。

（2）要注意防止织物浸轧碱液时，织物起皱卷边现象以及苛化强度对纤维损伤和织物缩水率的影响。

（3）水洗后布面不含残碱，pH为7。

4. 蒸化时经向起皱问题的解决

人造棉印花织物在汽蒸时常会出现织物经向起皱、收缩卷起的情况，如处理不当甚至会卷成绳状，影响生产质量。对此，采用增加一层衬布办法与人造棉印花织物一起双层蒸化，对解决人造棉印花织物在汽蒸时收缩起皱、卷拢起较好的作用，保证了生产的顺利进行。

衬布一般应选稍厚些，不易起皱、卷拢的织物为好。

5. 解决发色不匀现象

人造棉印花织物产生发色不匀疵病的特点是以绿色、灰色等为多，特别是以上述色泽为主的大块面、满地纹样。表现为前后色差及左、中、右色差。起先开始比较注意色浆中碱剂用量是否加足及使用的碱剂品种等。因为这些拼色染料中，有对碱剂要求较高的品种。碱剂的用量多少及使用的确对发色，得色有较大影响，应加以注意。从生产实际来看，操作者一般对活性染料中碱剂的用量及使用比较重视。

（1）造成发色不匀的原因。造成发色不匀的问题的原因还有如下几个方面。

①退浆不匀。黏胶纤维吸湿性强，强力低，织造经纱上浆率高，一般为10%～15%，织

物前处理时，若坯布退浆不净，不仅会影响手感而且会造成色泽不匀等疵病。

②黏胶纤维尿碱或苛化处理未到位。黏胶纤维进行尿碱处理或苛化处理应该讲对织物发色是没什么影响的，但若进行上述处理过程中碱浓度掌握不能做到前后、左右均匀一致。若苛化处理的洗碱不充足，使织物布面前后或左右带碱不一致；已经处理待印半制品存放管理不善，造成织物的吸湿在布面上不一致都会造成色泽不匀等疵病。

③印花染料选用不当。活性深蓝 KR 为主，拼深蓝色，印制满地花型，容易造成色花色渍疵病。这可能与该深蓝 KR 染料为金属络合物结构的活性染料，对电介质比较敏感有关。在人造棉印花过程中，染料拼色不合理也容易产生色泽不匀疵布，例如，活性黑 KBR 与活性黄 KRN 相拼组成的橄榄缘，要得到均一色泽较为困难。

④还原蒸箱的湿度变化。停车加温，未开车时蒸箱内湿度较大，而人造棉织物具有良好的吸湿性，势必造成开车开始时湿度较大，使织物不断吸湿，蒸箱内湿度逐渐减少，以致织物吸湿减少。从蒸化后的人造棉印花织物来看，刚进入蒸箱的织物得色深，以后逐渐变浅，这说明与蒸箱的湿度有关。

（2）减少花色不匀的措施。在生产中采取了如下措施，以减少色花不匀疵布的产生。

①要认真执行织物退浆工艺所规定的工艺条件及操作规程，保证人造棉织物的退浆要净。

②要重视轧尿碱处理或苛化处理。工艺规定用料要准确称量，化料溶解要好，轧槽加料喷淋管要均匀，苛化水洗去碱要净，布面 pH 应为 7，布面不含残碱，浸轧处理好的织物要用布罩罩好，防止织物超标吸湿。

③要认真选用染料。对于那些容易产生色泽不匀的染料不能应用，要注意拼色染料路线的合理性，要选择配伍性良好的染料进行拼色。染料选用可采用简单的滤低渗圈试验，以筛选拼色染料。首先将每一只常用染料配成规定浓度的染液滴在滤纸上，观其渗圈直径的大小，选用渗圈直径较为接近的染料相拼，则较为合理。用两只或两只以上的染料相拼，则用同样的方法，相拼后溶解，滴在滤纸上，观其各染料渗圈，如直径相差不大，则配伍性良好；反之，就差。

④要注意蒸箱内湿度的变化。为解决还原蒸箱停车加温，未开车时箱内湿度较大的问题。在停车加温初开车或停机后再开车时，拟先用头子布在蒸箱中运转一段时间，待蒸箱内湿度相对平稳后，再接着蒸化人造棉印花布，以保证人造棉印花待蒸布蒸化吸湿相对一致，确保织物得色相对一致。

6. 湿处理过程中断布问题的解决

人造棉织物在湿、热条件下极易起皱、伸长。在机织物加工生产过程中为了防止起皱，往往采用加大织物张力的做法，这实际上是个误区，人造棉湿强较低，在张力加大的情况下，若机械运转过程中织物受力不匀很容易被拉断，有时会一而再，再而三地断布，甚至开不出车。

对于人造棉织物在遇湿热条件下容易起皱、伸长，通过加装扩幅装置，如扩幅橡皮弯辊等进行解决。为防止人造棉织物遇热伸长、下沉产生起皱。可在平洗格加装细直腰辊解决。

以印花平洗为例，在平洗车轧槽内轧辊下方加装扩幅橡皮弯轴一只，以使人造棉织物刚遇水时就得到扩幅的力量进轧辊，使织物不起皱；在热水平洗格、蒸箱以后的热、冷水平洗格进布处加装细圆小腰辊多只，以使织物伸长时能保持适当的张力，以免因伸长产生下沉起皱。细直腰辊的安装以使织物不下沉，不起皱，保持适当张力为度。织物进烘缸前，同样也加装扩幅橡皮弯辊一只，使织物在不起皱的情况下进烘缸烘燥。由于采用了上述措施，人造棉印花织物在湿处时过程中的断布现象大为减少，开车顺利。

7. 大力降低缩水率

普通人造棉（黏胶纤维）印花织物缩水较大，一般在 8% ~ 10%，有的甚至要大于 12%。但随着消费者对质量要求的提高，缩水率要降至 5%，甚至要低于 3%。降低缩水率的措施有以下几项。

（1）降低各机台的机械张力，尽量减少人造棉印花织物在加工过程的伸长率。在染整加工过程中机械张力尽量低，最好采用松式设备加工，在操作规程中，要严格控制工艺要求，特别在烘燥机、平洗机上尽量采用低张力。

（2）后整理超喂、预缩及化学整理浸轧反应性树脂。优化后整理工艺流程，选择性能优良的反应性柔软剂和树脂，并优化工艺处方，以达到成品缩水率和手感的统一。

8. 提高水浸染色牢度

在人造绵印花织物生产过程中曾发现以黑色、深蓝色等为主的深浓花型，经印染成品后，水浸染色牢度较差。织物浸在水中落色较多，有的甚至沾污白地，造成在水中落色的缘故与该类色泽的染料在织物上固色不好有关。对此，该类花型的人造棉印花织物在平洗时应做小样试验，测试水浸牢度，发现问题采取复蒸，增加活性染料的汽蒸时间，以利于染料向纤维内部的扩散、固色；织物在平洗时应加强织物的平洗，去除浮色，对水浸牢度的提高有较大的帮助。

为了防止沾污白地，在平洗过程中，特别在第一遍平洗过程中注意在平洗液中拟酌加醋酸，维持适当的酸度，以防洗下的染料重新固色于织物的白地；另外，选择合适的防沾污剂也是防止白地沾污的有效办法。

二、印制实样举例

1. 织物品种

20 英支 × 20 英支、60 根 / 英寸 × 60 根 / 英寸，人造棉。

2. 花样分析（彩图 4）

该花样为九套色，色泽浓艳。从花型结构看印制难度一般，唯得色要符合来样，且得色要均匀。黑色染料的选用要考虑在印花生产过程中应注意蒸化固色，浮色糊料的去除，防止沾污并提高染色牢度。

3. 工艺流程

坯布翻布缝头→烧毛→退浆→烘干→漂白（氧漂）→（尿碱处理或苛化处理）→印花→

蒸化→水洗→上柔软剂拉幅→预缩→成品码验

4．工艺条件

（1）烧毛。一正一反，车速 120 ～ 130m/min，烧毛级数为 4 级。

（2）退浆。

氧化退浆剂 KWC	5g
纯碱	4 ～ 5g
低泡渗透剂 F-104	3g
	——————
	1L
轧液温度	75 ～ 80℃
轧液率	80% ～ 90%
保温堆置时间	5 ～ 6h

保温堆置时间要完分，防止风干，特别在夏季高温时，湿堆置后的水洗要充分，彻底清除织物表面的残余浆料。

（3）氧漂。

双氧水（100%）	4.5 ～ 5g
氧漂稳定剂 PLC-3000	3 ～ 4g
低泡·渗透剂 F-104	3g
金属离子络合剂	2g
烧碱	适量（调节轧液 pH）
浸轧液 pH	10.5 ～ 11
浸轧液温度	室温
轧液率	80% ～ 90%
汽蒸温度	95 ～ 100℃
汽蒸堆置时间	45 ～ 60min

（4）不丝光。

（5）尿碱处理或苛化处理酌情进行。处方和工艺调节见本节上述内容。

（6）印花。

① 1# 黑。

活性黑 P-2R	100g
活性橙 KGN	20g
尿素	60g
防染盐 S	8g
碳酸氢钠（小苏打）	30g

纯碱	10g
海藻酸钠糊	x
	1kg

② 2# 枣红。

活性红 K2BP	100g
活性棕 GR	20g
活性橙 3R	20g
尿素	60g
防染盐 S	10g
小苏打	40g
海藻酸钠糊	x
	1kg

③ 3# 大红。

活性橙 3R	70g
活性红 K2G	10g
尿素	50g
防染盐 S	10g
小苏打	40g
海藻酸钠糊	x
	1kg

④ 4# 紫。

活性紫 5R	50g
活性蓝 P–3R	30g
活性紫 K–3R	8g
尿素	50g
防染盐 S	10g
小苏打	40g
海藻酸钠糊	x
	1kg

⑤ 5# 浅紫。

活性蓝 P–3R	10g
活性紫 5R	8g
尿素	20g
防染盐 S	10g
小苏打	15g
海藻酸钠糊	x
	——————
	1kg

⑥ 6# 秋香。

活性橙 K–GN	33g
活性黑 K–BR	26g
活性蓝 K–GR	28g
尿素	50g
防染盐 S	10g
小苏打	40g
海藻酸钠糊	x
	——————
	1kg

⑦ 7# 绿。

活性蓝 G133	80g
活性黄 GR	22g
活性绿 HE–4BD	15g
尿素	60g
防染盐 S	10g
小苏打	50g
海藻酸钠糊	x
	——————
	1kg

⑧ 8# 棕。

活性棕 K–GN	32g
活性红 K2BR	0.7g
活性黑 K–RB	18g
尿素	50g
防染盐 S	10g

小苏打	40g
海藻酸钠糊	x
	———
	1kg

⑨ 9# 黄绿。

活性黄 K–MG	5g
活性黄棕 K–GR	3g
活性黑 P–2R	3g
尿素	30g
防染盐 S	10g
小苏打	20g
海藻酸钠糊	x
	———
	1kg

第五节　涤盖棉印花

　　涤盖棉是由两种原料交织而成的面料。正面显露丝（涤纶等化学纤维）反面显露棉（棉等天然纤维）。外观挺括抗皱、耐磨、坚牢、色牢度好，而内层柔软、吸湿、透气、保暖、静电小、穿着舒适，集涤纶化学纤维针织物和棉针织物的优点于一体。涤盖棉印花由于其有丰富多彩的纹样花色，博得广大消费者的喜爱，适宜制作童装、男女夹克衫、风衣、西装套裙和运动服装等。

一、印花工艺的确定

　　印花以正面为准。正面表现为涤纶。印花可采取分散染料印花工艺。另外，为改善色泽深度、亮度，可采用涂料印花，或可采用分散涂料同浆印花工艺。

二、印前棉纤维处理

　　正面涤纶相对含杂较少，较为洁净，前处理主要注意织物在织造和染整加工过程中所沾上的油污、灰尘等杂质；而棉纤维上天然共生物杂质及人为杂质的处理比较复杂。棉纤维杂质去除率高，棉纤维本身的优点就利于显现。有利于织物手感柔软度的提高。故要重视涤盖棉织物中棉纤维的处理。

　　涤盖棉前处理宜进行松弛前处理，在湿热状态下，既可以消除织造过程中产生的内应力，又可以去除坯布上的油污及其他杂质，提高织物手感弱柔软度。

三、印花前预定形

印前热定形是很重要的工序。因为热定形不仅可对织物进行整纬，减轻和克服纬斜，而且可消除织物在绳状前处理加工中产生的皱痕，使半制品获得良好的尺寸稳定性和平整无皱的外观，有利于印花的顺利进行，减少印花疵病。

印前预定形工艺条件要视印花工艺而定。如果是单分散染料或分散/涂料印花工艺，则预定形温度可以低一些，一般为 170～175℃，车速 20～25m/min 为宜。因为这两种工艺都需经过高温焙烘固色。这两种工艺如果预定形温度过高，则由于涤纶结晶度增加，无定形区域减少造成分散染料上色困难，导致固色率降低，如果提高焙烘温度则会影响织物手感和棉的一面会发黄。

如果是全涂料印花工艺，则预定形温度可提高些，一般以温度为 180～185℃，车速为 20～25m/min 为宜。因为涂料焙烘固着时，不需要太高的焙烘固着温度。

四、对印花色浆的要求

配制分散色浆时，首先分散染料要选择升华牢度优良、白地沾色性小的染料品种。其次拼色的几只分散染料其升华性能要接近。

由于涤纶是疏水性的热塑性纤维，织物表面光滑，印制易产生得色不均。糊料的选用应有良好的黏着性、印透性和易洗涤性。在生产实践中选用中黏度、低黏度海藻酸钠基本能满足要求。目前，印花糊料有一定的发展，应组织筛选，使更好的糊料应用于生产之中。

配制全涂料色浆时，黏合剂的选择是关键。其直接影响到成品的牢度和手感。黏合剂在印制过程中要求不结膜、不塞网。具有良好的染色牢度，手感柔软，并容易从印花设备上清除。

增稠剂可供选择的主要为两种。水/油相的乳化糊 A，得色浓艳，对电解质不敏感，影响较小。其缺点是在制糊时应用较多的火油，在印花烘干时有大量的火油气体逸出，污染环境；合成增稠剂有较好的剪切流变性能，印制方便，该类糊料在使用中的缺点是对电解质敏感，电解质的加入，会使印花色浆由稠变稀。

当分散/涂料同浆印花时，交联剂 EH 或 FH 不宜加入印浆中，因为在碱性条件下易发生交联，色浆会凝聚变厚，流动性变差，易堵网眼。

五、对图案设计的要求

涤盖棉是比较厚实的双面织物，其正面为涤的一面具有丝的均匀光泽。在印花机上主要使用分散染料、涂料印花工艺；具有针织物加工过程易变形的特点；主要用于制作童装、夹克衫、风衣等。花布图案要适应童装、夹克衫、风衣等制作的特点，要注意对花接头的准确性，要注意花纹地色颜色深浅分明，地色要浅些。在纹样的处理上，如色泽考虑采用涂料印制，则纹样面积不宜过大，以防纹样面积大而影响织物手感。花卉、比较规矩的图案如几何图案，以少用为好，花样以散花、散点、动物、人物为主题的图案较为成功，因为在织物轻微变形的情况下，不致较大影响其主体形象。

六、印制实样举例

1. 织物品种

涤纶 TDY100 旦 /36F

棉纱：32 英支普梳

幅宽：60.96cm（24 英寸）

克重：230 ~ 260g/m²

2. 生产设备

生产设备主要有 Q81-20 型喷射染色机、针织物热定形机、MBK 圆网印花机。

3. 工艺流程

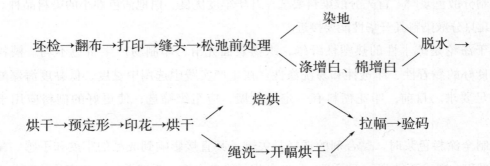

4. 印花工艺处方

（1）分散染料直接印花工艺处方。

分散染料	x
六偏磷酸钠	0.5%
海藻酸钠糊	30% ~ 40%
水	y
———	———
合成	100%

焙烘：温度为 180 ~ 185℃，时间为 2min。

（2）涂料直接印花工艺处方。

①

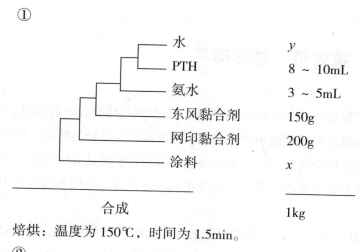

水	y
PTH	$8 \sim 10mL$
氨水	$3 \sim 5mL$
东风黏合剂	150g
网印黏合剂	200g
涂料	x
合成	1kg

焙烘：温度为 150℃，时间为 1.5min。

②

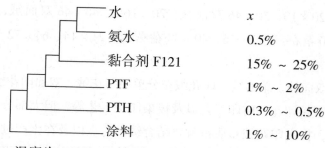

水	x
氨水	0.5%
黏合剂 F121	$15\% \sim 25\%$
PTF	$1\% \sim 2\%$
PTH	$0.3\% \sim 0.5\%$
涂料	$1\% \sim 10\%$

焙烘：温度为 150℃，时间为 2min。

（3）分散／涂料同浆印花工艺处方。

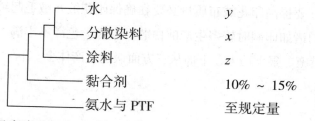

水	y
分散染料	x
涂料	z
黏合剂	$10\% \sim 15\%$
氨水与 PTF	至规定量

焙烘：温度为 180℃，时间为 2min。

①分散／涂料共同印花工艺处方中分散染料色浆、涂料色浆同上，焙烘温度为 180℃，时间为 1min。

②尚存在的问题。

a. 分散染料直接印花，某些颜色不够明亮、鲜艳度不够理想。

b. 涂料印花花样面积大，影响织物手感，手感发硬。

c. 分散／涂料共同印花及同浆印花工艺生产的产品，在热水洗时仍有较多染料脱落，从而产生平洗沾色问题。

第六节　绒布印花

印花绒布是绒布生产的主要部分之一。绒布生产在我国已有悠久的历史，一般采用平纹、斜纹、哔叽等坯布在起绒机上与起毛钢丝辊做相对运动使织物表面产生蓬松的绒毛，从而使织物保暖性更强，手感柔软厚实，结合漂染印整工艺处理，使绒布产生更具有优美的外观，深受消费者的欢迎。绒布常用于制作冬季内衣服装，经印花处理后在春、秋两季也可用于制作妇女、儿童外衣。

绒布织物规格常见的有 21×14、64×72 哔叽绒，32×14、74×58 哔叽绒，24×15、67×70 哔叽绒，24×18、72×64 哔叽绒，20×10、40×42 双面绒，24×13、42×41 双面绒，21×12、44×44 双面绒，20×10、50×46 双面绒，$20 \times 16/2$、46×46 双面绒，21×6、44×42 蓓蓓绒，21×4、40×40 蓓蓓绒，20×6、40×34 蓓蓓绒，21×14、64×72 提花绒，21×14、74×68 提花绒等。

目前，上市的绒布品种有双面绒、单面绒。印花绒布分单面印花绒、双面印花绒。

绒布印花工艺虽然有涂料直接印花、防印工艺以及拔染印花工艺等，但大部分的印花仍以活性染料直接印花工艺为主，提高印花绒布质量就要结合绒布特点以及在生产过程中经常出现的质量问题和难点采取措施和对策，从而使印花绒布生产成品的实物质量水平不断提高以满足客户和消费者的需要。

根据笔者生产实践经验：要提高印花绒布质量必要在确保印花绒布绒毛起绒效果以及由于绒布绒毛较多并由此产生的诸如印制时较多生产的白芯、露底、色泽不丰满、得色不匀等印花疵病的克服等方面采取措施、狠下功夫，下面从三方面谈述生产体会。

一、绒毛起绒效果的保证

绒毛起绒效果对于绒布成品来说是关键的处观质量指标之一，同时也是产品内在质量指标之一。良好的绒毛起绒效果与良好的印制效果有着密切的关系。因此良好的绒毛起绒效果一直是绒布印花布追求的目标之一。印花绒布要获得良好的绒毛起绒效果必须从原坯原纱、漂练前处理、起绒前的辅助工作起绒机起绒以及印花生产过程中的操作等方方面面重视，才能确保绒毛起绒效果。

1. 对原坯及纬纱的要求

绒毛起绒效果的优劣从原坯及纬纱来看，除决定于织物组织设计外，更取决于原纱的品质。因绒布织物的起绒主要作用于纬纱，为便于起绒与增加绒布厚度，一般双面平纹绒布经纬纱号比例约为 $1:2$，单面哔叽绒为 $1:5$ 之间。绒布织物经拉绒后，其强力损耗较大，纬向强力一般要损失 50% 左右，为保持绒布的成品强力，必须相应提高纱线强力。绒坯纱线应具有均匀的纱线条干。实践证明绒布用纱混棉中，一般掺用 5% ~ 10% 精梳落棉对起绒影响不大，如果用过多的精梳落棉或下脚棉，则将影响纱线条干，使绒面棉粒过多，绒毛不够均匀。因落棉的短纤维和棉结过多，纤维强力较差，纤维在起绒过程中易被拉断。纬纱捻系数在同一原棉条件下，捻度越小，起绒效果越好，但纱线强力较低，为兼顾织物强力故一般纬纱捻系数在 266 ~ 285 的范围以内，实践证明这既有利于提高起绒效果，同时对织物强力影响不大。

2. 漂练前处理的控制和掌握

（1）绒坯半制品布面毛效的掌握。绒坯半制品布面毛效高低可直接反映绒坯半制品布面上脂蜡含量的高低，其与绒坯起绒效果有密切的关系。布面毛效低，则布面上所含脂蜡较高，有利于织物起绒，但织物白度较差，有的甚至有棉籽壳存在影响实物外观质量；反之，毛效高则在布面上所含脂蜡较少不利于织物的起绒，要确保绒坯半制品绒毛起绒效果，作为起绒前的半制品，既要去除浆料、棉籽壳，具有良好的白度，同时又要保持适当的含蜡量。

为达到上述目的和要求，目前，漂练前处理一般采用下列方法。一是采用"重退浆轻煮练适当漂白"的前处理工艺。认真控制和掌握工艺流程、工艺条件及工艺操作等，使处理好的半制品上留有酌量的脂蜡量。这种方法是传统的绒布漂练前处理工艺。这种方法对工艺条件及工艺操作要求较高，工艺条件的波动、操作的变化等均会影响织物去杂、织物脂蜡量存留的多少，以致影响起绒效果或在印制过程中会产生异常，影响质量的提高。二是采用棉织物常规漂练处理工艺进行生产，不考虑织物脂蜡的保存，只求织物纤维共生物的去除，织物起绒前为保证织物的起绒效果而采用上蜡工艺，使绒布半制品获得必要的脂蜡量。上一种漂练前处理工艺处理的绒坯毛效相对较低，而第二种漂练前处理工艺处理的绒坯相对毛效较高，操作相对较为容易掌握。

（2）绳状漂练与平幅漂练的比较。绒布前处理不外乎绳状漂练和平幅漂练两种。在工艺选用时应根据企业设备条件、织物特点和加工要求来确定。绳状漂练在去浆效果、渗透效果以及手感等方面均较平幅漂练优越。但绳状加工工艺较为烦琐并易造成纬斜疵布。对于较紧密厚实的绒布，采用该工艺烘干后易产生不规则的经向皱条，即使起绒后仍存有皱条疵病。为此，在企业设备条件许可的情况下，对织物组织比较松的绒类织物如 20 英支 × 10 英支、40 根 / 英寸 × 42 根 / 英寸双面绒布采用绳状漂练较为合理，对于那些织物组织比较紧密厚实的如 21 英支 × 14 英支、74 根 / 英寸 × 68 根 / 英寸绒布织物则宜采用平幅处理为好。

3. 要重视绒毛起绒前的辅助工序

（1）注意和重视含脂蜡助剂对辅助起绒的作用。对于那些煮练较重、毛效较高的待起绒半制品以及绒坯较薄，在起绒过程中容易产生稀密不匀疵病的待起绒半制品均应浸轧含脂蜡助剂，以避免绒毛起绒效果达不到满意要求的情况发生。该工序我们称之为"上蜡工艺"。

常用的含脂蜡助剂有石蜡、硬脂酸、柔软剂 101 等。其中柔软剂 101 效果较为理想，在绒毛起绒过程中能达到短、密、匀的要求。柔软剂 101 用量为 10 ~ 20g/L，温度 60 ~

65℃，温度不能长时间超过 80℃以免蜡质析出。调制成的浸轧液液面应呈白色皂泡状，若呈姜黄色黏稠状物说明乳化不完全，织物浸轧时易产生斑渍。

（2）织物起绒前拉幅有利于绒面的均匀性。经漂练前处理后待起绒半制品布幅收缩，经纬纱之间排列紧密，通过轧烘后纱线呈扁平状。该织物经拉幅后布幅增加，使其与起绒机钢丝辊接触面增加，同时纱线稍恢复软松有利于起绒。另外，织物经拉幅后，绒毛起绒效果、起绒门幅与成品门幅较为接近，其所起绒布面均匀性较好，不致产生起绒时门幅较窄，在成品时拉宽而造成织物绒面稀疏不匀的疵病。

（3）要注意起绒前织物的干湿度和织物的冷热。起绒前的织物要有一定的含潮率，以 5%～6% 为妥。织物过干不易起绒。含潮率的掌握以织物经过烘燥机最后一只烘筒时看不到蒸汽蒸发为好。另外，起绒时织物烘热能使织物的纱支松胀，有利于针尖插入，对起绒有一定好处。实践证明，热织物比较容易起绒。在冬季起绒机出布处用少量蒸汽喷射布面，即达到织物给湿又能消除布面上的静电，是行之有效的办法。

4. 起绒机起绒操作与注意事项

起绒机起绒是保证绒毛起绒的关键工序。切实抓好起绒机起绒操作及注意事项对织物起绒起着重要作用。要了解起绒机起绒注意事项，首先必须对起绒机及起绒效果的影响因素有所了解，故先讲述起绒机起绒机构及作用，如图 6-5 所示。

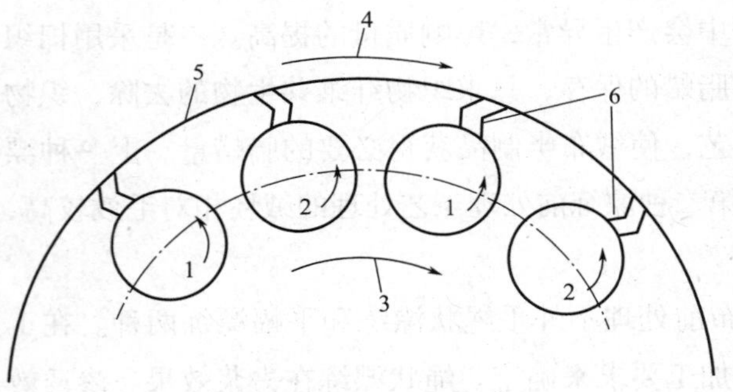

（1）起绒机起绒机构及作用。起绒机主轴大滚筒支架上装有 36 根起绒针辊。起绒针辊有顺针辊、逆针辊之分。针尖指向织物运行方向，而随大滚筒公转的针辊叫顺针辊；针尖逆向织物运行方向，而不随大滚筒公转的针辊叫逆针辊，俗称：刺针辊。两种针辊为一组，即大滚筒支架上装的 36 根起绒针棍共有 18 组，有 18 根顺针辊、18 根逆针辊。在起绒机起绒过程

图6-5 M301起绒机起绒机构

1—顺针辊 2—逆针辊 3—大滚筒回转方向
4—运行方向 5—织物 6—钢针

中，织物在针棍的针尖上的运行方向与主轴大转筒回转方向一致按顺时针方向运转；顺、逆针辊均按逆时针方向自转、针尖与织物接触，由于织物与针辊相对运动存在线速度差，从而用针尖把纬纱中的表面纤维一端挑出来而形成绒面。

（2）顺针辊与逆针辊的起绒效果。上述两种针辊起绒效果有所不同，从起绒生产实践看顺针辊较逆针辊起绒长而稀；逆针辊较顺针辊起绒短而密。另外，顺针辊起绒较逆针辊缓和，纤维断裂少，对织物强力损伤少；逆针辊较顺针辊来得剧烈，纤维断裂要多，对织物强力损伤要大些。在起绒生产过程中要注意发挥不同针辊之长，克服所短，从而保证最好的起绒效果。

（3）运行速度与起绒的关系。织物在起绒机上起绒有三种速度。

①主轴大滚筒公转速度 $\mu_{公}$ 顺时针运转。

②顺、逆针辊自转速度 $\mu_{自}$ 逆时针运转。

③织物运行速度 $\mu_{布}$ 顺时针运转。

在起绒时织物和针辊相对运动的线速度差有三种情况会影响起绒效果。

① $\mu_{公}-\mu_{自}>\mu_{布}$，顺针辊为起绒，逆针辊为梳理。

② $\mu_{公}-\mu_{自}<\mu_{布}$，逆针辊为起绒，顺针辊为梳理。

③ $\mu_{公}-\mu_{自}=\mu_{布}$，针尖与织物的线速度的代数和等于零。即不发生相对运动，这时顺、逆针辊对织物既不起绒又不梳理这种状态称为零点。零点在起绒时具有重要的意义，其是调节起绒力的基准。

（4）起绒机影响起绒效果的各种因素。就起绒机本身而言，起绒的优劣与起绒力大小的调节、织物张力、钢针的弹性、针尖的锋利程度有关。国产 M301 起绒机还要考虑皮带传动的滑动因素等。起绒力是通过顺、逆时针辊转速的调节来控制的。起绒量是由织物运行速度来调节的。织物运行速度快，针尖和织物接触的次数就减少，起绒量就减少；反之，起绒量就增多。

找零点是调节起绒力的基准。从理论上计算找零点实属不易，并且与实际有差距。在实际生产过程中采用寻找近似零点的做法具有实用价值。当织物上机运转、调节变速装置使落布没有起出绒，这时即为近似零点，然后根据需要调节变速装置、调整速比即可进行起绒以达到起绒起毛效果。

每个起绒企业在生产实践总结的基础上对每一个起绒产品的起绒总道数、每道起绒效果要求、顺逆针辊的三角皮带传动的被动轮直径比（简称速比）、行布速度、顺逆针辊转速的快慢、门幅收缩的百分数、纬向强力损失等都有明确的规定。在织物起绒生产时要严格按照规定的操作工艺，以保证起绒的效果。对于用皮带传动的起绒机，因它的滑动往往会由于针辊的负荷变化而变化，例如织物纱支组织不变而门幅变化；又如单幅起绒和双幅起绒时，起绒针辊的负荷不一样，在起绒操作上，针辊的转速要作必要的调整。除此以外，大齿轮上传动针辊的皮带松紧也应经常检查。

（5）起绒时织物张力的控制。织物在起绒时的张力大小会影响起绒效果。张力大，织物对针尖的垂直压力就大，针辊阻力也大，起绒力就小，起出的绒较短；反之，张力小，起绒力大，而且不匀，起出的绒长。

起绒时织物所具有的张力是由前阻后拉所发生的。实际张力的控制是在 M301 起绒机上用出布辊与进布辊的搭力和松紧装置来掌控的。出布搭牙为 98T，进布搭牙为四档：98T、97T、96T、95T。20 英支 ×10 英支、40 根/英寸 ×42 根/英寸绒坯一股用 98T 出 97T 进，张力适中，起绒效果一般较好。如调节搭牙不方便，则可固定一种搭力，布不受进布处的松紧架控制，呈松弛状态，在运行时，再调节松紧架来掌控张力也可以。

（6）绒毛长短及稀密的掌控。供印花用的绒坯，特别是正面绒毛应达到短、密、匀的起绒效果。要达到该要求在生产过程中要注意掌控如下注意事项及操作。

①织物起绒应掌握多道轻拉。以 20 英支 ×10 英支、40 根 / 英寸 ×42 根 / 英寸双面绒布为例，一般应起八道，先正面起绒四道，接着反面起绒两道，然后再正面起绒两道。

②在起绒过程中，如起绒毛长而不密时，毛长说明逆针辊未能较好地起到起绒作用，绒毛长而不匀说明顺针辊在起起绒作用；密度不足说明起绒量不够。要使逆针辊起起绒作用，解决办法是提高针辊自转速度，使 $\mu_公 - \mu_自 < \mu_布$，特别逆针辊速度的提高。要提高起绒量，起绒织物运行速度要减慢，以增加针尖与织物的接触次数。故在生产过程中遇绒毛过长而不密时，通常采取的措施是提高逆、顺针辊的速度，特别是逆针辊的速度提高，布速降低一档，适当加一点张力，使所起绒毛较短。如起绒绒毛不够长且不密时，说明要使顺针辊起起绒作用，针辊要减速，特别应将顺针辊减速；张力要放松可使起绒绒毛长度增加；不密，说明起绒量要增加，待起绒织物的布速要放慢。

③如针辊是平皮带传动的，则要检查皮带有否松弛以防影响起绒效果。

（7）绒毛不起或不匀的产生原因及克服办法。绒毛不起或不匀的产生原因及克服办法，大致有如下三方面。

①待起绒坯不符织物起绒起毛要求。如前处理后半制品生熟不匀、织物干燥不匀、织物表面不平整及织物表面脂蜡含量太低等。凡在起绒时若遇到针辊严重吸布现象，进布处布匹跳动厉害，出布处有拉布现象，织物绒毛起不出来时，应停止起绒，拟重测绒坯左、中、右毛效。若毛效较高，应将织物再经上蜡工艺，必要时对半制品生熟不匀的织物要进行复漂练。

②起绒时，织物张力过大。针辊所受到的阻力较大。用平皮带传动针辊的起绒机针辊传动轮与皮带之间的滑动增加，导致织物表面不起绒。对此问题的克服办法是使四档搭牙调低一档，进布松紧装置放松，合理调节织物张力。

③钢丝针布使用时间长，钢针圆钝、钢丝针布包缠不善，使用中发生位移离缝或针辊弯曲。致使针辊高低不平，另外针辊缠有纱头、纤毛等也会造成绒毛不起或不匀。为防止上述原因引起的绒毛不起或不匀，拟做如下工作落实下列措施。

a. 要做好定期清洁保养工作，包括坚持每班在机台的有关部位加油一次，每周做一次较彻底的清整洁工作。特别要注意和去除针辊上缠有的纱头和纤毛。

b. 起绒时要防止织物断头。因为一断头，布就会缠到逆针辊上，而且在针辊上产生拉布现象，布将被拉得粉碎、钢针受损。

c. 注意针辊的磨砺、针辊针尖的锋利与滞钝对起绒有一定的影响，故针辊的磨砺是必不可少的。

新针布包的针辊在使用前需要磨砺。这主要是因为新针布锋利，针尖周围较为粗糙，虽然起绒强，但易使绒毛拉断产生废毛。磨砺新针布包的针辊的目的是将新针布针尖磨滑。

对于已使用一段时间后的起绒针辊，针尖会产生滞钝影响起绒，故要定期磨砺。一般周期以 6 个月为准，有特殊情况可以缩短或延长。

　　d. 要注意磨砺针辊的调换使用。针辊用于第一、第二道起绒机的，经使用后磨损较大，磨后可调用于第三、第四道起绒或再后道起绒。这样，可延长针辊针布的使用年限。

　　e. 要注意针布缠包的质量。针布缠包好坏关系到针布的使用寿命和起绒质量。针布缠包针辊不仅要求紧，而且要在使用过程中针布不伸长、不松动。故在包针布前，在钢管辊表面涂一层防锈漆，在漆未干时，将针布紧紧地缠包好，效果一般良好。

5. 要认真抓好顺毛操作

　　要抓好顺毛操作就要做到织物绒毛全过程的顺毛操作。包括起绒及起绒后印染过程中的顺毛操作。起绒织物通过起绒机起绒后，绒毛全部向织物前进方向倾倒。若继续在此绒面起绒，也应保持顺方向，即织物运行方向与绒毛倒向方向一致；否则会造成绒毛脱落、绒面不平整等现象。关于起绒过程中，顺毛操作已在起绒操作、穿布路线上有明确规定。因而，在起绒过程中问题不会很大。问题在印染生产过程中要做到顺毛进布，因为生产工艺较长。在布箱中需要翻布，需要加强管理，做到持之以恒，印花绒坯的印前平洗以及印后平洗必须以顺毛进行。在其他加工过程中，凡经过装有扩幅板或辊的机台应以顺毛进布为好，有利于绒面的保持，防止倒毛。在生产过程中不能有死辊，平洗轧液不宜用喷淋管，避免绒面的破坏。

二、印制过程中白芯白点、塞网、露底、断线等印制疵点的克服与防止

　　印花绒布由于绒布布面绒毛、纤毛较多，在印制时影响印花轮廓的清晰度，印制过程中容易产生断线、塞网、白芯白点、露底等印制疵点。为克服上述疵点的产生，提高绒布生产质量，传统的做法是将待印绒坯洗绒，然后上浆，最后印花。这种做法对提高绒布印制质量，克服印制疵点起到一定的作用，因此采用该法生产已成为一种经典的做法。这种做法在长期的绒布印花生产过程中暴露了如下问题。

　　织物平洗去除织物表面的绒毛、纤毛效果不甚理想。通过洗绒能去除部分绒毛、纤毛，但效果不甚理想。有相当数量的绒毛、纤毛去除不了。在洗绒时，绒布布面上有相当多的绒毛、纤毛用水冲洗不下来，有的已经冲洗下来的绒毛、纤毛在平洗压轧的过程中又被沾上织物，黏附在织物表面。织物上的绒毛是与织物上的纱线紧密相连的，而这些绒毛、纤毛其实是"根"植在织物上的，有的与织物纤维有一定的抱合，甚至与绒毛纱线有一定的捻度，但未能牢固地生在织物上；有的就游离于织物纱线之外，浮在织物绒毛之中，这些绒毛、纤毛产生滑移或从织物上掉落会影响到印花绒布的给色量，在印制中容易产生塞网、白芯、印制线条轮廓不清晰、断线等印花疵病。

　　上浆影响印浆的渗透和给色量。上浆采用何种浆料，从生产实践来看，海藻酸钠糊易洗涤性良好，但其抱合能力不强，布面绒毛、纤毛不易抱合平服；合成龙胶糊易洗涤性差，印花后对该糊料的去除有一定困难，织物手感较硬；淀粉糊价格低廉，印花后在较高的温度下平洗或采用淀粉酶退浆，一般能予以去除，织物能获得较为柔软的效果，因此，目前绒布在

印花前上浆较多采用淀粉糊上浆。淀粉糊覆盖在织物表面，影响染料与织物纤维的直接接触键合、上浆；另外，淀粉分子结构中含有能与染料反应键合的反应性基团，影响织物的渗透和给色量。

上浆不能有效阻止绒毛、纤毛的脱落和被黏搭。上浆的目的是使织物上直立的绒毛向一面倾伏，并黏附于布面，形成光洁的平面，以减少印制时绒毛、纤毛的脱落和黏搭。然而从生产实践中看，单采用绒坯洗绒，然后上浆的做法，并不能有效阻止绒毛、纤毛脱落和被黏搭。这主要是因为绒坯上浆所使用的量考虑到印浆的渗透性和给色量不可能使用较浓的浆料用量，只能使用轻浆上浆；这些轻浆不可能有效阻止绒毛、纤毛的脱落；另外，上浆处经烘干的绒坯在印制中遇到湿的印浆的印制及花网的压轧，所上浆料不可能阻止织物上的绒毛、纤毛被黏搭。因而，有较多的已上浆的绒坯在印制中会产生较多问题和印花疵点。

为提高印花绒布的给色量，增加织物渗透性，大力减少和防止白芯白点、塞网、露底、断线等印花疵病的产生，可采取下列措施。

1. 漂练前处理力求纤维除杂较彻底

织物纤维除杂较为彻底，有利于印花色浆的渗透性的提高，有利于得色量的提高。具体做法是按一般棉织物前处理工艺进行退浆、煮练、漂白处理，毛效掌握在 7 ~ 8cm。至于绒布起绒效果，一般可采用拉绒前上柔软剂的办法予以解决。对所上柔软剂的要求是既能保证绒布起绒效果和质量，同时具有良好的被洗涤性能。当织物起绒、印制完成后，柔软剂能较容易地从织物上去除。

2. 印前织物不上浆

这样做的好处是有利于染料与织物的上染键合，不必使印花色浆先印在浆膜上，然后透过浆膜再与纤维发生反应键合而上染纤维。同时，减少了上浆浆料损耗的印浆数量，增加了给色量。印前织物不上浆，织物上的绒毛、纤毛较多怎么办？对此，可采取刷毛、洗绒的办法。刷绒可在刷毛机上进行，将刚拉绒下来的绒坯进行刷绒，将织物上多余的绒毛、纤毛通过毛刷刮下来（刷绒去除短小绒毛、纤毛的效果比单洗绒效果好得多）。然后，再进行洗绒，将织物上的柔软剂及部分绒毛、纤毛洗除下来，大大有利于印制的进行。

3. 采用双网

对较大面积的花型，特别对于那些大满地深浓色花型样，由于绒坯绒毛、纤毛的存在，圆筒筒面较易黏附众多的绒毛、纤毛，或由于绒毛、纤毛被黏搭，或由于塞网的缘故，致使布面上造成有规律的塞网、白芯白点；或造成无规律绒毛、纤毛被黏搭的白芯白点。另外，圆网印制时滞浆量不足，容易造成露底、色泽不丰满等印花疵病，采用双网可使同一所印纹样在瞬间接受到二次滞浆，这样一来可使该纹样色泽丰满；二来，第一花筒留下的白芯白点即刻通过相同纹样的第二只花筒所滞的相同色泽的印浆予以弥补，在印制中所产生的白芯白点、露底疵点大为减少。

三、湿摩擦牢度的提高

活性染料印染织物上的浮色是造成湿摩擦牢度不合格的主要原因。浮色包括已吸附在纤维上而未参与纤维共价反应的染料、水解染料以及消除硫酸酯后的乙烯砜染料等。造成印染织物浮色的具体原因如下所述。

1. **染料选用不当**

作为印花用的活性染料要求溶解度高，直接性小，扩散性高，固色率高等。若染料直接性较大，水解染料中未参与共价反应的染料等就不易被洗去，织物表面浮色增多；如果染料扩散性差，即染料在较短的时间内不能向纤维内扩散或充分反应以致得色率降低，织物表面浮色增多；染料固色率不高，造成染料与纤维反应不完全，织物表面浮色增多，以致湿摩擦牢度降低。

2. **染料浓度高**

纤维对染料的吸附有一个极限值，即染色饱和值。一般要求不能超过染色饱和值的10%，过量的染料不能上染和固着，形成在织物表面堆积，影响印染物湿摩擦牢度不合格。这也可解释湿摩擦牢度不符合要求多发生在深浓色色泽上的重要原因。

3. **坯布质量因素**

印坯表面光洁，纤维短绒少，可以减少湿摩擦牢度检测时的摩擦力，减少有色短绒的脱落，有利于减少活性染料的浮色转移和机械摩擦转移，有利于湿摩擦牢度的提高。印花绒布由于织物表面覆盖绒毛不光洁，纤维短绒多等，为此，湿摩擦牢度较低就显得更加突出。

4. **印前漂练前处理因素**

棉纤维漂练前处理不到位，纤维共生物去除不净，含杂高以致造成染整加工困难，影响染料的吸附、渗透和着色，进而影响湿摩擦牢度等。印花绒坯前处理一般不进行一丝光，煮练时往往考虑绒坯起绒拟保留织物上蜡质，致使织物毛效不高，绒坯漂练前处理不彻底，同样也是造成印花绒布湿摩擦牢度不合格的原因之一。

5. **印花色浆未按操作规定进行及存放时间过长**

活性染料易于水解。印花色浆在调制过程中以及在存放过程中防止活性染料水解是个应该注意的问题。印花色浆 pH 直接影响着活性染料的固色，pH 太低不行，但 pH 太高，碱性太强也不行，导致水解染料会增多，都会影响染料的固色率。另外，调制的色浆存放时间过长，同样会造成活性染料的水解，影响着活性染料的固色以致湿摩擦牢度的不合格。

6. **印花后平洗不充分及水质差**

印花蒸化后的织物必须充分水洗。印花后的平洗是相当重要的。通过平洗将织物上的浮色冲洗干净，有利于湿摩擦牢度的提高，若平洗粗糙、不充分，另外在平洗过程中用水水质硬度高，染料同水中的钙、镁离子形成色淀以致湿摩擦牢度不合格。

提高湿摩擦牢度可采取哪些途径和措施呢？在实际生产过程中不可能做到尽善尽美，在实际操作过程中有很多客观规定。例如供印花的坯布应布面光洁，纤维短绒少，而实际操作时来坯已确定，可对印花成品布牢度要求不降低，就是包坯考虑到生产成本，不可能购买或根本买不到理想的坯布。生产印花绒布布面绒毛、短绒不可能短少；又如染料用量多，深浓色湿摩擦牢度差，客户来样的色泽，不可能改变或改浅。在生产时染料用量不可能减少；又如印坯前处理，印花蒸化后平洗等与企业的合理操作设备条件都有密切的关系。讨论湿摩擦程度提高的问题时应该在看到客观上存在的问题的同时，采取有针对性的有效的途径和方法，从主观上努力做好，不断提高湿摩擦程度。可采取下列途径和措施。

（1）要做好染料选用工作。要不断选用溶解度高、直接性小、扩散性高、固色率高的染料应用于印花，以减少织物表面的浮色。

（2）要不断健全和完善每一印花品种的生产工艺。印花品种生产工艺的不断健全和完善为工厂企业在生产管理加强和生产技术提高上明确了指标，为严格管理和制订技术标准有了依据，在生产过程中严格按照所制订的有关生产工艺规定执行，以保证织物漂练前处理、印前处理、印花色浆的调制、印花操作及印后处理、后整理加工等处理到位，有利于染料吸附、渗透、扩散，大力减少织物表面的浮色，提高印花织物的湿摩擦牢度。

（3）绒坯印前刷毛。在传统印花绒布生产工艺中一般不采用绒坯布印花前刷毛。印前刷毛的采用对提高印花绒布的湿摩擦牢度有相当的好处。通过刷毛可将那些"根"未生在织物上的绒毛、纤毛等浮毛除去，有利于绒毛达到短、匀、密，以减少印花绒布成品测试时有色浮毛的脱落，以致湿摩擦牢度有所提高。

（4）大力加强印花蒸化后织物的平洗。活性染料固色率不高，一般仅为 60% ~ 70%，就是固色较高的染料也只有 80% 左右。为此，必须注意印花蒸化后织物的充分水洗，能将浮色及有关色淀最大量的水洗下来，其对湿摩擦牢度的提高有着现实意义，活性染料印后平洗的实际生产经验一般为：首先，要注意用较大量的流动冷水将浮色、糊料从织物上冲洗下来流走；然后，在皂洗前应用冷热水平洗、多槽运转以去除较多的浮色糊料等，若冷热水平洗不充分即进行皂洗，易产生织物白地沾色、浮色等不易洗去；再者，皂洗要充分，在连续平洗机上平洗，对于中深色印花织物一般要洗两次；最后，要注意平洗的水质，以防染料与钙、镁离子形成色淀。

（5）选用优良的湿摩擦牢度提升剂。目前常用的湿摩擦牢度提升剂大致有多胺聚合物类固色剂、有机硅类湿摩擦牢度提升剂、聚氨酯湿摩擦牢度提升剂等几类。

多胺聚合物类固色剂，主要是通过与染料结合成不溶于水的盐，增大染料分子，使其难溶于水，以提高染色牢度，但这种提升效果很有限。

有机硅类湿摩擦牢度提升剂能减少摩擦因素，但对织物表面的保护作用不甚理想。

聚氨酯类湿摩擦牢度提升剂可在织物表面形成具有弹性且滑爽的膜，从而起到一定的保护作用，同时降低了织物表面的摩擦系数。

目前，选用优良的提升剂提高印花织物的湿摩擦牢度是一条有效的措施和途径。

四、印制实样举例

1. 例一

（1）织物品种。20 英支 ×10 英支、40 根 / 英寸 ×42 根 / 英寸印花双面绒。

（2）花样分析（彩图 5）。

①该花样白色块面较大，色与色相碰处有黑包线。从色调看为同类色，印制过程中无严重异色或第三色，拟采用直接印花工艺。

②该花样各色均可采用活性染料印花，该实样中黑色用的是快磺素黑。为快磺素黑（拉元）—活性染料共同印花工艺。

③黑与莲、蓝、绿、浅蓝各色在印制中都要对花，即"一对四"，容易产生对花不准，为考虑对花的准确，快磺素黑花筒排在莲、蓝与绿、浅蓝花筒之间，以保证对花的准确。

（3）生产设备。主要采用放射式滚筒印花机。

（4）工艺流程。

坯布检验→翻布缝头打印→热水两格→保温堆置→热水洗→轧碱→汽蒸→热水洗→冷水洗→轧漂→堆置→水洗→轧酸→堆置水洗→纯碱中和→水洗→开幅轧水烘干→轧柔软剂、增白剂→烘干→起绒→洗毛→烘干→上浆增白→烘干→印花→蒸化→水洗、皂洗→拉幅→验码定等成品

（5）工艺条件。

①缝头用环缝式缝纫机，缝线采用 42 英支 /6 合股线。两端加密 2 ~ 3cm，针密为 5 ~ 7针 /cm，其余针密为 25 ~ 35 针 /10cm，布边对齐，缝线与纬纱平行。如有开剪纬斜必须缝头重缝，尾线自然长度不超过 1.5cm。

②热水两格，温度在 75℃以上。

③ 95℃保温堆置，时间为 45min，再用 85℃热水洗。

④轧碱碱液浓度为 30 ~ 35g/L，碱液温度为 80 ~ 95℃。

⑤汽蒸温度为 101℃，堆置 90min，再用 60 ~ 80℃热水洗，室温水洗。

注：要严格控制各工序的温度，布匹堆置时间及溶液的含碱量。在绳状加工中严禁打结，布匹在运行中维持松弛状态，绳洗机穿布张力宜小，导布辊辊筒要灵活，瓷圈与瓷圈之间的角度要适宜，尽量减小张力。

⑥轧漂时次氯酸钠浓度为有效氯 4 ~ 5g/L，温度为室温，pH 为 9 ~ 11，堆置时间为 30 ~ 45min，水洗温度为室温。

⑦轧酸时硫酸浓度为 1 ~ 2g/L，温度为室温，不超过 50℃，堆置时间为 15min，室温水洗。

⑧纯碱中和时，纯碱浓度适当，要求出布 pH 为 7 ~ 8，不含氯。

注：漂液、酸液的浓度、温度应校准到符合要求后再开车。在生产中应按照规定测定各种数据，控制在工艺规定范围内。要防止浓漂液、浓酸溅到布上。

⑨开轧烘时 pH 低于 6 不能开车。要做好整纬工作，加强整纬。

⑩轧柔软剂 101 和增白剂处方如下。

柔软剂 101	13kg
增白剂 VBL	0.6kg
水	x/300L

⑪起绒。单面绒起绒时正面六道；双面绒起绒时正面四道，反面两道。

小烘筒气压控制在 49 ~ 98kPa（0.5 ~ 1kgf/cm²）。

起绒机速比：第 1 ~ 第 2 道，逆：顺 =1 :（1.25 ~ 1.9）；第 5 ~ 第 6 道，逆：顺 =1 :（1.1 ~ 1.35）。张力控制在 98 ~ 97 牙，至 97 牙出，布速为 8 ~ 13m/min。

⑫洗毛时，浮毛洗干净。

⑬上浆增白，处方如下。

淀粉	9kg
增白剂 VBL（100%）	0.3kg
水	x/300L

（6）花筒排列和印浆处方。

① 1# 莲。

活性蓝 K–R	0.8%
活性紫 K–3R	4.2%
尿素	5%
防染盐 S	1%
小苏打	2%
海藻酸钠糊	x

② 2# 蓝。

活性蓝 K–GL	1.1%
活性蓝 K–R	0.25%
活性紫 K–3R	0.15%
尿素	5%
防染盐 S	1%
小苏打	1.5%
海藻酸钠糊	x

③ 3# 黑（拉元）。

凡拉明磺酸钠盐	25%
AS–OL	3.5%
AS–G	0.4%

30%（36°Bé）烧碱	3.6%
中性红矾液（15%）	5%
淀粉糊	x

④ 4#绿。

活性蓝 K-GL	1.5%
活性黄 K-6G	7%
尿素	5%
防染盐 S	1%
小苏打	3%
海藻酸钠糊	x

⑤ 5#浅蓝。

活性蓝 K-GL	0.15%
活性紫 K-3R	0.005%
尿素	3%
防染盐 S	1%
小苏打	1.5%
海藻酸钠糊	x

2. 例二

（1）织物品种。20英支×10英支、40根/英寸×42根/英寸印花双面绒。

（2）花样分析（彩图6）。

该花样系黑地彩花纹样花型。彩色花朵在黑地衬托下色泽更为鲜艳，该花样要达到好的印制效果，必须做到黑地黑度得色均匀，无白芯白点、不露底，花型轮廓清晰；彩色色泽要鲜艳，无传色疵病；白色要洁白，必要时可做一套涂斜白，果绿虽然面积不大，但其和白色一样起画龙点睛的作用，若白色作涂料，则该花样为八套，以保证该花样的"秀"气。

（3）生产设备。主要生产设备为刮刀式圆网印花机、平幅连续漂练机。

（4）工艺流程及生产要点。

①平幅连续漂练机。碱煮，氧漂前处理，去杂要净，白度要好，毛效8cm/30min且均匀。

②上柔软剂起绒。

③起绒后进行刷绒，去除浮绒毛。

④水洗去除剩余浮绒毛，洗去柔软剂，烘干，不上浆。

⑤印花工艺采用涂料防印活性，K型活性染料防印KN型活性染料工艺。

⑥黑底做双网。

⑦为提高绒布湿摩擦牢度，除注意染料选用、生产环节外，在整理成品时选用优良的湿摩擦牢度提升剂进行处理。

第七节　灯芯绒印花

灯芯绒织物具有手感柔软、厚实、绒条清晰，丰满如灯芯状的特点。由于织物具有地组织与绒组织两部分，使用寿命较一般棉织物有显著提高，印花灯芯绒由于其固有的织物特点，配以美观大方的花样及丰富多彩的色泽，可用作服装、帽、鞋面料，深受消费者的欢迎，另外，也可用在家具、装饰方面，用途较为广泛。

灯芯绒多数以棉纤维纺成纱作为织物原料，也有采用与化学纤维混纺、异形丝交织，金银嵌线以及氨纶丝包芯纱等，通过印染加工，可使灯芯绒成品达到各种不同的要求和风格，要保证和提高灯芯绒印花印制效果和质量，从加工的染整工艺、印花工艺来看与常规纤维成分织物的染整工艺、印花工艺均雷同。但在加工过程中需要注意的是该织物的结构特点以及客户对灯芯绒印花成品内在和外观的印制效果和质量，在灯芯绒印花生产过程中，要切实考虑和保证织物表面灯芯条的圆润、平整以及由于灯芯绒条存在而给印花生产带来的问题，采取有效措施，大力减少和克服印花疵点的产生，这些是提高灯芯绒印花印制效果及质量的关键所在。

一、灯芯绒条的形成及质量保证

灯芯绒坯布为条状浮纬织物。将浮纬割断，通过加工整理后，从而形成具有条状绒面的灯芯绒。该织物表面的灯芯条在形成过程以及在印染加工过程中，如何切实保证灯芯条的圆润、平整是提高灯芯绒织物成品质量的重要内容之一。在本节中主要谈及灯芯绒条形成过程及形成过程中的质量保证。

灯芯绒条状绒面的形成需要经过割绒（割绒前坯布需进行预处理）、刷毛和烧毛等，其工艺流程如下。

坯布缝头→割绒前处理→割绒→泡碱退浆→烘干→刷毛→烧毛→交漂练（染色）、印花处理

1. 割绒

该工序是灯芯绒织物形成灯芯条下可缺少的一道重要工序。其是将坯布的浮纬层切断，经过后道刷绒（刷毛），使织物得到"灯芯"一般的绒条。割绒的要求是割断纬纱的截面，做到整齐光洁，条纹均匀，无长短毛条花，无戳洞割损、漏割等疵点。割绒是在割绒机上进行的。

2. 割绒前处理

割绒前的坯布一般都需经过一定的处理，经过处理的坯布可使浮纬层纱隆起，从而有利于提高割绒的质量和产量。

割绒前处理一般是轧淡碱处理织物的正面或双面，然后进行烘干处理，可使棉纤维发生变化，使割绒顺利，割截面光洁；同时，在轧碱烘干过程中，织物幅宽也有所改变。掌握坯布的合理收缩，可使绒条的浮纬纱隆起有利于割绒。但当织物全幅收缩过大时，将使纬纱圈的长度缩短，致使导针在线圈开口内的前进运动遇到困难，影响割绒的顺利进行。

双面轧碱法一般适用于手工割绒或拖刀式半机械化的割绒。

单面轧碱法一般多用于圆刀式割绒机上。生产中，常用于粗条灯芯绒和多数小提花灯芯绒等品种的生产。

对于多种化学纤维混纺灯芯绒以及织造时经纱上浆率较高的部分品种，往往在普通圆筒烘燥机上进行干烘处理。在干烘过程中，使织物受到一定的机械张力，从而使织物幅宽有所收缩。处理后的坯布比较松软，并且不易回潮。

割绒前处理无论采用何种方法处理，通常应注意下列事项。

（1）坯布幅宽的收缩率以掌握在8%～13%较为适宜。对于绒条较宽的坯布，收缩率若稍大一些，对割绒无多大影响；对于绒条较细的坯布，由于其纬纱圈的长度较短，如幅宽收缩过多，将影响导针的前进，使割绒发生困难。坯布在处理时未能达到适当收缩，即烘干定型，当在割绒机上受到较大张力时，织物在瞬间还将发生收缩，从而导致跳针增加，绒面质量不尽如人意，故坯布幅宽的收缩率要尽力做好。

（2）轧碱处理时，碱液浓度掌握在8～12g/L，并添加适量的渗透剂，以使碱液渗透至坯布的浮纬层。另外，还应注意浸碱的时间、碱液的温度及碱液的纯净度。碱液浓度过低，轧碱处理后布身较软，纤维脆利度不够，割绒时有发韧的感觉，割绒面不够光洁；而碱液浓度过高时，虽然坯布比较坚挺，割绒比较脆利，但本身容易吸湿回潮。

碱处理用碱，有条件建议最好用固体烧碱，或用浓度较高、含杂较少的碱液化料后使用。当碱液中含食盐等电解质较多时，割刀容易变钝。回收淡碱，含杂较多的一般不宜使用。在生产正常情况下，碱槽内的残碱也要定期更换。

另外，还要注意碱槽及滚筒的清洁，防止花衣等杂质黏搭滚筒或轧辊上。若采用单面轧碱时，要注意选用合理的导布方法，防止产生带碱不匀的情况。

（3）坯布处理后的干燥程度，在一般情况下，含潮率不宜超过8%。含潮率过高，布身发软、发韧，割绒导针通过不畅，跳针增加，割断纬纱截面发毛，戳洞增多。在实践中一般以在烘燥机的最后四只烘筒上不冒水汽为妥。曾经试验，采用高温快速烘干比在较低温度慢速烘干的坯布较为好割。烘干后的坯布要注意妥善保管，防止吸湿回潮。

3. 退浆

织造灯芯绒坯布用的经纱，凡为"纱"，经纱品种一般都采用重浆工艺；"线"经品种一般采用无浆工艺或轻浆工艺。为有利于刷毛和漂练除杂前处理，以适应印染加工的需要，灯芯绒坯布在割绒后，必须进行退浆水洗工序。

（1）灯芯绒在割绒后退浆水洗有以下好处。

①去除浆料，去除坯布上因割绒前处理时所含带的烧碱及其他杂质。

②通过退浆水洗等湿处理，可使织物门幅得到收缩，有利于改善灯芯绒布底板组织，并可使割断纬纱的捻度松解，布身也较为柔软，有利于刷毛时绒毛的刷起。

③减少刷毛时的落绒，减轻烧毛时绒面产生焦黄色，未经退浆水洗的带碱的坯布经烧毛会出现碱纤维炭化的严重焦黄色，即使经过煮漂也不易去除，同时在烧毛时会产生严重呛人的烟气，污染环境。但通过退浆水洗有利于得到外观质量较好的半制品。

（2）退浆方法。退浆方法应根据原坯上浆所用的成分及用量多少，结合企业机械设备状况而定。目前，常用的退浆方法有下述几种。

①酶退浆。适宜织物织造时所上浆料为淀粉浆料者。该工序较为简便，同时退浆效果也好。故该法是灯芯绒较为普遍采用的退浆方法之一。

②热水退浆。常用于轻浆（或无浆）的灯芯绒坯布。这种处理方法实际上是利用割绒前坯布在轧碱处理时所带的少量烧碱起到淡碱退浆的作用，而去除掉织物上的部分烧碱和其他杂质，同时也起到使坯布缩幅、柔软的作用。

③淡碱退浆。对于有浆坯布，如果没有条件采用酶退浆时，也可以用淡碱退浆。织物经轧淡碱液后，在一定的温湿度条件下，经过适当堆置，以使织物上的浆料膨化后，再用热水、冷水充分洗涤，从而达到一定的退浆效果。该法退浆效果虽不及酶退浆好，但有利于去除坯布上的棉籽壳等杂质，工艺操作简便，加工成本较低，故该法也有一定的实用价值。

4. 刷毛

该工序是灯芯绒产品风格的特殊要求且不可缺少的重要工序之一。经割绒机割断的纬纱必须经过机械的刷擦，以使其松捻散开成为分离状的纤维，并同时使绒毛抱合良好，绒面几乎看不到被割断的单根纬纱，绒条清晰圆润，有似"灯芯"的形状。要完成这一要求，即必须通过刷毛工序来完成。刷毛有"前刷毛"和"后刷毛"之分。在烧毛及染整工艺前的刷毛称为"前刷毛"；在染整工艺接近完成至成品前的刷毛成为"后刷毛"。

刷毛是在刷毛机上进行的。现在国内使用较为普遍的前刷毛机为平板覆带联合机并附有给湿、烘燥等装置。

制订和执行合理的刷毛工艺条件及操作是获得最佳刷毛效果的重要途径。根据生产实践，体会到刷毛效果与刷毛时的干湿度、刷毛速度、板刷数量及板刷压力等因素密切相关。刷毛时给湿可直接采用饱和蒸汽，带湿汽蒸。汽蒸箱内的湿度可保持在80%～90%，给湿后出汽蒸箱，布匹的含湿率以控制在10%～15%为好。含湿率过低会影响刷毛效果；湿度过大易产生绒毛结球，表面的绒毛卷曲，刷毛后布匹带湿等问题。

刷毛线速度应考虑到板刷的形式、数量、板刷速度以及给湿条件、机械运转状况等多种因素，在一般情况下，平板刷的凸轮速为170～250r/min，履带刷的转速为240～360r/min，在板刷速度固定的条件下，板刷的数量多少与布速快慢成正比。板刷数量较多时，则布速可较快；板刷的数量较少时，则布速应减慢。不适当的刷毛线速度，对刷毛质量是有影响的，经有人实验认为，在采用 10 块平板刷、12 条履带刷的条件下，一般刷毛速度以 10 ～ 16m/min 较为适宜。

刷毛时采用平板履带联合刷毛，从生产实践中看有利于刷毛效果的提高。采用单履带刷毛机的刷毛效果较差，但绒毛平整，绒面无横档板刷印；平板刷毛的效果虽然较好，但绒面横档板刷印较明显。

刷毛时板刷在绒面上压力的大小会直接影响到刷毛的质量。不同的坯布和客户对绒毛的要求，必须调节板刷的不同压力，从而保证良好的刷毛效果，在生产过程中平板刷板刷压力的掌握应适中，要防止压力过小或过大，而产生刷毛效果不佳，或造成板刷上鬃毛磨损，甚至损伤织物的现象产生，在一般情况下，履带刷刷毛时，以板刷数量多一些，板刷压力适当轻一些比较妥当。

5. 烧毛

一般棉织物在印染加工时，坯布经过摆布缝头后随即进行烧毛。而灯芯绒织物的烧毛是在坯布经过割绒后进行的，这是因为坯布割绒后，割截面不光洁。另外，经过刷毛后，绒条表面往往会有一部分卷曲的长绒以及绒条缝隙中有部分紊乱的短绒，通过烧毛可以去除浮于绒面的长绒，和绒条缝隙中的绒毛，以达绒面整齐、绒条圆润清晰的目的，并可使成品绒面光泽能有明显的改观和提高。

烧毛是在织物烧毛机上进行的。选用的烧毛机，通常为铜板烧毛机、圆筒烧毛机以及气体烧毛机等。铜板烧毛机是灯芯绒织物的传统烧毛方法，由于烧毛机在烧毛时，织物绒面与灼热的铜板可直接摩擦，因此可使绒毛烧得比较平齐，而起到类似剪毛的作用，加工后成品在绒面上出现柔和的闪光。圆筒烧毛基本上与铜板烧毛相似，仍属摩擦烧毛的范畴，同样可达到较为理想的效果。气体烧毛是将织物快速地在通过高温火焰，以达到烧去织物绒面绒毛的目的，但该织物没有与灼热金属表面摩擦的现象。所以，烧毛后的绒条一般来说较为圆润，但绒毛平整度较差，成品绒面的光泽会受到一定的影响。

要使织物烧毛获得良好的效果，必须注意下列事项。

（1）烧毛前织物要进行刷毛，要使绒毛能被充分刷起，以保证烧毛质量和效果。

（2）烧毛前织物必须充分干燥，同时绒面的 pH 需呈中性。织物干燥有利于烧毛，防止因织物带碱，以致绒头炭化而出现焦黄色的绒面，造成后续加工煮漂的困难，影响色泽鲜艳度。

（3）要严格掌握和执行烧毛工艺条件。烧毛温度不能过低和过高，以防烧毛不净或影响成品绒毛丰满度和绒面手感。

（4）要注意进布时绒毛的倒顺方向。进行一次烧毛的品种，一般可掌握顺毛进布；对于一些需要进行二次或二次以上烧毛的特殊品种，如粗条灯芯绒、纬平绒等，一般第一次烧毛时以顺毛进布，烧第二次时则应倒毛进布，多次烧毛的品种进布时绒毛方向可先顺（毛）后倒（毛），顺倒间隔，这样可使烧毛匀净，有利于绒面质量的提高。

（5）烧毛后的灭火方法，宜采用喷雾灭火的方法，不宜采用烧毛后轧水或轧碱灭火的方法，这是因为该织物在湿热状况下堆压时，折皱处的绒毛易发生变形，形成压皱印，该疵点一旦形成，在后续加工过程中，往往很难消除，严重影响产品外观质量。

烧毛后采用喷雾灭火时，要注意喷雾灭火的给湿程度。一般以不干不湿能达到充分灭火为度，既要防止喷雾给湿过多，同时又要防止喷雾给湿过少，要注意绒面火星未灭而造成织物堆置过程中发生燃烧的现象。

二、印花生产过程中灯芯绒条的质量保证

灯芯绒经割绒、烧毛后，织物表面灯芯绒条也已形成交至印染厂（或印染车间）进行印花生产。需进行煮练、漂白、丝光以及相关的印前准备等才能进行付印。灯芯绒割绒、烧毛等工序一般在割绒厂（或割绒车间）进行完成，故交至印染厂（印染车间）即先进行煮练、漂白，而不进行烧毛。生产浅色花布时，一般经过一次煮练一次漂白，为确保鲜嫩的浅色鲜艳度和白地白度还需增加一次回漂。为提高织物对染料的给色量，降低缩水率还需进行丝光处理，必要时为保证印制效果根据工艺需要进行印前准备，例如加白、拉幅等，印花工艺流程，则随所采用的印花工艺而决定，完成印花工艺及规定后，最后交整理车间处理，最终成为印花成品。在这一系列的染整加工和印花加工较长的流程中，如何保证灯芯绒条质量做到圆润、平整是印花生产提高灯芯绒织物的又一需要考虑的重要内容。一般拟采取以下措施。

1. 加工过程中要按"顺毛"进行操作，要防止倒毛

灯芯绒割断的绒纬纱一般是以绒条的中间为固结点。即绒纬的支点。在加工过程中随带着布匹的前进，将使支点两侧的纬纱顺向移动，逐步成为固结点为箭头，割断绒纬滞后呈箭羽的形状，倒顺毛也由此而产生。

倒顺毛操作是该织物生产中应特别注意的问题。灯芯绒印染加工流程较长，坯布在潮湿的状态下，经过多次压轧处理，若倒毛进布便会出现不规则的绒毛倒伏现象，对绒毛的外观质量影响甚是严重。

倒顺毛操作在印染加工一开始就要执行。在每箱或每轴上打上倒顺毛方向。按顺毛方向进行是很重要的，尤其是当经过轧点较多的各种联合机以及刷毛上蜡等主要工序一定要严格掌握。

在生产过程中为尽量减小倒毛进布的可能，拟采用连续加工方式以代替间歇式加工方式。例如，织物煮练漂白采用间歇式，即煮练进行水洗和漂白时会产生倒毛情况，若煮练漂白采用连续加工方式则可减少产生煮顺毛漂白倒毛的情况。

为保证顺毛进布，在进布前检查倒顺毛。如发现倒毛则随即进行翻布以供产品生产加工的需要。对于装于布箱中的在产品可采用人工翻布的做法；对于卷轴坯布如轧卷煮练灯芯绒在煮练结束后，需进行平洗或漂白等处理时，则应将蒸箱移至有一格平洗的翻布机前，将布从蒸箱的布轴上引出经过一槽流动热水（70℃以上）将布匹翻入存布箱内可起到调整绒毛倒

顺向的作用。

2. 加工设备应选用平幅设备，不宜采用绳状机台

由于灯芯绒坯布厚实，绒毛不宜多压的缘故，印染加工的操作宜选用在平幅状态下进行，如采用绳状机台加工易造成绒面压皱、损伤绒毛等问题，不宜采用绳状机台。

目前，灯芯绒煮练和漂白，较多采用平幅轧碱煮蒸履带连续漂练，也可采用轧卷式汽蒸煮练与平洗轧漂相配套。如果受设备条件限制，或者在生产数量较少的情况下，必要时也可利用卷染机进行煮练漂白，而轧碱 J 型箱堆置汽蒸煮练效果不理想，故一般不予采用。

3. 注意轻压轧、单面烘燥有利于绒面质量的保证

采用常规的轧水烘燥，织物的正面和反面均紧贴在烘筒的表面上，再加上烘前织物经过压轧，致使灯芯绒条压得较瘪，影响灯芯绒条的形状。为此，在印染加工过程中应注意做到轻压轧，并进行单面烘燥，较为有利灯芯绒条的质量形状的保持。实践证明采用真空吸水口吸水替代滚筒轧水，采用单面圆筒烘燥替代双面圆筒烘燥对灯芯绒条形状的保持更为有利。

烘燥前，织物先经过水槽，然后以织物的反面经过真空吸水口，在通常的 40 ~ 45m/min 的速度下，吸水率为 80% 左右，吸水后的织物的反面紧贴在圆筒上进行单面烘干，采用该法进行生产的灯芯绒织物的厚度一般能增加 25% 左右。半制品比较松厚，对后刷毛十分有利，故采用该种烘燥设备较为理想。

若碍于设备的限制，需要经过轧辊压点，注意压力不宜太重。

4. 丝光时要注意碱液浓度的掌握，采用"半丝光"工艺

棉织物在印染加工的前处理中，一般都要经过丝光处理，致使织物外观获得光泽，提高得色量，降低缩水率。然而，由于灯芯绒织物特点的缘故，对织物丝光提出了不同的要求。在生产实践中得知，如果用灯芯绒未割绒坯布丝光将会造成割绒的困难；如在割绒后进行常规丝光则又会产生和形成"缩绒"现象，绒面质量很难取得满意的效果。

为使灯芯绒织物获得一般棉织物丝光后的优点，同时又尽可能不失灯芯绒类的成品外观风格特征，经摸索认为对某些品种灯芯绒类织物，从综合因素考虑，采用半丝光工艺还是可取的。所谓半丝光工艺即织物在丝光时，生产工艺条件中的碱液浓度降至 100 ~ 130g/L，其余工艺条件照丝光工艺不改变。

经半丝光处理后，割断的绒纬纱仍有所缩短，经刷毛后的绒条比未丝光的绒条要瘦干些。细条绒较明显，仿平绒的绒毛则难以刷起。一般中、粗条绒毛的抱合度、绒面的丰满度以及手感等虽受一些影响，但问题不大，可达到一般的绒面质量。

经半丝光处理后，能提高灯芯绒织物上色的得色量和鲜艳度，有利于节约染料，同时对织物的经向缩水有一定的改善。

5. 切实做好后整理，确保绒面质量

灯芯绒织物经过较长的印染各工序的加工处理，经机械的拉伸，织物门幅变窄。原来刷起的绒毛，有相当部分的已被压瘪倒伏，故经过印染加工的在制品在完成印花各工序后交付整理，在成品前需进行拉幅、整纬刷毛、上蜡等处理。

织物通过拉幅可使织物统一划齐，达到成品门幅的宽度。在拉幅的同时，织物经过整纬装置，使纬斜得以改善。后刷毛的主要目的是将倒伏的绒毛重新梳理成为清晰圆润的绒条，或柔软丰满的绒面，上蜡的作用主要是赋予绒面一定的油脂蜡质，并经过毛毡辊的高速摩擦而使绒面产生柔和的光泽，使成品色光艳丽。上蜡工序也称作"打光"或"增艳"工序。

拉幅和刷毛在实际生产中可根据不同品种及成品要求而选择。例如对绒面要求较高的，可采用先拉幅后刷毛工序；而对成品幅宽要求较严格的品种，则可以先刷毛后拉幅，或两次拉幅。

一般绒条较细的品种，后整理刷毛可略轻一些；对绒条较粗的品种，刷毛则应适当加强。

对于印花灯芯绒，为保持印花灯芯绒成品花型轮廓的清晰，并避免露底疵布的生产。故在后整理时，往往只经过较轻的刷毛。应用于印花灯芯绒的半制品，绒毛必须在前刷毛时充分刷磨，绒毛质量不符合要求的半制品，一般不宜进行印花生产。

三、露底及坑底露白疵病的克服与防止

灯芯绒织物由于具有独特的织物组织结构的特点，在织物印花的过程中坑底露白疵病较易出现，为此克服和防止坑底露白疵病是提高灯芯绒印花印制效果及质量的重要部分。

坑底露白疵病实质上是一种特殊形式的露底疵病。在印花织物上，纹样没有得到足够的印花色浆，使该部分得色较浅，显现出细小的白芯或印不上色浆露出印前半制品底色的情况，被称作露底疵病。

露底疵病产生的原因主要是印花织物的花纹处得不到足够的印花色浆。造成给浆不足的具体原因是多方面的，如印花半制品加工质量未达到印花要求，影响织物对印花色浆的吸收；印花色浆的渗网性较差，影响对织物的供浆给浆量不足；网目选用不当或网版质量不好，网孔小，致使印制过程中造成供浆不足；印制过程中产生堵网都会导致露底。另外，在复印花样时，所用的旧网，在上一次印花结束后残留在圆网上的浆料未洗干净，而致色浆干涸。黏结在网孔边缘，使网孔变小也易产生露底疵病。

1. 坑底露白的疵病状态

织物平摊观看并无所谈及的得色较浅、显现细小白芯或露出印前半制品底色等情况。可是，若将织物折叠或用手指在织物表面刮擦，而在较深的坑底即出现露白及露出印前半制品底色等情况称作坑底露白疵病，如用这种织物制衣，在门襟、袖口、口袋或其他需要折叠的地方就会产生露白，影响成衣的外观效果，为此，要予以克服和防止。

2. 坑底露白疵病的产生原图分析

坑底露白疵病实质上是一种印花露底疵病。产生印花露底的主要原因是印花织物的花纹

处得不到足够的印花色浆；坑底露白的产生原因同样与得不到足够的印花色浆有关。因此，一般织物所引起产生露底的原因，解决措施及办法同样适用于灯芯绒织物的，坑底露白。唯一不同的是产生坑底露白的织物有其特殊性，故坑底露白的产生原因及解决办法又有独特性。

（1）灯芯绒织物组织结构对印花色浆的渗透性有较高的要求。灯芯绒织物布面有如"灯芯"般的绒条。绒条从绒峰到绒根不论是粗条还是细条都有一定的厚度。每条绒条之间都有绒弄间隔着。绒条绒峰接受印花色浆向绒根及绒弄方向渗透、延伸，则需要织物本身及印花色浆均有良好的渗透性，否则就容易产生坑底露白。

（2）灯芯绒织物印制时，在某种情况下过大的印花压力不一定有利于露底疵病的解决。在印制过程中，印花压力的控制一直受到印花工作者的重视。一般情况下，加大压力，能增大给浆量，有利于露底疵病的克服和减少。但对灯芯绒来说，在某种情况下却不然，增大印花压力，绒条压扁会向绒弄延伸，从而导致相邻的绒条将绒弄遮住。压力越大，绒弄坑底被遮得越严实。而这时，绝大部分压力由绒条承受，这虽有利于绒条对色浆的吸收，但此时绒弄坑底则较难吸收印花色浆。圆网印花所施加的印花压力比放射式滚筒印花压力要小得多，但如何控制印花压力，防止和克服坑底露白则仍然是个需要摸索的问题。

（3）灯芯绒圆网印花不论印制中、粗条还是细条都可能产生坑底露白。以往总认为中、粗条灯芯绒由于绒峰较高，绒弄较宽，不利于印花色浆的渗透，较易产生坑底露白疵病。然而，在印花生产实践中，发现细条灯芯绒圆网印花同样会产生坑底露白，这可能与圆网印花压力较小及印花色浆渗透不够、供浆不足有关。

3. 坑底露白疵病的克服办法和防止措施

坑底露白疵病的克服办法和防止措施除可采取通常防止露底的方法、原则外，还必须采用有针对织物特点的防止和克服坑底露白的办法。

通常克服露底疵病的方法主要围绕使织物印花的部分能获得足够的印花色浆来考虑。可采取的措施有切实保证印花半制品的质量，织物上的浆料要退净、煮得透、漂得白，织物毛效应达到8cm/30min以上，同时丝光要足，半制品质量做到均匀一致；合理选用印花网版目数，保证合理供浆；正确执行网版制版操作；合理选用和使用印花刮刀，调节好刮刀的角度和压力；合理选用和使用染化料、糊料，调节好印花色浆黏度和稠度，严格遵守色浆调制操作，做好色浆过滤工作等。

根据灯芯绒织物特点有针对性地防止坑底露白可采取下列措施。主要围绕提高印坯的渗透能力，增强织物对色浆的吸收；要注意印花色浆的稠度和渗透性能、调节好刮刀压力，增加给浆量以及减少纹样色泽与底色的反差等方面采取措施。具体可采用下列办法。

（1）印花半制品浸轧适量的渗透剂。这有利于印坯渗透性的提高，有利于色浆的渗透，减少和克服露底、坑底露白的产生。从生产实践看，中、粗条灯芯绒要浸轧渗透剂，细条灯芯绒同样也要浸轧渗透剂。

（2）在印前应进行一次拉幅。这样做可使灯芯绒绒弄相对增大，即相对增强了织物对色浆的吸收，有利于克服坑底露白。

（3）合理掌握色浆的稠度。在不影响印制轮廓的情况下，印花色浆宜薄。圆网印花一般织物印花色浆的稠度较厚，但对灯芯绒类印花时却不能一味强调用厚浆，应在可能的情况下尽量降低色浆的稠度，这样有利于色浆的渗透，有利于克服坑底露白。

（4）正确控制印花刮刀压力。在灯芯绒印花过程中，刮刀压力在两种情况下都会产生坑底露白：一是刮刀压力较小，这样做会造成给浆量不足，灯芯绒的绒根、坑底得不到应有的色浆而产生坑底露白；二是刮刀压力过大，这样做会造成绒弄、坑底被延伸的绒条所遮盖而得不到印花色浆，以致产生坑底露白。

圆网印制灯芯绒织物如何能正确地控制印花刮刀压力这有待于探索。根据生产实践体会在圆网印制灯芯绒织物时，宜采用偏大、但不能过大的印花刮刀压力，这样有利于增大给浆量，克服坑底露白的产生。

（5）采用双网。对于那些纹样面积较大，色泽较深浓的，可采用一色用二网的方法进行印制。这样做可使该纹样印制后在瞬间放松，有利于色浆向纵深渗透然后再进行一次相同色泽印浆的给浆，有利于坑白露白的克服。同时，该法对白芯疵病的克服有好处。

（6）在可能的情况下，采用染底印花工艺。染色比印制要透，不产生坑底露白，这样做的好处是即使印花成品有露底情况，由于染底较透、绒峰、绒根、绒弄都有色泽，与纹样色泽反差较小，不致产生露白，客户相对容易接受。

四、印制实样举例

1. 织物品种

16 英支 ×20 英支、44 根 / 英寸 ×134 根 / 英寸，全棉灯芯绒。

2. 花样分析（彩图7）

该花样地深纹样色浅，为典型的防拔染印花花样。目前，该花样拔染印花工艺做得较多的是还原染料色拔活性染底印花工艺，或用涂料色拔活性染料染底印花工艺。对于拔染有的客户要求用色拔染料。采用还原染料色拔，有的企业不一定具备条件。另外，对于不常应用拔染印花的企业来说，采用该印花工艺，具有一定的难度。因此，采用仿防拔染印花工艺也是种有效的办法，具体做法是进行二次印花，先反面滚地，蒸洗后再正面印花，采用单面防印花工艺可获得防拔染印花效果的成品。

3. 工艺流程

坯布翻布缝头→碱煮→漂白→轻丝光→第一次印花（反面滚地）→汽蒸→平洗→拉幅→第二次印花→汽蒸→平洗→平整拉幅上柔软剂→码验包装

4. 印前处理工艺条件

（1）灯芯绒印花坯布由割绒厂供坯（坯布已经割绒、退浆、刷毛、烧毛）。

（2）翻布。

①按品种、规格、数量翻布，不同厂家的坯布不能混翻在一箱中。

②翻布堆叠整齐，正反一致，不漏拉头子。拉头子长度为 90 ~ 100cm。

③定期做好运布箱的维护保养、加油工作。

④做好包布、铁皮、绳子、牛皮纸和塑料薄膜等包装料的回收工作。

（3）缝头。

①缝头做到平直坚牢，两边对齐（不超过 0.2cm），线尾不超过 5cm。

②缝头中间针密为 35 ~ 40 针 /10cm，两边密针为 1 ~ 1.5cm。

③头子纬斜要撕头后再缝，保持缝线与纬纱平行，纬斜不超过 1%。

（4）碱煮与漂白。

①设备：R-box 煮漂汽蒸箱。

②工艺过程：平幅进布→蒸洗→浸轧练液→ R 箱汽蒸→水洗→浸轧漂液→ R 箱汽蒸→水洗→烘干。

③碱煮处方及工艺条件。

a. 处方。

烧碱	40 ~ 45g
精练剂 R-204	3g
渗透剂 JFC	1g/L

b. 工艺条件。车速为 40 ~ 45m/min，蒸洗温度为 80 ~ 90℃，轧槽温度为 80 ~ 90℃，汽蒸温度为 100 ~ 102℃，汽蒸时间为 65 ~ 70min。平洗温度第 1、2、3 格为 85℃以上，第四格为 70 ~ 80℃，第五格为室温。

④氧漂处方及工艺条件。

a. 处方。

双氧水	5 ~ 6g
水玻璃	5g
CG2000	0.5g
烧碱	1 ~ 2g（调节 pH 至 10 ~ 10.5）

b. 工艺条件。轧液温度为室温，汽蒸温度为 98 ~ 100℃，汽蒸时间为 55 ~ 60min，平洗第 1、第 2、第 3 格为 80 ~ 90℃，第 4 格为 70 ~ 80℃，第五格室温，烘干，落布含潮率 6% ~ 8%。

c. 氧漂配液操作。在配液槽中加入 2/3 清水，启动搅拌器依次加入稳定剂、双氧水，最后加入烧碱，调节 pH 至 10.5 ~ 11，加水至规定量。搅拌均匀后停止搅拌，测定配液槽双氧水浓度合格后备用。

⑤煮练—漂白操作注意点。

a. 补充液按工作液浓度的 4 倍配制。配液时注意加料顺序。

b. 该织物煮练时，R 箱内应放练液。练液浓度按轧槽浓度的 70% 配制。

c. R 箱因故停车 40min 以上，应用水冲洗，防止风干脆损。

d. 注意轧车压力的调整，浸轧工作液前轧车压力为 0.25 ~ 0.30MPa，浸轧工作液后的轧车压力为 0.08 ~ 0.12MPa。

（5）轻丝光。

①设备：布铗丝光机。

②操作：基本同其他全棉丝光操作。唯轧槽内碱液的浓度宜掌握在 110 ~ 150g/L，碱液温度应在 45℃以下，进行轻丝光。丝光后必须进行充分水洗。落布幅宽要求达到坯布幅宽的 85% 以上，布身的 pH 应在 7 ~ 8 的范围之内。落布时丝光布必须烘干。

以上各工序生产都必须以顺毛进布。

5. 第一次印花（反面滚地）

（1）处方。

活性红 K-2BP	4.0%
活性艳蓝 K-GRS	2.8%
小苏打	3%
纯碱	0.5%
尿素	10%

（2）工艺流程。

印花（反面滚地）→烘干

（3）工艺条件及注意事项。反面滚地以不透印为准，以免影响正面色光，印后要烘干。

6. 汽蒸、平洗及拉幅

（1）汽蒸设备。LM433 型还原蒸化机。

汽蒸工艺条件：温度为 102 ~ 105℃，时间为 7 ~ 8min。

（2）平洗设备。LMH636 型高效平幅皂洗机。

平洗工艺流程及条件：

织物进布→轧水→透风喷淋→小轧车→大流量喷淋→中小辊轧车→四格平洗（温度为 85 ~ 95℃）→皂洗（添加净洗剂）→三格平洗（90 ~ 95℃）→高效轧车→两柱 24 只烘筒烘燥机烘干→落布

（3）拉幅设备。LM734 型热风拉幅机。

拉幅要求：整纬去皱。落布门幅达到成品门幅。

7. 第二次印花

（1）处方。

①橙。

涂料橙 YS	1.5%
奥尼特克斯大红 F2YD-1	0.15%
山德黑 C	0.035%
柠檬酸	4%
奥尼特克斯涂白浆 X-7099	10%
海立紫林合剂 UDT	15%

②绿。

涂料金黄 G-24	1.05%
奥尼特克斯蓝 4GH	0.72%
涂料橙 YS	0.12%
奥尼特克斯涂白浆 X-7099	20%
柠檬酸	3%
海立紫林黏合剂 UDT	15%

③深紫。

活性红 K-2BP	5%
活性艳蓝 K-GRS	2%
小苏打	3%
尿素	10%

④深红。

活性红 K-2BP	4%
活性艳橙 K-GN	0.65%
活性艳蓝 K-GRS	0.4%
小苏打	3%
尿素	10%

⑤紫。

活性红 K-2BP	3.0%
活性艳蓝 K-GRS	2.6%
小苏打	3%
尿素	10%

⑥粉红。

活性红 K-2BP	0.12%
小苏打	2%
尿素	6%

⑦深妃。

活性红 K-2BP	0.15%
活性艳红 M-8B	0.05%
活性艳蓝 K-GRS	0.016%
小苏打	2%
尿素	6%

⑧浅黄棕。

活性艳橙 K-GN	0.08
活性红 K-3B	0.03
活性艳蓝 K-GRS	0.018
小苏打	2%
尿素	6%

（2）工艺条件及注意事项。

①花型方向与毛度方向要一致，要按"顺毛"加工。

②注意防止坑底露白疵病的产生。

③防止防印搭色疵病的产生。注意印制的点、细线，要符合染样。

（3）用网及网目的选用。

①橙。用网 125 目。

②缘。用网 125 目。

③深紫（眼）。用网 125 目。

④深红（嘴）。用网 125 目。

⑤紫（地）。用网 125 目，做双网，另一只做 105 目。

⑥粉红。用网 105 目。

⑦深妃。用网 125 目。

⑧浅黄棕。用网 105 目。

8. 第二次印花后蒸化、平洗

参见上述汽蒸、平洗工序，该工序结束后交整理成品验码包装。

第八节　绉布（纱）印花

绉布（纱）是用普通纱线做经纱，强捻纱做纬纱而织制的织物，通过印染加工、起绉整理，使织物表面具有规则或无规则的绉条或绉纹的漂白、染色、印花起绉织物。由于织物颇为轻薄，故又称作"绉纱"。

起绉织物的组织规格不如府绸、斜纹、卡其织物那样繁多，具有代表性的组织规格有 40×30、57×42，30×20、46×37，40×42、45×40，40×30、65.5×50，J45×J45、56×50，J45×J45、58×52。另外，还有纯棉提花绉布、人棉绉布等。

　　起绉织物具有手感爽滑、质地轻薄、穿着舒适、美观大方等特点，并且绉纹自然有伸缩性，虽经洗涤仍能保持原有绉纹。适宜做春、夏两季服装，如女衬衫、睡衣、裙子及装饰用品，深爱消费者的欢迎。鉴于该织物的特点：在印染加工中一旦落水，平整的布面立即产生皱褶。在印染加工过程中，在何时进行起绉；如何保证起绉的质量，合理安排印染加工工序及工艺流程；采用何种设备及操作是需要认真考虑的问题。

　　绉布起绉对绉条绉纹质量的要求大致有下列几点。

　　（1）绉条的宽度要细，最好不要超过 3mm。

　　（2）绉条排列要紧，最好 5cm 内有 20 根以上。

　　（3）绉条的走向与经纱一致，最好每根绉条一通到底，无分岔，无斜绉。

　　（4）绉条分布均匀，绉条在布边到中心的范围内，无疏密之分。

　　（5）绉条富有弹性，绉条拉开后能迅速回复。

　　绉布印花布在印染加工过程中，印坯前处理、印花生产、蒸化、水洗以及后整理不可能不经湿处理。织物一起绉，会给织物印花、染色加工带来困难。待印待染半制品的织物布面的不平整，在实际生产过程中将会带来印花露底（露白）、染色不匀等一系列问题，需在生产中予以克服。

一、绉布印花生产工序确定的原则

　　皱布是稀薄织物，纬纱强捻后，纱线的物理和机械性能起了很大变化，强力降低，纱线收缩，断裂伸长较大，线条光洁，毛羽少。印染加工时，要求强力小和减少干热处理次数，以免影响绉纱风格。因此，尽可能合并处理工序，以在保证质量前提下，尽可能争取短流程工序为好。以纯棉绉纱漂练前处理为例，一般不进行烧毛，不宜进行丝光碱处理，为保证绉布半制品的渗透性和白度需要进行退浆、煮漂。在漂练半制品能达到质量要求的前提下，最好采用碱氧一浴。漂练后，织物白度若仍达不到要求时，可在漂练后进行增白。

二、绉布起绉在何时进行为妥

　　绉布印染生产从开发至今已有数十年的时间了，有关企业做了有益的尝试和改进，以求日臻完美。但该品种印花织物的生产工艺及所采用的设备等仍尚有待于不断提高和总结。根据以往各企业绉布印花生产大致有以下几种类型。

　　1. 先起绉，展幅去绉后印花工艺

　　（1）工艺流程。

　　翻缝→退浆起绉→煮漂→开幅去绉→印花→蒸化→皂洗起绉→烘干定幅→验码成件

　　（2）生产设备。主要有 MQ113 绳状松式染色机、立式退捻开幅机、针铗拉幅烘燥机、平网印花机、悬挂式高温常压蒸化机、松式平洗机、松式绳洗机、树脂整理机等。

（3）工艺特点。织物先进行前处理，同时起绉，纬向收缩。印花前退捻开幅，拉幅烘干，有时甚至上轻浆，以使印前半制品布面平整后进行印花。固色后，织物平洗并起绉及后整理。

（4）该工艺流程存在的问题和缺陷。

①起绉不良。起绉后的织物经过适当的纬向张力的湿热处理，拉幅拉平后印花，在此状态下强捻纱的内部应力达到新的平衡，潜在的重新收缩起绉的能力大为削弱，这会造成再次收缩时的起绉不良。

②边中绉条不匀。在拉幅过程中，布幅的中间受力较多，使本来相对两边起绉差的中间部分的绉条难以恢复，使得边中绉条不匀的毛病更为突出。

③印制过程中易造成露白等疵病。织物起绉后拉幅不可能完全拉平，存在着大量隐绉或绉条，或者其他平面平整方面存在的一些缺陷，在印制过程中，易造成露白印疵的产生。

纯棉绉布采用活性染料印花，印花色浆中含水较多，印制过程中纤维吸湿，强捻纱产生收缩，易造成对花不准。该织物在印花后蒸化，蒸箱温度较高，印浆吸湿就一般织物来讲，在此情况下容易产生起绉，绉布强捻纱的存在更易产生起绉，而产生搭色等疵病，造成开车困难。

④工艺流程冗长，疵点较多，加工成本较高。

2. 先坯布印花后进行织物煮漂处理及起绉工艺

（1）工艺流程。

翻缝→刷毛→拉幅→印花→固色→退浆→煮漂→烘干拉幅→验码成件

（2）生产设备。主要有刷毛机、拉幅机、平网印花机、焙烘机、MQ113绳状松式染色机。

（3）工艺特点。

①该工艺系先印花后起绉。旨在无绉或少绉的情况下印花，减少露白等印花疵病。

②增加刷毛工序的目的是去除坯布上的杂质。如纱头和棉结，便于后道生产。

③印前拉幅。旨在去除坯布在纺织厂打包后即引起较多的折皱，经拉幅后布面平整便于印花。

拉幅工艺：经轧冷水平幅烘干后，落布门幅小于坯布门幅2cm。拉幅对后整理起绉有一定影响，故其生产要点在于轧冷水，不过烘，拉平布面不扩幅。

④坯布印花。对着色染料的要求必须满足下列要求。

a. 与织物具有一定的染色牢度，而不受坯布表面浆料及渗透性差的影响。

b. 具有一定的耐酸、耐碱、耐氧化剂等耐化学品的性能，而且有很好的鲜艳度而不发生色变。

c. 后整理中，对织物的起绉影响要小，且不沾污织物。

在坯布印花过程中采用活性染料，结果上色较为困难，水洗沾色严重，在后整理煮漂平洗过程中色光变化较大，起绉状况良好；采用涂料印花尚可，水洗沾色较轻；起绉状况与使用的黏合剂用量有关。用量多，对起绉影响大；用量少，影响小。在后整理漂洗过程中略有掉色。因此，该印花工艺则以涂料印花为好。

（4）该工艺流程存在的问题和缺陷。

①涂料印花在起绉过程中的掉色问题。国内常用的印花黏合剂大多数属于聚丙烯酸酯共聚物。成膜后具有一定的牢度。该工艺采用涂料印花在起绉过程中产生掉色，这可能与黏合剂的用量、结膜固色条件、起绉溶液的条件及黏合剂本身的质量条件有关，以致造成浆膜的溶胀、浆膜的水解、染色牢度大为降低；浆膜彻底破坏甚至使浆膜从织物上脱落产生掉色。若选用合理的黏合剂、合理的黏合剂用量、合理结膜固色条件，染色牢度应该会有所提高，掉色问题会有所改善，但可能会影响到织物的起绉效果。

②涂料印花后的起绉问题。涂料浆膜的存在对纬纱收缩有较大的束缚，对织物起绉影响较大。布面滞浆量越多，涂料块面越大，黏合剂用量越大，影响越大。

固色焙烘时的高温对强捻纱有消除内应力的作用，对起绉不利。因此，在保证涂料固色的前提下尽量控制焙烘的温度与时间，防止温度过高，时间过长，并要注意减小张力。

③坯布浆料对起绉的影响。坯布织造时上的浆料对起绉同样有妨碍，坯布印花后经过焙烘处理增加了坯布浆料去除的难度，特别是在印花色浆的覆盖下的浆料更难去除，常造成局部去浆不净而影响起绉效果。

3. 先平幅前处理，印花固色后起绉工艺

（1）工艺流程。

翻缝→退煮→漂白→（染色）→拉幅烘干→印花→蒸化→绳状→水洗→固色→出缸→脱水→退捻开幅→拉幅烘干→验码成件

（2）生产设备。主要生产设备有卷染机、拉幅烘干机、平网印花机、悬挂式蒸化机、松式绳状水洗机、离心机、退捻开幅机。

（3）工艺特点。该工艺的关键是在印花前，印花半制品如何保证织物平幅不收缩，以供印花使用，同时要将织物漂练前处理完成。印花固色后，织物再进行起绉。实验表明采用卷染机退浆、煮练、漂白，甚至染色，然后再进行印花，可使印花半制品织物的表面保持平整，为织物印花打下基础。在操作中关键要掌握好织物张力。张力过大织物表面在加工过程中会受到损伤，织物易板结，削弱起绉效果；反之，张力过小，布面入水易产生皱褶，影响退煮等前处理。

绉布退煮后，大部分浆料和杂质已经去除，但织物上部分浆料、杂质还未去除干净，色素还存在，织物白度还有待提高。为此，绉布退煮后还得进行漂白处理，一般选用次氯酸钠进行漂白即可。

在漂练处理时，若采用碱氧一浴法处理，能保证织物前处理质量，简化工序即是最佳方案。但在使用双氧水漂白时，要注意所用设备一定要为不锈钢材料的。在加工过程中要防止铁离子发生化学作用而导致在双氧水漂白时产生织物小破洞的情况。

该印花工艺可采用活性染料印花。使用该工艺流程生产，生产效果较为理想。

三、绉布印花对坯布的要求

为保证印花加工的顺利进行及成品质量，要注意来坯的下列项目内容。

1. 织物强力

起绉织物由于经纬密度较稀疏和纱的线密度较低，强力比一般织物较低。另外纬纱由于捻度偏高，断裂强力有所降低，对织物牢度有一定影响。因此，在印染加工前应注意织物强力的检查。

2. 原纱条干

起绉织物由于织物密度较稀疏，原纱条干的均匀程度易在织物表面上显现出来，因此，原纱条干的要求比较高，经纱条干的要求又比纬纱的高。

3. 棉结杂质

绉布布面密度稀疏。原纱上的棉结杂质与条干一样容易在布面上显现，因此，对原纱的棉结杂质应力求做到少而小。

4. 布边要求

起绉织物在印染加工过程中会遇到豁边与卷边问题。这除与印染加工方法有关外，纺织厂在设计布边时应予以重视，可增加边经纱密度和宽度，布边宽度为2cm左右。

5. 布幅掌握

影响绉布布幅的原因主要是成品的起绉形态、绉布经向密度、强捻纬纱的捻度和所用原料等。绉布的幅宽加工系数视情况不同而定，但总的来说，绉布的加工系数较低，一般讲成品门幅比原坯门幅收缩30% ~ 40%，坯幅要比成品宽40%。

四、花布图案花型的适应性

绉布由于纬向伸缩较大，故一般不宜印线条及几何方格花型；另外，由于绉布稀疏是稀薄织物。若花型纹样大，织物在印制时印花色浆滞浆量多，易产生印浆向织物反面渗透，造成搭色、拖色等疵病，故应以印小花为宜。花型若为满地者，则宜做先染地后印花罩印工艺为妥。

考虑到绉布绉纹效果，印花工艺流程不宜过长，故印花图案应以直接印花图案为主。

五、生产过程中其他应注意的事项

为保证绉布的印制效果以及绉布绉纹的质量，还应注意如下事项。

1. 去杂要净，要注意织物上人为杂质、天然杂质的去除

再生纤维、合成纤维相对来说含杂要简单一些，杂质以人为杂质居多；而纯棉等天然纤

维不仅有人为杂质，而且还有天然杂质的存在，前处理漂练工艺的要求要高些。要注意坯布织造过程中的浆料以及印花固色后印浆、糊料的去除。在生产过程中要重视织物前处理退浆、煮练、漂白工艺和合理工艺条件的执行；印花固色后要注意未固着染料、印花原糊的洗净。印前浆料若洗不干净，残留在织物上会造成印制时露白、染色不匀疵布的出现；印后浆料的存在会影响织物成品的手感和起绉效果。

2. 要保证待印半制品布面的平整

要做到这一点，除选择合理的印花工艺和生产流程外，必要时进行印前拉幅及浸轧一薄层糊料，以达到待印半制品挺刮、布面平整、吸浆均匀的目的。

3. 起绉工艺条件要缓和

起绉工艺条件缓和有利于布面各处所受工艺条件一致，减少或不受无规则外力的挤压，以致可保证绉布绉纹达到"细""密""直""匀"的质量要求。起绉后应用高温处理一下，以达到湿热定形的作用，以保证绉条有较强的弹性。

4. 起绉采用松式设备

采用溢流机起绉效果较好。有人采用卧式工业洗衣机进行起绉，起绉效果比绳状机还理想。

六、印制实样举例

1. 织物品种

人棉绉布。

2. 生产工艺特点

平幅漂练前处理，印花固色后绳状水洗，织物起绉。

3. 生产设备

主要有卷染机、拉幅机、平网印花机、悬挂式蒸化机、松式水洗机、离心脱水机、退捻开幅机。

4. 工艺流程

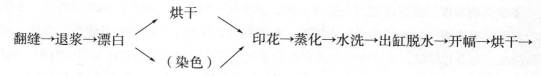

翻缝→退浆→漂白 →烘干/（染色）→ 印花→蒸化→水洗→出缸脱水→开幅→烘干→

拉幅上柔软剂→验码成件

5. 工艺条件

（1）退浆。工艺流程：

干坯进缸（卷染机）→干坯回一道（织物张力2.5MPa）→加水200L、烧碱7g/L、水玻璃2g/L、雷米邦3g/L、渗透剂JFC1g/L→升温→100℃保温走8道→80℃出水一道→60℃出水一道

绸布退浆后,大部分浆料和部分杂质已去除,但仍残留部分杂质、浆料影响织物渗透性能,织物表面色泽较黄,影响外观质量,故还需经漂白处理。

(2)漂白。工艺流程:

织物退浆后→水洗→加入次氯酸钠(有效氯 1g/L)pH 为 10→升温至 30℃,保温 6 道→40℃水洗 1 道→脱氯硫酸 2.5g/L,温度 40℃,2 道→水流 60℃→水洗 50℃→出布

(3)染色。印坯若要染底,则可考虑在卷染机上进行。绸布染色张力以 3MPa 为宜。工艺流程:

干坯进缸→干坯回一道→退浆→水洗→漂白→水洗→脱氯→水洗→(染色)→60℃水洗一道→40℃水洗一道→固色→水洗→出缸→烘干

从生产实践证明,绸布在卷染机上染色后,色泽均匀,手感柔软是绸布较为理想的染色方法。

(4)印花。工艺流程:

熟坯缝头→印花→(给湿)→蒸化→水洗→(固色)→出缸脱水→退捻开幅→缝头烘干

印花按常规。印花固色后水洗皂洗。洗去浆料和未固着的染料,提高色泽鲜艳度和染色牢度。绸布水洗皂洗过程还有一个重要作用就是在此要起绉。生产设备可采用松式水洗机,也可采用溢流染色机,该机起绉效果较好。其也是一种松式设备,织物在较高温度的水中循环,起绉效果符合绸布风格,温度为 90 ~ 95℃,时间 30min 后脱水开幅烘干。

(5)拉幅烘干。浸轧柔软剂使手感滑爽柔软。将幅宽拉成一致,且达到要求的拉幅宽度。

第九节　平绒印花

平绒与灯芯绒织物均属起毛织物。其织物表面都具有耸立的毛绒,两者的区别在于灯芯绒织物表面具有不同宽度的绒条;而平绒织物表面的绒毛,均匀覆盖于整个织物表面形成平整的绒面,所以称作平绒。

平绒织物表面是借纤维断面与外界摩擦,因此比一般产品的耐磨性能要提高 4 ~ 5 倍。织物表面绒毛丰满,对光线的反射作用强,有柔和的光泽和柔软的手感及优良的弹性,织物不易起皱,布身较厚实,保暖性强。适宜作妇女秋冬罩衫、马夹、外套以及男女鞋料、帽料。此外,还可作幕布、粉扑、精美贵重仪表和饰品的盒里料以及影片、唱片及镜片揩布等。

一、割纬、割经平绒对印花的适应性

根据绒毛形成的方法可分为割纬平绒(纬起毛平绒)和割经平绒(经起毛平绒)两类。割经平绒和割纬平绒在织物外观风格上具有相似的特征,然而两者有以下区别:割经平绒一般绒毛较长,不适宜于机械印花,仅适于手工网印粗糙花型的印花,织造工艺比较复杂,

织疵较多，然而织造生产率较高，割绒工艺较简单；割纬平绒的绒毛轻薄，手感较柔软，光泽也较好，适宜机械印花印制各种精致优美的花型，用途也较广泛，织造工艺较简单，但是织造生产率较低，又因其绒毛不是在织造过程中形成，而是在织造后整理过程中形成的，故加工工艺较复杂。割纬平绒常见的组织为地：绒 =1：3，品种有 $60/2 \times 30$、65×265，$60/2 \times 40$、73×304，$42/2 \times 32$、65×221，$20/2 \times 21$、45×162，30×40、73×273 等。

二、割纬平绒印花生产及注意事项

割纬平绒印花时，印制效果较灯芯绒或割经平绒为佳。花型线条较清晰，如与绒面光泽配合恰当，更能呈现出丰满的色调。割纬平绒一般常为深色拔染、防染印花花型，或浅地套印深色印花花型。印花方法有滚筒印花与筛网印花等，印花工艺与其他棉织物印花工艺相同，印花后宜采用平幅松式处理。

工艺流程：

摊布缝头→轧碱→割绒→退浆→真空吸水→烘干→纬向、经向刷绒→烧毛→第二次刷绒、烧毛→第三次刷绒、烧毛→平幅煮洗→真空吸水→烘干→第四次刷绒、烧毛→第五次刷绒、烧毛→平幅漂练→印花→烘干→汽蒸→水洗、皂洗→烘干→纬向经向刷绒→拉幅→经向刷绒上光→成品检验→卷筒装箱

1. 轧碱

割绒前进行单面式浸轧烧碱液后烘干。轧碱的目的和要求与灯芯绒相同。但平绒所用碱浓略高于一般灯芯绒。

2. 割绒

割纬平绒绒毛的生产与灯芯绒相似，即将绒纬割断而成。因此，加工工艺与灯芯绒有许多相似之处，但也有所差别。由于平绒组织结构的关系只能采用拖刀割绒机单刀进行割绒或采用手工割绒，所以不能像灯芯绒那样使用全幅式圆刀割绒机。刀具的刀刃高度、长度应低于及短于灯芯绒拖刀割刀。

3. 退浆

目的是去除织物上的浆料，洗除残碱，通过水洗使割断的绒纬初步松解，以平幅松式煮洗机为最适宜。绳状松式退浆易使绒面不平整，开幅麻烦，故在平绒中不宜使用。

4. 烘干

烘干前宜用真空吸水，使脱水后织物含水率在 85% 以下。烘燥可用热风烘燥机，用普通圆筒烘燥机或单面圆筒烘燥机，宜在烘干的同时，加装数只毛刷辊，起松散绒毛、平整绒面的作用。

5. 刷绒

不宜采用往复式纬向平板刷绒，否则易产生板刷印。纬向刷绒采用皮带刷，经向则用毛刷辊，每种各 8 ~ 10 条。经向刷绒时，毛刷辊宜倒顺交叉，以减轻绒毛单向倒伏状况。

6. **烧毛**

宜用铜板烧毛机，纬平绒的刷绒烧毛是加工中的一个重要环节。为松解绒毛，并达到绒毛短密，绒面平整光洁，应经连续刷烧 4 ~ 5 次，这在棉织物印染加工中是很少见的工艺。

7. **煮洗**

在第二、三次刷绒烧毛后进行肥皂、纯碱的平幅煮洗的目的是为了进一步松解绒毛，使卷曲绒毛得以伸展，便于再次刷洗及洗除绒面焦毛。

8. **练漂**

印花织物应进行练漂。具体方式如下。

（1）染缸烧碱煮练→漂酸洗。

（2）染缸煮练 6 ~ 8 道，带 20g/L 左右烧碱上卷→吊入开口煮布锅或大铁槽浸入 10g/L 烧碱液中，保温 95 ~ 100℃、6 ~ 8h →漂酸洗。

（3）与灯芯绒方式同。轧碱卷轴→吊装入开口煮布锅煮练→轧辊式平洗机漂酸洗（或履带式轧碱气蒸→轧辊式平洗机漂酸洗）。这种方式生产效率高，但绒毛倒顺向明显，绒毛丰满度差。在平洗机上加工应以顺毛方向进行。

9. **染色**

染色方式有卷染、轧染、平幅松式及星形架染色等。印花地色须采用轧染，轧染易使绒毛瘪平，生产时应予以注意。

10. **后刷绒**

往返刷绒次数可根据绒毛瘪、乱情况确定。进刷绒机前宜经蒸汽给湿。

三、印制实样举例

1. **例一**

（1）织物品种。30 英支 ×40 英支、73 根 / 英寸 ×273 根 / 英寸割纬平绒。

（2）花样分析（彩图 8）。

①该花样色泽浓艳，层次丰富，多为同类色或深浅色压印，可采用直接印花工艺。

②为使绒面丰满、手感柔软，较大块面的花样纹样不宜选用涂料。该花样当时采用不溶性偶氮染料与活性染料共同印花。为使不溶性偶氮染料色泽轮廓清晰，可加适量的释酸剂，防印相碰处的活性染料；同时在活性染料印浆中增加碱剂的用量。另外，在不溶性偶氮染料印浆中不加挥发性的醋酸，以免活性染料固色受到影响。

③花筒排列按压印情况及色浆化学性能排列，一般应为 1# 深棕、2# 红棕、3# 橙、4# 黄棕、5# 深血牙、6# 绿，但在实际印制过程中，花筒排列为 1# 深棕、2# 红棕、3# 绿、4# 橙、5# 黄棕、6# 深血牙。把绿浆排在 3#，这可能是考虑到对花准确。

④各色相碰处，可采用小处压印，大处借线，以保证对花准确，不脱版。

（3）工艺流程。见本节二割纬平绒印花生产及注意事项中的工艺流程。

（4）工艺条件。

①轧碱。

烧碱	18g
浸透剂 JFC	1g
丝光皂	1g
合成	————
	1L

一浸一轧

②染缸退浆。

热洗（8道，温度80℃以上）→染缸酶退浆（8道，55℃）→沸洗（6道）→热水洗（4道）→冷水洗（4道）

酶退浆处方：

7658 酶	20g
食盐	500g
合成	————
	150L

③染缸平幅煮洗。

沸洗（6道）→热水洗（3道）→冷水洗（2道）

处方：

肥皂	0.5kg
纯碱	0.5kg
合成	————
	150L

④染缸煮漂。染缸容量（210±5）m（约5匹，60kg）。

坯布打卷进缸（50℃温水）→沸煮（18道）→水洗（4道60℃）→冷流水（2道）→漂白（10道室温）→冷流水（2道）→脱氯（4道50℃）→水洗（4道60~65℃）→冷流水（2道）→上卷

处方：

煮练溶液：

30%（36° Bé）烧碱	12kg
渗透剂 JFC	0.4kg
皂粉	1kg
合成	————
	200L

漂白溶液：次氯酸钠（10%有效氯）9.5kg配至200L

脱氯溶液：硫代硫酸钠（大苏打）1kg加水配至200L

⑤印花。

a. 打底处方。

色酚 AS	16.5g
30%（36°Bé）烧碱	19g
增白剂 VBL	2g
渗透剂 209	20g
	——————
合成	1L

b. 花筒排列和印浆处方。

1# 深棕：

黑盐 ANS	4%
色基橙 GC	1%
硫酸铵	3%
淀粉—合成龙胶糊（1∶1）	适量

2# 红棕：

黑盐 ANS	1.3%
色基橙 GC	1%
色基大红 G	0.25%
硫酸铵	3%
淀粉—合成龙胶糊（1∶1）	适量

3# 绿：

活性黄 K-RS	7.5%
活性蓝 K-GL	1.8%
活性元 K-BR	0.2%
尿素	10%
防染盐 S	1%
小苏打	4%
海藻酸钠糊	适量

4# 橙：

色基橙 GC	2%
硫酸铵	3%
淀粉—合成龙胶糊（1∶1）	适量

5# 黄棕：

活性橙 K–GN	3.6%
活性棕 K–3R	2%
活性黄 K–RS	2.4%
尿素	5%
防染盐 S	1%
小苏打	4%
海藻酸钠糊	适量

6# 浅米色：

活性黄 K–Rs	0.5%
活性棕 K–3R	0.13%
活性橙 K–GN	0.13%
尿素	2%
防染盐 S	1%
小苏打	2%
海藻酸钠糊	适量

2. 例二

（1）织物品种。40/2+50/2×32+40 旦、126×84，平绒。

（2）花样分析（彩图 9）。

①该花样系防拔染印花花样，若做单面防印则要做二次印花。

②黑底色应做到丰满、得色均匀。黑色网可考虑做只加网。

③为保证平绒织物手感柔软，做活性防活性印花工艺。

（3）生产设备。主要有荷兰斯托克刮刀式圆网印花机、LM433 型还原蒸化机、LMH631 平幅皂洗机。

（4）工艺流程。

待印半制品平绒→滚底→蒸化→水洗皂洗→拉幅整纬→印花→蒸化→水洗皂洗→交整理车间后整理并成品

（5）滚底。

处方：

德凯素黑 B133%	6%
雷玛素金黄 RNL150%	1%
雷玛素红 F3B	0.5%
小苏打	3%
尿素	12%

（6）蒸化。温度为 100 ~ 102℃，时间为 7 ~ 8min。

（7）印花。

①网版排列及处方。

1#棕：

雷伐非克司棕 PN-2R	0.28%
普施安黑 PX-N	0.2%
汽巴克隆红 P-4B	0.05%
小苏打	5%
亚硫酸钠	3%
尿素	8%

2#红：

雷伐非克司棕 PN-2R	0.75%
普施安黑 PX-N	0.06%
汽巴克隆红 P-4B	6.3%
小苏打	3.5%
亚硫酸钠	3%
尿素	10%

3#蓝：

普施安艳蓝 PX-3R	0.3%
雷伐非克司棕 PN-2R	0.02%
汽巴克隆红 P-4B	0.018%
小苏打	2%
亚硫酸钠	3%
尿素	6%

4#浅黄棕：

雷伐非克司棕 PN-2R	0.2%
普施安黑 PX-N	0.07%
汽巴克隆红 P-4B	0.035%
小苏打	2%
亚硫酸钠	3%
尿素	6%

5#米黄：

雷伐非克司棕 PN-2R	0.05%
普施安黑 PX-N	0.003%

　　　　雷伐非克司黄 PN-5GN　　　　　　0.05%

　　　　小苏打　　　　　　　　　　　　　2%

　　　　亚硫酸钠　　　　　　　　　　　　3%

　　　　尿素　　　　　　　　　　　　　　6%

　　6$^{\#}$黑：

　　　　德凯素黑 B 133%　　　　　　　　6%

　　　　雷玛素金黄 RNL 150%　　　　　　1%

　　　　雷玛素红 F3B　　　　　　　　　0.5%

　　　　小苏打　　　　　　　　　　　　　3%

　　　　尿素　　　　　　　　　　　　　　12%

　　②网目选用：1$^{\#}$棕 105 目，2$^{\#}$红 125 目，3$^{\#}$蓝 125 目，4$^{\#}$浅黄棕 125 目，5$^{\#}$米黄 105 目，6$^{\#}$黑 125 目，6$^{\#}$黑加网 80 目。

　　③印制注意事项。

　　a. 二次印花。先滚底（反面）蒸洗后重新拉幅再印花。

　　b. 半漂布上印。活性防印活性工艺。

　　c. 滚地时，当心不能透印，以防影响正面花、叶色光。

　　d. 顺毛印花，防止绒毛倒乱，以致造成色光发花。

　　e. 注意防印效果，花型边缘不可有不干净的红色边，不可露底。

　　f. 印花及时蒸洗，防止防印色浆搭色。

第七章　特种印花

　　顾名思义，特种印花与一般常规的印花有所不同。不同之处在于特种印花比一般常规印花的工艺、操作特殊，超出一般常规印花生产规范，印制获得的印花成品与众不同。

　　随着人们生活水平的不断提高，服饰已不仅仅追求色彩符合流行趋势和款式合体，人们在穿着使用的同时，又有追求新颖、独特效果的乐趣。因此，在织物印花上出现了一批追求特殊印花效果、特殊印花风格，采用特殊工艺、特殊手段和方法，对织物进行特殊处理或借助于现代高新技术，运用新的染化料，从而获得一批超出一般印花精神的特殊印花产品。为了满足人们消费水平的提高，相信今后特种印花产品会有更大的发现和创新。

第一节　印花泡泡纱

　　泡泡纱是棉制印染绉类品种。其外观特殊，穿着舒服，深受消费者欢迎，是一类常销不衰的印花织物。

　　泡泡纱织物的生产，开始采用一定浓度的烧碱，直接局部地印在漂白染色或印花棉织物半成品上而获得的。自从采用防碱树脂新工艺以后，使泡泡纱的品种、泡型及泡泡耐久性等方面都有了一定的发展，服用范围得到了扩大。现在一般把在棉织物上直接印碱而获得的泡泡纱称作碱泡泡纱，也称作传统泡泡纱；运用防碱树脂工艺生产的泡泡纱称作树脂泡泡纱。树脂泡泡纱按照采用的印花工艺不同，又可分为不对花树脂泡泡纱和对花树脂泡泡纱两种。

一、起泡原理

　　泡泡纱起泡是利用了棉纤维遇浓碱会膨化发生收缩的特性。在碱泡泡纱生产过程中，印花机在织物上印制间距相等或不等的直条浓烧碱，致使棉布局部有碱，局部无碱，未与浓烧碱接触部分的纤维，由于受邻近碱纤维的膨化收缩作用而挤压成泡。在树脂泡泡纱生产中，利用防碱树脂因有防水防碱性而不吸碱的道理，在织物上局部印上防碱树脂或印上含有防碱树脂的印花色浆条起防碱作用，织物上印花后浸轧碱液时，未印上防碱树脂的棉纤维发生膨化收缩，致使在印有防碱树脂处起泡。

二、碱泡泡纱与防碱树脂泡泡纱的鉴别

碱泡泡纱与防碱树脂泡泡纱可从以下几方面进行鉴别。

1. 滴水鉴别

碱泡泡纱印制过程中无拒水性的防碱树脂，因此，当用水滴滴于起泡处，则能渗化；而防碱树脂泡泡纱，起泡处有防碱树脂存在，因此，当水滴滴至起泡处，水不会渗化，表现为拒水性。

2. 色泽鉴别

碱泡泡纱起泡部分的色泽与所供印坯色泽一致。例如，印泡泡纱坯布为白色，即印制起泡的部分也为白色；而防碱树脂泡泡纱则不同，起泡部分有时可与坯布相同，有时则可带有多种色泽，因防碱树脂印浆中可以酌量加入有色涂料，而在碱泡泡纱印制中不可能。

三、印花生产要点及注意事项

1. 对印花坯布的要求

为了能获得手感柔软，穿着舒适，有一种"纱"的感觉，所以印制泡泡纱织物，宜采用较细支数和稀薄的织物。常用于泡泡纱生产的织物有多种规格：30×30、68×68 细布，30×36、72×69 细布，60×60、90×88 细布等，而目前最常用的是 60×60、90×88 细布，这可能与其纱支更细、织物较为稀薄有关。

印泡前半制品质量，特别是半制品白坯质量的好坏，对泡泡纱的质量影响很大。泡泡纱的起泡与碱液的渗透有着密切的关系。影响织物渗透的因素主要是坯布上的油脂蜡质。为了能去除油脂蜡质，提高渗透性能，就必须抓好退浆、煮练。要求退浆煮练均匀，白度洁白，毛细管效应在 10cm/30min 以上。

另外，以往认为印碱起泡必须使用不丝光布，以免浓碱丝光会影响以后的收缩。然而，通过实验和生产证明，丝光白布经染色或印花后，印泡的成品手感和刚度都比未丝光的好。因此，有的工厂对直接印碱工艺所用的练漂半制品经过丝光工序，但也有的工厂现在仍有不经丝光工序的。

2. 对网版雕刻的要求

目前用于印花泡泡纱生产的印花设备主要采用放射式滚筒印花机、圆网印花机。花筒雕刻涉及铜辊花筒及圆网的雕刻和制作。

在起泡的允许范围内，花筒、圆网上线条、纹样的宽窄、大小与起泡的大小密切有关。印碱花筒的未印碱处起泡，印碱条子宽度大于空白处的起小泡泡，反之则为大泡泡。如设计花筒雕刻的线条，在一定的间隔内大小不一，则最后印制效果为大小泡泡。印防碱树脂花筒则相反，起泡在印防碱树脂处。印细条，泡泡起得小，印宽条，泡泡起得大，因此在设计时应予以认真考虑。

碱液渗透的好坏，对起泡的影响较大。印碱花筒雕刻一般要求较深，腐蚀的深度一般掌握在 0.58 ~ 0.6mm（23 ~ 24 英丝）。印碱条嵌线为 16 ~ 18 号平行嵌线，嵌线要求不低于平面。防碱树脂泡泡纱生产过程中织物碱液的获得是采用浸轧方式获得的。织物在印花机上是印制防碱树脂，防碱树脂必须具有防水防碱的作用才能得到较好的起泡效果。因此，防碱树脂花筒雕刻的深度也掌握较深，一般掌握在 0.53 ~ 0.58mm（21 ~ 23 英丝）。圆网制作时以防碱树脂色浆的滞浆量偏多些为宜，一般选用 100 目或 80 目的网目，同时辅以必要的印花压力。

3. 染料的选择

应用于泡泡纱上的染料应具有耐强碱、耐高温的性能。合理选择染料也是做好泡泡纱的印制的关键之一。

以往在印花泡泡纱的印制中，可溶性还原染料、不溶性偶氮染料、活性染料、中性素染料等都有一批适用于印制泡泡纱的常用染料。现随着印花工艺的不断改进以及环保的要求，有相当数量的染料在泡泡纱印制上已不再采用。目前用于泡泡纱上的染料主要是活性染料和涂料，应用于泡泡纱上的各类染料，在起泡以前都必须结束各自的全部工艺程序，各项牢度必须合格才能起泡。为此，为做好泡泡纱对于应用于泡泡纱的各种染料、涂料，必须进行认真细致的选择，要求染料必须耐高温耐浓碱处理，经水洗脱碱后无明显色变。

4. 印泡碱液的掌握

印泡碱液的印制或防碱树脂泡泡纱中碱液的掌握，对该织物的起皱起泡成型有直接关系。在印制过程中要掌握好碱液的浓度、温度以及印花机车速。烧碱液常规采用 42% ~ 43.5%（45 ~ 46° Bé 烧碱含量 580g/L），碱液清晰无杂质，呈微蓝色，碱液中铁质含量不得超过 40mg/kg。碱液温度：碱盘中保持 58 ~ 60℃，供碱筒内蒸汽保温，以确保碱盘中温度。碱液所经过的管道均要用不锈钢制成，以减少铁质。花筒上车要求左右压力一致，要防止脱碱液，碱泡泡纱印制时，碱液一律印反面。印花刮刀一般选用 22# 不锈钢刀。

防碱树脂泡泡纱在印制防碱树脂时，要认真打好车头样，要注意检查以未印树脂部分遇水能迅速浸湿，印制树脂部分无浸湿现象为正常。必要时要进行焙烘。以提高摩擦牢度。防碱树脂印制后织物起泡需全面浸泡碱液。浸泡时同样要掌握好碱液浓度、温度、浸轧压力及时间。浸轧为全浸一轧，轧辊为一硬一软，压力在 49.1N 左右，烧碱液浓度为 23.5% ~ 25.5%（30 ~ 32° Bé），温度为 30 ~ 32℃，在轧碱时不宜采取多浸多轧。车速不宜过慢，防止因防碱树脂在多浸多轧中或车速过慢的情况下起不到防水防碱的作用，致使产生印防碱树脂部分浸湿而不能起泡的疵病。另外，对碱液同样要求清晰无杂质，碱液中铁质含量要少。

5. 防水（防碱）剂的选择

防碱树脂泡泡纱产品质量优劣的关键是防水剂的质量和性能。作为防碱树脂泡泡纱印制中的防水剂必须要有良好的防水防碱性能，手感柔软，同时符合环保要求。早前应用的福博特克斯 FTC（phobatex FTC）在防碱效果、手感方面均属较好的品种。在不对花树脂泡泡纱的生产中，由于是在印坯漂白、染色、印花的工艺结束后，再印防碱树脂色浆，并且再轧碱成泡的。因此，使用起来问题不大。对花树脂泡泡纱的生产过程中使用福博特克斯 FTC（phobatex FTC）作为防碱树脂色浆，在与涂料对花同印时，吸附和凝结刀口等问题，影响了产品质量的提高。目前，在圆网印制防碱树脂泡泡纱过程中，好多厂家直接采用防水剂作为防碱树脂印制泡泡纱起到了较好的效果。

防碱树脂一经印上织物后，为使防碱树脂能起良好的防碱作用，以利于起泡，在印制过程中除赋予织物一定的树脂量外，同时还要考虑防碱树脂的交联结膜问题，故在防碱树脂印制后，印（轧）碱前宜采用焙烘工艺。

6. 对印碱设备的要求

以往，碱泡泡纱印碱多数采用的是放射式滚筒印花机。该种设备有衬布印花机及无衬布印花机之分。由于印泡泡纱用碱渗透性较高的缘故，所以传统印碱泡泡纱采用的是无衬布放射式滚筒印花机。又由于印碱仅为一套色，橡胶承压滚筒直径仅为 30cm 左右。该机用于泡泡纱印制，在生产过程中渗透到承压滚筒的碱液必须除净，淋水必须刮尽，这一点在生产中很重要，故在承压滚筒上面设有滴水管和长条毛刷一根、橡皮刮刀和水斗。开车前必须校正橡胶刮刀。承压滚筒橡胶邵尔硬度为 91 ± 2。关于用圆网印花机印碱泡泡纱的报道不多，较多的做防碱树脂泡泡纱。因此，在该机上印制的是防碱树脂或防碱树脂加涂料色浆，可按照圆网印花机印花一般操作方法印制即可。

7. 印制后的平洗

印制好的织物落布放在布车内，但不能紧压。若平洗来不及，搁置时间不宜过长。碱泡泡纱搁置时间一般不超过 2h，如未洗泡之布较多，则印制要停下来，等待洗半成品减少后再继续印制。泡泡纱的去碱平洗应在松弛的状况下进行。切忌避免过大能力，以免棉纤维发生丝光作用而不起泡。最早，印花泡泡纱的洗碱方式是在二只为一组的大陶瓷缸内人工操作的。用四角滚筒将布循环地运送到放满清水的缸内进行水洗，直至碱质洗净为止；现在用得较多的是平幅履带松式连续水洗机，该机有两组平幅履带，中间设转轮水箱一只，出布处有窄幅式真空吸水口。转轮水箱中有蒸汽加热管，箱内温度保持在 50 ~ 60℃，提高去碱效果。也可加入淡醋酸，使水溶液 pH 保持在 3 ~ 5，中和残碱。在履带上方，每隔 40cm 装有喷淋水管一根，使水喷到织物上，达到洗碱的目的。

防碱树脂泡泡纱，在浸轧碱液后织物即发生收缩起泡，为防止防碱树脂部分被碱液浸湿影响起泡，应及时进行并抓紧平洗去碱。按生产实践经验看，织物浸轧碱液 2 ~ 3min 即可进行平洗去碱。堆置时间长，起泡效果反而降低，这很可能是碱液浸湿防碱树脂部分，起不到防水防碱作用所致。

8. 烘燥方式的考虑

烘燥既要考虑到泡型、手感，又要保证不能起绉，保持规定的成品幅度。烘燥过程中过紧过松都会产生疵病。

碱泡泡纱在印花机印制完毕后，织物经过在车头上方设有的夹板蒸汽加热板组，织物得到加热干燥，织物出夹板蒸汽加热板组后即为落布架。

在生产过程中，织物轧碱后烘燥，还是平洗后烘燥，使用过直接在滚筒上接触烘干；也用过圆网烘燥，圆网直径 1m，中空，热风由内层向织物喷射。前者经向张力偏紧，门幅有时不够稳定；后者经向张力虽小，但易产生绉条，同时烘燥效率不高。

较理想的烘燥方式应是在松式条件下去除大部分水分，在接近烘燥的状态下给以一定的纬向定幅手段，这样既能保持泡泡效果，又能保证成品门幅的要求，可以省去拉幅工序。目前较为理想的烘燥机为 S 短环烘燥机。

9. 拉幅的掌握

为保证门幅的一致性，以及达到成品要求，或起泡泡纱织物去碱后烘干作用，故必须进行拉幅。拉幅在事实上会对起泡有一定的影响，所以在操作时应慎重对待，做到进布要松，门幅掌握在允许范围内，不要拉得过宽，不开蒸汽给湿。

四、泡泡纱织物不起泡、泡平疵病的防止与克服

泡泡纱织物的印花设备先是采用放射式滚筒印花机，随着印花的发展，目前在圆网印花机上也进行了泡泡纱的印制。泡泡纱印花工艺由直接印碱发展至防碱树脂印花工艺。泡泡纱印制过程的常见印花疵病与一般印花织物印花疵病相雷同。也就是说一般印花织物印制过程中出现的常见疵病，在泡泡纱印花过程中同样也会出现。这些疵病的产生原因和克服办法在本处不再赘述。结合织物印制特点最突出的是不起泡问题，故本节讲述泡泡纱织物常见疵病，不起泡或泡平疵病的产生原因和克服办法。

泡泡纱织物不起泡、泡平疵病产生的根本原因是遇碱部位纤维的收缩力弱，而且不能使未遇碱部分鼓起泡；或应未遇碱部位遇碱，致使遇碱部位纤维同时收缩，而造成不能起泡。

1. 不起泡、泡平产生的具体原因

（1）花型设计不周。起泡与起泡纹样间距窄，浸轧碱收缩的面积较小，不易起泡；反之，浸轧碱收缩的面积过大，泡型也不佳。

（2）印泡半制品质量较差。退浆不净，煮练不透，纤维的共生物等杂质未去净，影响织物的渗透性及均匀性，致使碱液不易渗透到纤维中去，纤维遇碱部位收缩，未遇碱部位鼓起成泡的性能发挥不佳，以致形成不起泡、泡平疵病。

（3）防碱树脂浆调制不当。防碱树脂溶解不良，冰醋酸加入速度太快；硫酸铝加入的温度过高；或者防碱树脂浆各组成成分称量不准，以致降低了防碱性能，甚至起不到防碱作用造成大面积泡平或泡型不挺。

（4）焙烘工序未按规定执行。焙烘对防碱树脂的防碱性能的优劣起着重要作用。焙烘温度、时间未严格控制，高温焙烘会使防碱树脂产生一定程度的挥发。某些国产防碱树脂，

导致效果下降。冷却后挥发的蜡状物质还会附着在织物表面，浸轧碱液时，阻碍未印防碱浆处烧碱的渗透影响起泡。

（5）浸轧碱液后的堆置时间控制不当，时间过短不利于纤维收缩而影响泡型；时间过长，则防碱树脂防碱性能受到影响，若起不到防碱作用，则必然引起不起泡或泡平疵病。

（6）洗碱、烘燥张力过紧，如采用紧张式设备，泡型被拉平。

2．防止措施和克服方法

（1）花型图案设计要注意与受碱部位的配合。印花泡泡纱从生产工艺制作上来说前面已述分三种：传统泡泡纱是在已经漂白、染色、印花织物上直接印碱起泡进行生产的，无须考虑纹样与受碱部位的配合。花布图案所受的限制相对要小。防碱树脂泡泡纱分为不对花和对花两种。前者对花布图案设计的要求基本同传统泡泡纱；而后者则要考虑纹样与受碱部位的配合，起泡与起泡纹样间距不能太窄，也不能太大。

（2）抓好印泡前半制品的质量。做到退浆净、煮练透、漂白白、织物渗透好，而且均匀一致。必要时做丝光工序。

（3）严格防碱树脂浆调制操作。首先要做到防碱树脂浆各组分的准确称量。要按程序和要求操作。防碱树脂要在高速搅拌条件下将树脂用热水化开，慢慢加入冰醋酸待树脂充分乳化，再用冰冷却至室温加入煮糊，滤入已溶解的硫酸铝，最后补充水至规定量。

（4）按规定进行焙烘工序。据资料介绍，目前国内作为防碱树脂泡泡纱工序所采用的防碱剂，进口的有 Phobotex FTC、国产的有防碱树脂 SGF。前者涂料用量在 20g/L 以下者采用复焙即可，不经焙烘；涂料用量在 20g/L 以上者采用（150±5）℃，焙烘 1.5min。而国产防碱树脂 SGF 可选择定形机上 160～165℃焙烘 45～60s。国产防碱树脂 SGF 含有蜡状物质，高温焙烘时会产生一定程度的挥发，焙烘时间延长，挥发现象随之增加，导致防碱起泡处防碱效果下降。冷却后，挥发的蜡状物质还会附在织物表面影响起泡效果。

（5）浸轧碱液后要掌握好堆置时间。当织物收缩起泡完全，随即进入水洗机水洗。堆置时间不能过长，以免防碱树脂处防碱效果降低，以致不能起泡。

（6）洗碱、烘燥、拉幅等设备宜用松式设备。不宜采用紧式设备。在织物拉幅验码包装时要掌握好落布及成品幅宽，以防把泡泡拉平。

五、印制实样举例

1．碱泡泡纱

（1）织物品种。30 英支 ×36 英支、72 根/英寸 ×69 根/英寸，细布。

（2）花样分析（彩图 10）。

①有花色纹按常规印花印制。

②织物平坦不起泡处为印碱处，起泡处是未印碱处。织物平坦不起泡处的宽度为花筒印碱雕刻的宽度，起泡泡处的宽度为花筒印碱条之间间隔宽度。

（3）生产设备。

主要有滚筒印花机、松式伞箱式水洗机、离心机、圆筒烘燥机。

（4）工艺流程。

漂练半制品（白坯）→氧漂烘干→上浆（加白）┐
漂练半制品（白坯）→染色烘干→上浆　　　　├→印碱→洗碱→烘干→
漂练半制品（白坯）　　┐→印花→后处　　　（拉幅）→检验
色布　　　　　　　　　┘理→上浆（加白）

（5）工艺条件。

①漂白产品在漂练半制品的基础上用 1g/L 双氧水复漂。

②上浆加白。

淀粉　　　　　　　　　　8 ～ 12g
增白剂 VBL（100%）　　　3g
加水配成　　　　　　　　1L

③花筒雕刻。印碱宽度与空白宽度在锌板上为：印碱宽度 165/5080cm（65/1200 英寸），空白宽度为 356/3048cm（140/1200 英寸）。

印碱条子内为 16 ～ 18 号平行嵌线，不低于花筒平面。腐蚀深度为 0.58 ～ 0.61mm（23 ～ 24 英丝）。镀铬时间要长一些。

④印泡碱液。烧碱液浓度为 40.5% ～ 42%（44 ～ 46° Bé）。铁质含量小于 60mg/kg，温度为碱锅内 70 ～ 80℃，浆盘内 60℃左右。印浆刮刀为 22 号不锈钢刀。

开车前必须先检查给浆滚筒运转情况，运转中也要勤检查，防止轧刹而造成脱碱、泡平。碱液一般印在反面。

⑤印泡车速。90 ～ 100m/min。

⑥洗碱。车速为 40 ～ 45m/min。洗碱过程尽量不采用碱中和去碱。在平洗过程中采用醋酸中和，仅作为辅助手段。酸槽中要保持一定浓度、温度（浓度在 10g/L 以内，温度为 50 ～ 60℃），落布 pH 控制在 6 ～ 8。

⑦烘干。立式烘缸四排（烘筒 32 只），注意烘布张力要松，要防止跑偏。

⑧拉幅。门幅不符合要求时进行。拉幅时进布要松。不开喷汽或少开喷汽。

2. 不对花防碱树脂泡泡纱

（1）织物品种。30 英支 ×36 英支、72 根 / 英寸 ×69 根 / 英寸，细布。

（2）花样分析。起泡部分与不起泡部分色泽不同。起泡处、细条为印防碱树脂处，该处每条线条的宽度即为花筒雕刻的宽度。花筒雕刻时有粗细之分，经印制防碱树脂浆后，焙烘、轧碱即可获得大小泡泡。

（3）生产设备。基本同上述生产设备，另加轧碱设备。

（4）工艺流程。

白布 ↘

色布→上浆（加白）→印防碱树脂（白浆或色浆）→焙烘→轧碱堆置→

花布 ↗

水洗去碱→烘干→（拉幅）→验码

（5）工艺条件。

①漂练半制品。同上述碱泡泡纱。

②印防碱树脂浆。

处方	白浆	色浆
防碱树脂（福博特克斯 FTC）	50g	50g
热水（95℃以上）	300mL	300 mL
醋酸（95%）	30mL	30mL
淀粉糊	300 ~ 350g	100 ~ 150g
乳粉糊 A	—	200 ~ 250g
涂料	—	10 ~ 80g
黏合剂 BH（或车风牌黏合剂）	—	250g
交联剂 EH	—	15g
硫酸铝	3g	—
	1L	1L

（6）操作。将蜡状防碱树脂福博特克斯 FTC 加入 95℃以上热水中，稍加搅拌后，加入醋酸，用快速搅拌机搅拌 10min 左右，使防碱树脂福博特克斯 FTC 完全乳化均匀，然后趁热在快速搅拌下加入浆中，并在继续搅拌下加入冰块，使温度降低至室温。做防碱树脂白浆只要把硫酸铝另外用容器溶解好并冷却，慢慢加入浆中即可。做防碱树脂色浆时，需要把涂料、黏合剂、交联剂逐项加入防碱树脂浆后，再照上法加入硫酸铝。

①焙烘。涂料用量在 20g/L 以下不焙烘（采用复烘）；涂料用量在 20g/L 以上时焙烘，焙烘温度为 150℃，时间为 2 ~ 3min。

②轧碱。23.5% ~25.5%（ 30 ~ 32° Bé）烧碱液，温度为 30 ~ 32℃，全浸一轧（或正面刮碱）。

③平洗去碱烘燥。在 10 格松式伞箱式水洗机上进行喷洗去碱落布，pH 在 8 左右为好，用离心机脱水，在一般圆筒烘燥机上烘燥。

3. **对花防碱树脂泡泡纱**

（1）织物品种。80 英支 ×80 英支、90 根 / 英寸 ×88 根 / 英寸，全棉泡泡纱。

（2）花样分析（彩图 11）。该花样四套色。棕、卡其、蓝、浅蓝，色条纹样均系泡泡条。系采用防碱树脂加有色涂料调制成印浆，利用泡泡纱生产原理获得。

四种色泽需要对花，各色之间保持一定的位置。

该织物系低特（高支）织物，在成泡的过程中要注意成泡效果。

（3）生产设备。印花设备为刮刀式圆网印花机，其他同上。

（4）工艺流程。

漂练半漂布→印花→焙烘→轧碱→堆置→松式水洗→烘干→交整拉幅成品

（5）工艺条件。

①网版排列及色浆处方。

1#棕：

涂料（Sandye）黑 C	0.3%
涂料橙 YS	0.22%
涂料金黄 G-24	0.05%
黏合剂（Superprint101）	12%
防水剂 DF-3000	13%
交联剂 Mei Kanate LD	1.5%

2#蓝：

涂料蓝（Dun Colour）2R	0.024%
奥尼特克斯蓝 4GH	0.012%
黏合剂 Superprint 101	7%
防水剂 DF-300	13%
交联剂 Mei Kanate LD	1.5%

3#卡其：

涂料（Sandye）黑 C	0.072%
奥尼特克斯大红 F2yD-1	0.03%
涂料金黄 G-24	0.05%
黏合剂 Superprint 101	8%
防水剂 DF-3000	13%
交联剂 Mei Kanate LD	1.5%

4#浅蓝：

涂料（Dun Colour）蓝 2R	0.02%
涂料（Sandye）黑 C	0.008%
粘合剂（Superprint）101	6%
防水剂 DF-3000	13%
交联剂 Mei Kanate LD	1.5%

②焙烘。温度为 160℃，时间为 2.5min。

③轧碱。烧碱浓度为 24.4% ~ 25.5%（31 ~ 32°Bé），室温。

④堆置。2 ~ 3min，时间不能长，以防防水剂防碱作用消失，以致不起泡。起泡后要及时冲水去碱。

⑤平洗。松式平洗。

⑥烘干、拉幅见前。

第二节　烂花印花

烂花印花，又称作透明加工、腐蚀加工或称作烂花印花。由两种纤维组成的织物，其中一种纤维能被某种化学品破坏，而另一种纤维则不受影响，因此，可用一种化学品调成印花色浆印花以后，经过适当的后处理，便可形成透明格调特殊风格的烂花印花织物。早期的棉包覆涤纶长丝纺制成包芯纱织成的坯布，经烂花印花后制成一种透明晶莹、富有立体感、犹如蝉翼的薄纱，其风格独特，主要用于装饰用布，如窗帘、台布、床罩、茶巾等。涤棉混纺烂花印花的发展，使织物获得了深色印花的效果。涤棉混纺烂花织物色泽艳丽，美观大方，深受欢迎，可用于服装面料。

包芯纱烂花坯布品种规格有 38×38、91×85 涤纶长丝 75 旦，38×38、90×85 涤纶长丝 75 旦，45×45、100×92 涤纶长丝 75 旦，55×55、99×92 涤纶长丝 49.5dtex（45 旦），50×50、100×92 涤纶长丝 49.5dtex（45 旦），53×53、100×92 涤纶长丝 49.5dtex（45 旦）等。包芯纱的粗细对烂花布厚薄影响较大，一般薄型产品采用 49.5dtex 以上（45 旦以下）较细长丝，较厚的产品采用 74.8dtex 以下（68 旦以上）的较粗长丝。涤棉混纺烂花印花效果的好坏取决于混纺比中棉成分的多少。涤棉混纺比为 65/35、55/45 的烂花效果较差，50/50 的烂花效果有些好转，但不显著；混纺比为 45/55、40/60 则较明显地反映出良好的烂花效果，故常用的坯布的组织规格有混纺比为 45/55，45 英支 ×45 英支、96 根 / 英寸 ×76 根 / 英寸，混纺比为 40/60，40 英支 ×40 英支、88 根 / 英寸 ×60 根 / 英寸。随着生活质量的不断提高，人们越来越追求服饰的艺术化、个性化。已在传统的烂花印花的基础上已有发展。近年来，烂花服装衣片印花发展较快，针织烂花印花制成的外衣、高雅的内衣内裤在透明的花型中衬托出内层的色泽，富有立体感，高雅别致，吸湿透气性好，深受消费者的欢迎和青睐。

一、烂花印花的原理

烂花印花是利用由两种纤维组成的织物对某种化学品的稳定性不同这一化学性质而进行的。其中一种纤维能被某种化学品破坏，而另一种纤维则不受影响，因此，用这一化学品调成印花色浆印花后，经过适当的后处理使其中一种纤维破坏，并洗去；印花处保留另一种纤维，呈现出透明网状的效果。还可以在该印花色浆中加入能上染保留的纤维，同时能耐印花色浆中某化学品的染料，使烂花印花时既能破坏一种纤维，又能使保留纤维着色，从而获得各种颜色的花纹来，使图案丰富多彩；对于没有印上印花色浆的部位，经纬纱中两种纤维仍保持原状，从而使布面呈现凸起花纹。

运用烂花手段在涤棉混纺织物上印花可获得深色印花的效果，这主要是涤棉混纺织物先用分散染料染色，由于分散染料对棉不上色的关系，织物染得色泽浅而夹花。经过烂花处理，未上色的棉部分被烂去，致使色泽深而浓艳，形成别致的花卉图案，从而获得别类的烂花产品。

纤维种类众多，按烂花印花产品生产原理、思路，要开发各种烂花产品，就应在研究各种纤维的化学性质的基础上选用对两种纤维稳定性不同且适合的化学品调成印花色浆进行烂花印花，以达到生产更多的烂花产品的目的。然而时至今日，烂花产品多数选用酸或酸性盐类作烂花化学品以破坏纤维素纤维及再生纤维素纤维；保留耐酸及酸性盐的合成纤维（涤纶、锦纶）以及天然丝。而选用其他化学品作烂花用剂的尚不多。这可能与烂花后烂花产品的强力状况、印制操作是否方便顺利、烂去残渣是否容易洗去以及成本的高低有关。故本文仍以酸或酸性盐作烂花剂，烂花坯布以涤棉混纺为主作介绍。

二、烂花印花的生产要点及注意事项

烂花印花与一般织物印花的不同点是有无烂花剂。烂花剂用酸，要做好烂花印花，则关键要配制好烂花酸浆、烂花制版及印制、烂花残渣的洗净与去除、烂花成品白度的保证以及在烂花印花过程中需要注意的其他问题和事项。

1. 烂花酸浆的配制

烂花酸浆由酸或酸性盐、原糊、着色剂和其他助剂组成。要配制好烂花酸浆，必须考虑酸或酸性盐的选用、用量的多少；耐酸糊料的选用，着色染料的选用和添加必要的助剂。

（1）酸剂的选用。盐酸和硫酸都是强酸，都能使纤维素纤维催化水解。但盐酸挥发性强易游移，用其调制的酸浆印出的烂花轮廓不清，容易产生部分渗化和搭色，以硫酸作为烂花酸剂，有用量少、效果好、成本低、质量较稳定等优点。

在涤/棉着色彩色烂花印花中现常采用的印花工艺有两种：一种是涂料彩色和烂花酸浆共同印花，该印花品的特点是彩色部位不透明，多为细浅条、小块面作彩色点缀；另一种分散染料和烂花酸浆同浆印花。彩色部位呈透明状，别具一格以浅淡优雅的色彩为多。

分散染料对 pH 要求较高，pH 较高在 10 以上时，染料易于水解，不能染着涤纶；相反 pH 也不能偏低，若 pH 过低，分散染料中的某些扩散剂会产生凝聚影响色浆的稳定性。为此，出于这一考虑，有资料介绍在彩色烂花的着色酸浆中采用酸性盐 $NaHSO_4$ 调剂。经试验和生产实践证实，用 $NaHSO_4$ 调剂的烂花酸浆印制的涤/棉织物，纤维素纤维炭化工艺需采用焙烘工艺，温度150℃、时间1.5min。影响焙烘着色烂花的温度或时间控制的因素较多，如控制不当，着色和烂花很难两全其美。在生产过程中采取加入甘油的措施有改善，但仍不如意。用该酸性盐调制的着色烂花酸浆，在烂花印花中的应用仍有待不断摸索。采用硫酸作酸剂调制着色烂花酸浆，在生产中取得成功，分散染料在酸性 pH 较低的情况下无凝聚现象产生。

（2）糊料的选用。烂花酸浆不同于一般印花色浆。它要求印浆糊料耐酸，而不水解。还必须具有良好的渗透性、流变性、透网性以及良好的易洗涤性，这是确保烂花花型轮廓清晰、光洁以及在印制和印后处理顺利的重要条件，目前，用于烂花酸浆制备过程中的糊料主要有两大类：一是经过较长时间在生产实践中使用的混合糊（即由 60%白糊精：6%合成龙胶：乳化糊 A=1 ：1 ：2 混合组成的原糊）；二是由国内外开发的耐酸糊料，作烂花印花的原糊使用。

烂花酸浆混合糊的应用，是经大量的试验摸索，并在生产实践中使用、总结而获得的，该糊既改变单一原糊存在的不足，又有取长补短之效能。白糊精炭化完全，涤纶长丝晶莹透明，在生产实践中发现黏度过高，人工刮印有困难，有渗透性差的问题；白糊精过多，较易吸湿，易产生搭开疵病。因此，要合理配制原糊中各料的配比。在混合糊中使用的白糊精是取其黏性及对酸的稳定性；拼入合成龙胶是取其渗透性；拼入乳化糊是为了提高糊料的渗透性及对酸的稳定性，另外，其在彩色烂花印花中改善分散染料，因 pH 太低而产生凝聚，以致影响色浆稳定性的问题。上述"三合一"混合糊在大量的烂花印花生产中已广泛应用，证实该糊的稳定性、易刮性、渗透性、易洗涤性等印制效果以及得色鲜艳度都较理想。但在生产实践中也出现一些问题，需要在生产中注意。

①合成龙胶色素对涤纶丝的影响。合成龙胶系用豆荚植物种子胶醚化而成，学名羟乙基皂荚胶。其特点是渗透性和易洗涤性好，适用于酸性至弱碱性介质。但在用量较大，高温的情况下，有可能部分色素会上染至涤纶丝上，这在印花机出布时看不出，经蒸化绳洗后就明显了，出现局部涤纶丝发绿的情况。因此，在制糊时，要注意合成龙胶不能超量，若出现上述疵病可采取复氧漂工序予以解决，即绳洗开幅后进行氧漂去除色素。

②要注意乳化糊 A 的质量。作为印花用的乳化糊应选用高沸点（200℃以上）的白煤油与水，用乳化剂于高速搅拌下乳化而成。不同厂家制备的乳化糊 A 有可能所用的白煤油、乳化剂等规格、质量有差别。有的甚至采用合成增稠剂与水搅拌而成的白糊来冒充乳化糊，影响烂花酸浆的配制的稳定性，造成印制麻烦。烂花印花后织物落布时的干燥程度及烂花处色泽的掌握，对烂花印花成品的质量影响较大，为此，印花操作人员应根据落布烂花处所得色泽深浅来调节烘房温度。不同厂家生产的乳化糊 A 有可能出现偏深偏浅的情况，以此假象来降低或升高烘房温度，会导致实际物并未烘干烘透，或产生过干过烘的问题，以致影响烂花印花成品的质量。因此，要重视对乳化糊 A 质量的控制。供配制混合糊的乳化剂 A 最好是企业本身制造，其所用的白煤油、乳化剂由自己厂家采购，严格控制质量。如购现成的乳化糊 A 最好选用同一家厂生产的，这样，在生产操作上比较容易控制，质量波动小。

对于目前国内外开发的耐酸糊料，在使用前必须要经过试验，摸清其在各种酸或酸性盐浓度下的稳定性情况，调制的烂花色浆储存是否稳定，印制是否顺利，印制效果是否良好，印制结束后是否易从织物上洗涤等。应用性能达标后，才能运用于织物烂花印花。

（3）着色剂分散染料的选用。作为着色烂花的分散染料要求能适应强酸的存在，通过筛选下列染料可应用于着色烂花印花的有：福隆嫩黄 SE-6GFL、大爱尼克斯黄 GFS、派拉尼尔金黄 GG、舍玛隆橙 H4R、福隆橙 S-FL、福隆红 -ERLN、舍玛隆桃红 -HGG、大爱尼克斯翠蓝 SGL、大爱尼克斯蓝 BGFS、索米卡隆湖蓝 S-GL、舍玛隆紫 HFRL、国产分散嫩黄 RGFL、国产分散红 3B、国产分散蓝 2BLN、国产分散紫 HFRL。

（4）烂花酸浆处方及注意事项。

①烂花酸浆处方。

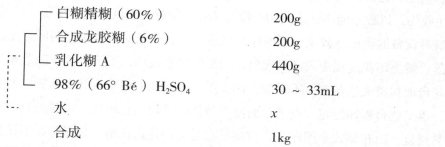

	白糊精糊（60%）	200g
	合成龙胶糊（6%）	200g
	乳化糊 A	440g
	98%（66° Bé）H_2SO_4	30 ~ 33mL
	水	x
	合成	1kg

着色烂花酸浆处方即在烂花酸浆处方的基础上，添加着色分散染料 y 克最后加水合成 1kg。

②注意事项。

a. 所有原糊都应事先烧熟煮透不夹生。

b. 上述原糊准确称量，用快速搅拌机打匀，切忌在热糊中加酸，应将混合糊冷却后才能加酸。加酸时要进行搅拌，用浓酸直接加入原糊中。原糊能否适应，特别对一些新的耐酸糊料要予以注意，必要时宜把浓酸稀释后再加入。

c. 要保证烂花酸浆中酸量达处方规定，酸量不足，烂花不净，花型轮廓模糊；酸用量过多，虽对织物强力影响不大，但烂花后涤纶上会有色素，影响织物白度，色素随酸用量的增加而加深。

d. 涤棉混纺织物烂花印花，由于与涤棉包芯纱织物不同，烂花用酸量应酌量增加，按生产经验一般应增加 20% 左右。

e. 烂花酸浆在上机付印之前，务必测定酸浆浓度，最后检查是否符合工艺规定要求。酸浆浓度测定方法参照一般以碱滴酸的中和法。但事先要稀释酸浆达到移液管能吸入的浓度，例如取 100mL 酸浆加 900mL 的水调匀即可。

f. 分散染料的加入必须待酸浆制成后加入，否则很容易产生"色点"。染料加入前需用温水化开，用 10# 网丝过滤，然后加入酸浆中。

g. 酸浆储存性相对较差，故备浆要以少做勤做为原则，防止和避免酸浆变质而造成浪费。

2. 烂花制版和印制

烂花印花由于使用强酸性印花色浆以及印花的特殊性对印花设备方式、网版的制备和印花操作提出了新的要求。

（1）烂花印花最好采用布动式平网印花机。烂花印花工艺问世以来，采用过布动式平网印花机、滚筒印花机、圆网印花机以及手工热台板等都进行过试产和生产，从生产实践看，烂花印花设备采用布动式平网印花机为佳，其理由如下。

①布动式平网印花机对烂花强酸印花色浆适应性较强。强酸性印浆具有腐蚀性，对于印花设备上的附件、零部件要认真对待，例如滚筒印花机上的衬布，如不采用，则对橡皮承压滚筒的清洗要求较高，如采用衬布常用的棉衬布不耐硫酸浸蚀，而涤纶衬布吸浆性能差，易产生溢浆，影响烂花轮廓的清晰。有人采用涤/棉（65/35）混纺衬布在使用中棉组成逐渐下降，门幅发生收缩，以致不能再继续使用。经烂花酸浆印制而未烘干的在制品经金属导布辊、金属烘筒，酸对设备的腐蚀性较重，圆网印花机进行烂花印花必须要考虑制网感光胶在酸性条件下不脱落，解决印花过程中的砂眼现象；闷头胶也要耐酸，不产生闷头脱落现象。手工热台板的印花台面包覆人造革面，不耐酸，如要用于印烂花，则要在其上粘覆厚型塑料薄膜以保护革面，手工热台板印烂花，由于台面温度较低，烘燥颜色较淡，需要经热风机复烘后再炭化，工艺繁复。而布动式平网印花机橡皮导布是边印花边洗清，烘燥是在不接触金属件的情况下进行的。因此，无腐蚀设备之虑。

②车速相对较慢，较符合烂花印花的需要。烂花印花要求印浆渗透均匀，印花过底。车速较快会造成印浆渗透不均匀，或印花布不过底影响烂花效果。滚筒印花机、圆网印花机印制车速较快，可达 80～100m/min，在印制烂花时，车速不能开得太快，发挥不出上述印花机车速较快的特点，而平网印花机车速虽然相对较慢，但能符合烂花印花的需要，较有利于烂花印花质量的提高。

③操作方便，调节灵活。首先平网印花机具有一定的行程范围，花回调节方便，可生产较大花回花型图案，同时对小批量多花色的要求较为适合。对各种不同组织规格的品种适应性较大。另外制网费用低，印花色浆浪费少，总成本较低。

（2）制版和印制的注意事项。

①制版绷网经纬向拉力比一般印花的要低。涤纶丝网虽然是较耐强酸的，但其与强酸相遇时有收缩情况。如绷网拉力过大，在烂花印制生产时使用寿命会缩短，故绷网制供烂花用网版时拉力要松一些。目前，涤纶丝网常用 10 号与 12 号，绷框机绷一般印花网版，经纬向拉力，即压缩空气机压力表显示为 0.4MPa（4kgf/cm²），而绷烂花网版宜降低至 0.25～0.3MPa（2.5～3kgf/cm²）为妥。

②涂白（或色涂料）勾线与烂花酸浆共印时描样分色宜采用分线。在烂花印花时，在烂花图案的边缘处往往采用涂料白浆勾线。其之所以这样做是考虑下列两点的好处：一是可增进花型的立体感；二是可固定织物的组织结构，使织物的经纬向纱线不松散。为确保花型边缘的清晰，应考虑到烂花酸浆的渗化现象，故在涂料白勾线与烂花花纹交界处分色描样处采用分线。

③酸浆网版宜排列在最靠近烘房一端。与涂料同印时，应先排涂料网版后排印烂花网版。这样做可以减少烂花酸浆花型渗化的时间，能尽快进入烘房烘干，有利于减少轮廓不清的疵病产生。在与涂料同印时，先印涂料后印烂花酸浆，有利于防止涂料局部剥落疵病的产生。以涂料白为例，若生产时先印烂花酸浆再印涂料白浆，结果很容易产生涂料白在绳洗过程中有局部剥落的情况，形成批量性疵病。这主要是酸浆先印制时会造成部分酸浆刮入涂料白浆内，由于强酸的作用影响黏合剂交联而致。解决该问题的办法是排列好印制网版次序。

④涂料细小部位碰印或罩印酸浆要采取防烂措施。在实际生产过程中经常会出现涂料白或色涂料细点、细线等细小部位，碰印或罩印烂花酸浆时，随着棉纤维的烂去而消失，致使涂料印花花型受到破坏，影响烂花印花的整体效果，此时拟采用防烂措施。具体的做法是涂料色浆中添加尿素，以生成潜在酸性盐。降低硫酸的有效浓度和棉纤维的水解作用再加上涂料本身具有的机械性防印，从而达到防烂效果，保证了烂花印花的总体效果。在实际生产过程中，若遇到酸浆无法排在涂料后的情况下，为防止立不住及上述情况产生，同样也可采取在涂料色浆中添加尿素的做法。

⑤升版方式。窄幅织物（坯幅在 120cm 以下）通常采用一次升版，即里外侧用时升降；宽幅织物（坯幅在 120cm 以上），即外侧提升，内侧后升，再同时降版，周而复始。这样做可防止分离溅浆和因升版时对织物的吸力过大而引起织物起壳（未贴牢导带）或松动而造成对花不准疵病。

⑥刮印次数。一般以来回一次为准。若花型不过大，且设备上设有溢印装量，则可采用溢印刮一次。所谓溢印，即当升版时，刮刀将内侧印浆同时带到外侧，均匀少量地溢于表面。降版后刮刀从外侧刮向内侧，将版面印浆吸尽完成刮印一次循环。

⑦刮印不清造成规律的花纹模糊，疵病固定在某花型处，造成的原因是刮印网版时收浆未净。这样使该处花纹堆积色浆过多，再经过后续网版一压，造成酸浆铺开以致花纹模糊。

⑧印花落布要烘干。若烂花织物印花落布后未烘透，布与布之间接触不干透的酸浆搭在别处，将该处的棉纤维烂去造成复印搭开疵布。出布后布箱要放在干燥处。若天气炎热布箱堆在防暑风筒下面，由于风筒里的冷风湿度较高，易造成白糊精的迅速吸湿回潮，酸浆搭在别处而造成复印搭开疵病。因此，出布后要用布罩罩好，防止周围湿气侵袭，应把布箱堆至干燥避风处，并要及时送去蒸化，以保证产品质量。

3. 烂花纤维的水解、炭化以及残渣的清除

烂花纤维的水解、炭化以及残渣的清除是决定烂花印花质量好坏的关键。为了要能使烂花纤维很好地水解、炭化以及残渣的清除必须抓好下列几个环节。

（1）要严格掌握好印花后烘燥。落布不能带潮，这在上面已述，织物带潮烘不干会产生花型搭开，而且在汽蒸时，烂花纤维水解不完全会造成烂花不净。但烘燥也不能过度，烘燥过度会使棉纤维炭化成黑棕色焦屑，黏附在涤纶上而难以消除，影响烂花产品的白度和花色鲜艳度。为此，要控制好烘燥温度和时间。对于织物结构疏松、透气性好，在热风烘房中较易干燥的，烘房温度可酌情降低。以印花机落布烂花部位呈米黄色面包色为准，色泽过深或呈焦黑色则为异常。花型花回的大小会影响到织物经过烘房时逗留的时间，可通过控制烂花酸浆浓度和烘房温度来调节。织物经过烘房一般掌握在1～1.5min，在任何情况下不允许织物长时间停止运行。如遇停车情况则应及时用导带引出，以防止因烘燥时间过长而炭化，从而造成废次布。

（2）印花烘干后要及时进行汽蒸。烂花酸浆烘干后有吸湿现象。织物吸湿后，这会致使造成热处理湿度分布不均匀，最后会造成烂花不均匀。在汽蒸前如发现印花块面已经吸湿，则一定要烘干后再进行汽蒸。

生产批量较大时，布车上应上罩下垫，放在干燥避风处，以防止或减少受潮。按生产实际经验，气温在30℃以下隔天蒸化（不超过24h）尚可，30℃以上一般只能最多堆置12h左右，否则容易造成复印搭开疵布。在生产过程中，如遇蒸化机因故停台，这时印花机生产则要适时停台，而要把蒸化机运转起来才能连续印制。

（3）可烂纤维的水解、炭化方式以汽蒸为好。原先织物印烂花酸浆烘燥后，一般先经过100～105℃焙烘1～1.5min，使棉纤维在干热空气和酸的催化作用下炭化，这就是所谓的焙烘法。这种方法生产难度较大，效果较差，较易出现炭化不完全。洗涤后未炭化的纤维残留在织物上，致使花型不清、长丝不透明；焙烘过度焦屑呈黑棕色残渣难以洗除，洗涤时间很长，需要连续6～7h，甚至更长。改用汽蒸法，带有酸浆的烂花织物经过饱和汽蒸的作用促使花型部位的酸浆渗透并水解，以达到烂透棉纤维和快速洗净的目的。汽蒸法工艺条件为：在饱和汽蒸条件下蒸3min±20s，温度为95～100℃。汽蒸法比焙烘法残渣较易洗涤的原因，可能与炭化、水解的产物有关。

焙烘法反应历程为：$(C_6H_{10}O_5)_n \rightarrow nC \downarrow + nH_2O$

汽蒸法反应历程为：$(C_6H_{10}O_5)_n + nH_2O \rightarrow nC_6H_{12}O_6$

焙烘法残渣产物以碳为主，而汽蒸法残渣产物以葡萄糖为主，所以汽蒸法较易洗净，表露的涤纶透明度较好。采用此法对产品质量、劳动生产率的提高和改善劳动条件、节约用水、降低污染都有现实意义。

在汽蒸时需要注意的是湿度不宜过大，否则印上的酸浆吸收水分造成渗化花型粗大，甚至不成为花型。

汽蒸时产生的大量酸气对设备有一定的腐蚀性，为此，本工序以使用专用设备为妥。

检查产品残渣是否易于洗涤的方法是：在张力下，以手牵动织物能使残渣立即脱离飞扬为佳。

（4）烂花残渣的洗除必须具备更佳的"扭、轧、甩"条件，辅以洗前的"拉"。

目前，烂花残渣洗涤的设备及方式主要有绳状洗涤和平幅洗涤，从烂花印花生产实践看，烂花残渣的洗涤必须具备"扭、轧、甩"的条件。平洗车平幅洗涤，机械物理作用较差，残渣洗涤效果不理想，涤纶丝仍然不是全透明。但在某些情况下仍会使用到平幅平洗机。采用松式绳洗机，其具备"扭、轧、甩"的条件，若配以多轧点普通轧车，则可符合烂花残渣洗涤所要求的条件，汽蒸后的烂花布当批量较小时可直接上绳洗机净洗。对于批量较大的，汽蒸后烂花布在绳状机来不及洗涤的情况下，为防止汽蒸后久放产生影响产品质量的问题，则可安排在平幅连续平洗机用冷水、温水以及热水进行初洗。初洗的目的是及时去除大部分浆料及酸剂，以克服汽蒸后久放可能产生的问题。烂花布经过平洗机平幅洗涤能去除布面大部分浆料及酸剂，但烂花部分的水解纤维残渣有很多尚未被洗下来，因此，经平洗机初洗的烂花布，要再放至绳洗机绳洗，以把残渣全部洗下来。目前烂花布水洗仍以 Q113 型松式绳状水洗机较多。用时配以多轧点普通轧车，以满足烂花布洗涤所需具备的条件。

Q113 绳洗机洗涤烂花织物可单匹循环。一般每缸 8 ~ 10 匹（400 ~ 500m），头尾相接循环运行。溶比 1：25 ~ 30；温度为冷水下缸，升温至 90 ~ 95℃；按织物布面情况少加或不加洗涤剂；时间为 1 ~ 1.5h（洗净为准）；然后换清水，过清 10min 出缸。批量较大时，可考虑多台 Q113 联合连续穿布运行。联合的台数，以运行一次即可洗净为设计原则。

对于洗涤前进行拉幅，有人认为有利于烂花部分残渣松动，对于烂花残渣清洗和去除有利。

（5）必要时织物脱水开幅再平洗。烂花织物绳洗后脱水采用离心式脱水机脱水后转下道开幅，该方法脱水快、效果好，唯速度较慢。开幅以实用落地转盘和立式开幅机为宜，不可采用打手式开幅装置。织物脱水开幅后，如有必要，织物上还尚有未去净的残留污物，则可将该湿布在平洗机上再水洗皂洗烘干后交整理。这样可达到比较彻底地去净残留污物，减少黄斑和污渍。同时对底色的白度和色底以及印花着色的鲜艳度都能获得较好的效果。

4. 烂花织物白度的保证

烂花织物与其他普通涤棉产品风格的不同之处，就是较耐酸纤维如涤纶丝面积较大、透明度高，织物白度对色泽鲜艳度影响较大，故对其白度要求较高。要求白度洁白，前后一致，根据生产经验要达到上述要求必须要做好下列各项。

（1）要注意织物基础白度的提高。首先要注意织物印花原坯布的前处理。涤/棉烂花印花坯布中可烂纤维系天然的纤维素纤维。涤纶为合成纤维，不论是包芯纱还是混纺纱，在漂练前处理中，合成纤维相对比较洁净，其杂质主要为人为杂质，如织造染整或搬运过程中的污渍、油渍、灰尘等，而天然纤维含有纤维生长过程中的共生物，其除杂包含有天然纤维共生物杂质和人为杂质。烂花织物虽然涤纶丝面积较大、晶莹透明，呈现烂花的特色，未印烂花酸浆的凸起部位同样是烂花特色的重要织物部分。其织物的基础白度很为重要。烂花织物的前处理要重视对天然纤维的去杂。20 世纪 70 年代自烂花印花布生产以来，漂练前处理采用的工艺流程为：

缝头→烧毛（一正一反，90 ~ 100m/min）→酶退浆→亚漂［亚氯酸钠 25g/L、$(NH_4)_2SO_4$ 10mL/L，pH 为 6 ~ 7，98 ~ 100℃，汽蒸 90min］→丝光

并在烂花印花印制、汽蒸、水洗、开幅、烘干后氧漂。亚氯酸钠去杂效率高，特别是去

除棉籽壳能力强，产品白度好，但其在漂白过程中产生有毒的和腐蚀性很强的二氧化氯（ClO_2）气体影响人们的身体健康，属不清洁生产范畴现已不采用。为此，有的企业对烂花坯前处理采取二次氧漂工艺，从生产实践看织物白度不及亚漂—氧漂工艺。烂花坯漂练前处理要考虑对棉纤维的煮练，以去除与天然纤维伴生的天然杂质，提高烂花坯织物的基础白度值得商榷。

（2）要做好涤增白、棉加白。涤增白、棉加白虽然是提高织物白度的辅助手段和措施，但对提高烂花成品白度来说是很重要的，要做好涤增白和棉加白，应从严格工艺操作抓起抓好。

首先涤增白前对所来半制品要求严格把关，一律要烘干，否则会影响吸液率，会使产品色光发黄；涤增白后落布同样要烘干，否则影响焙烘发色，使产品色光泛黄。

其次要做好涤增白所有用料的化料操作。涤增白处方的组成成分除涤增白剂外，在处方中还需酌加少量的分散染料作着色剂。着色剂分散染料用量虽然极少，但操作不慎稍有疏忽就会产生批量色点疵布。正确的操作是要准确称量涤增白剂、着色剂等有关用料。对于着色剂分散染料，先用温水将着色剂调匀，然后用小型搅拌机充分搅拌 1 ~ 2h（不可用手工搅拌），用 100 目以上的涤纶丝网滤入高位槽，使着色剂与增白剂液充分搅拌。另外，还应在输液管道进入轧槽处也设一道涤纶丝网再次进行过滤，以防止未溶解染料轧上布面而造成色点。

轧槽液面要控制平稳，要防止液面过低，泡沫带上布面形成色斑。

焙烘定型要严格按工艺条件执行，要使涤增白剂、着色剂充分发色。这一环节也是做好涤增白的重要一环。在生产实践中，着色剂用大爱尼克司兰 BG-FS 和萨马隆紫 HFRL，曾出现过烂花后氧漂布面白涂料发红的问题，究其原因为涤加白后焙烘不充分所致。未经充分升华，固着的分散染料会部分残留在布面，肉眼看不出印花后涂料白并不发红，但一经氧漂，在高温湿热条件下，织物在反应箱以叠卷形式布紧贴布，残留在布面的分散染料发色升华被涂料吸附，形成全面性涂料白发红，红得很厉害，实际是分散染料的颜色。遇此情况，即在氧漂前增加一道焙烘，让残留的分散染料升华固着，采取此措施该现象可得到克服。

棉加白，一般在复氧漂中进行。

（3）要注意克服在加工过程中可能出现影响织物白度的因素。在烂花加工过程中时常会出现一些影响织物白度的因素，诸如用料不当，遇到色素杂质或加工工艺不能满足某些用料工艺需要等，故要提高织物白度也应引起重视，采取措施予以克服。

在烂花生产实践中，曾出现过上已提及的局部涤纶上发绿的现象，经摸索发现这与合成龙胶的用量太高有关。过量的合成龙胶在高温下可能有部分色素上染涤纶丝所致。因此，要合理配制原糊中各料的配比。若出现上述疵病，涤纶丝发绿。

可采取复氧漂的措施解决，即绳洗开幅后进行复氧漂去除色素。

经过水洗的烂花织物，往往总会带上一些杂质，在后整理时经高温处理后会泛黄，影响产品的白度和色泽鲜艳度。

在涤棉着色彩色烂花生产时，着色烂花的酸浆中包含有分散染料。棉纤维炭化水解采用的是汽蒸法，分散染料在涤纶上是环染上色，染料未很好地固着于涤纶，较易造成搭色疵病。为保证烂花织物的白度，在后整理热拉前，进行定形热熔（195～200℃，30s）或焙烘热熔以使分散染料进一步固色，并最后再进行一道复氧漂，由环染成为透染，提高染色牢度，同时去除加工过程中的杂质。

5. 其他应注意的事项

（1）烂花布缝头用线的选择。要求用包芯线缝头。常用的为19tex（30英支）四股包涤芯线。以免在酸性水解炭化时因缝头断头而影响生产。

（2）静电的克服与防止。涤棉织物很容易产生静电，经烂花后更甚。因此，烂花产品在后整理必要时，需考虑使用抗静电剂。

三、印制实样举例

涤／棉包芯纱织物烂花印花。

1. 漂白涤/棉包芯纱烂花印花

（1）织物品种。38英支×38英支、91根／英寸×85根／英寸，涤纶长丝75旦烂花布。

（2）花样分析（彩图12）。

①该烂花花样要求白度洁白，工艺设计及实际生产中各道工序须予以充分保证。

②犹如蝉翼薄纱处即用酸浆烂花处，凸起部分即未印酸浆部分。

③要注意白涂料印浆与烂花酸浆的对花，该套白涂料浆对烂花产品凹凸感起着衬托点缀的作用。

（3）工艺流程。

翻布→缝头→烧毛→退浆→水洗→烘干→亚漂→水洗→烘干→氧化（棉加白）→水洗→烘干→涤加白→焙烘定形→印花→烘干→汽蒸→绳洗→开轧烘→上浆、柔软整理→预烘、定形→成品

（4）工艺条件。

①缝头。19tex（30英支）4股包涤芯线。用满罗式缝纫机缝接，针密为28～32针/10cm。

②烧毛。气体（煤气）烧毛机烧毛。一正一反，车速为90～100m/min，烧毛后蒸汽灭火。

③碱退浆。在履带式汽蒸箱轧碱汽蒸。碱液配制如下。

烧碱	6～10g
洗涤剂601	5mL
加水合成	1L

汽蒸温度为85～90℃，汽蒸（堆置）时间为60～90min。汽蒸后平洗，第一、第二格热水90℃以上，再冷水洗净。

④漂白。用亚—氧双漂，使煮练、漂白同时进行。顺序是先亚氯酸钠，后双氧水平幅漂白，在叠卷式蒸箱中进行。用于亚漂的是钛板叠卷式蒸箱，操作时应注意箱内略带负压，以防止

二氧化氯气体在车间内逸散。

亚氯酸钠漂白：

亚氯酸钠	20g
硫酸铵	10g
洗涤剂 601	10mL
加水配成	1L

漂液 pH 用硫酸调节至 6 ~ 7，汽蒸温度为（100±2）℃，汽蒸时间为 90 ~ 100min。汽蒸后平洗，第一、第二格 80℃以上热水，然后三格 50 ~ 60℃热水，最后一格冷水平洗。

双氧水漂白及棉加白：

100%双氧水	4 ~ 4.5g
水玻璃（相对密度 1.4）	7mL
洗涤剂 601	10mL
150%荧光增白剂 VBL	2g
加水配成	1L

漂液 pH 用烧碱调节至 10.5 ~ 11，汽蒸温度为（98±2）℃，汽蒸时间为 90 ~ 100min，汽蒸后，85℃以上皂洗（皂粉 5g/L，纯碱 1g/L，匀染剂 1g/L）一格，80℃以上热水洗两格，然后冷水两格洗净。

⑤加白。

荧光增白剂 DT	25g
福隆蓝 S-BGL	0.0433g
舍玛隆紫 HFRL	0.0576g
加水配成	1L

一浸一轧，车速为 50 ~ 60m/min。

⑥预烘、焙烘。涤纶增白后烘燥，然后进入焙烘箱，先以（140±5）℃预烘，后以（160±5）℃焙烘 3min。

⑦定形。车速为 32m/min，温度为（195±5）℃，时间为 30 ~ 35s，落布门幅要大于成品门幅宽 1 ~ 2cm。

⑧印烂花浆（酸浆）及涂料白浆配方。

酸浆处方：

6%合成龙胶糊	250g
75%白糊精	250g
乳化糊 A	400g
浓硫酸	25mL
加水配成	1L

注：硫酸先稀释后再配制。印好后烘干。

涂料白处方：

涂料白 FTW	30g
网印黏合剂	350g
乳化糊 A	300g
加水配成	1L

⑨汽蒸。汽蒸温度为 95 ~ 100℃，时间为 2 ~ 2.5min，蒸箱内湿度不宜大。

⑩绳洗。在绳状洗涤机上连续洗 2 ~ 2.5h，边洗边放走洗下的炭化棉纤维等浊水。

⑪上浆、柔软整理。

处方	台布、床罩等用	服装、窗帘用
聚乙烯醇浆料	10g	1g
柔软剂 RC	—	4g
丝光膏	10g	10g
加水配成	1L	1L

上浆、柔软整理可结合拉幅、定形同时进行。即先浸轧浆液，然后在热定形机上边烘燥边拉幅定形，具体操作应视机台安排情况而定。

2. 涤/棉包芯纱织物着色烂花印花

（1）织物品种。38 英支 ×38 英支、91 根 / 英寸 ×85 根 / 英寸，涤纶长丝 75 旦烂花布。

（2）花样分析（彩图 13）。

该花样白色凸起部分为未印烂花着色酸浆处，着色部分为印有着色酸浆处。上色的纤维为涤纶，着色染料选用耐烂花酸浆的分散染料。

（3）工艺流程。见前述漂白涤 / 棉包芯纱烂花织物加工工艺流程。

（4）工艺条件。

①缝头至漂白、定形和上浆（上柔软剂）等工艺条件参见上述漂白涤 / 棉包芯纱烂花织物工序工艺条件。

②着色烂花浆处方。

分散染料	x
硫酸氢钠	130g
5% 田仁粉浆	150g
乳化糊 A	300g
加水配成	1kg

3. 涤/棉细纺烂花印花

（1）织物品种。45 英支 ×45 英支、100 根 / 英寸 ×92 根 / 英寸，涤 / 棉平布。

（2）花样分析。

凸起的浅蓝银丝部分为烂花织物经分散染料染色固着，而未印上烂花印浆处；深蓝色为已印烂花酸浆处，因未上色的棉纤维水解或炭化后被去除，留下了已上分散染料的涤纶纤维，从而获得深蓝色色泽的效果。线条纹样印的为白涂料。

（3）工艺流程。

翻布→缝头→烧毛→亚漂→水洗→烘干→丝光→定形去皱→分散染料染色→还原清洗→印花→汽蒸→绳状洗涤→开轧烘→上柔软剂→拉幅→成品

（4）工艺条件。

①缝头。缝线用19tex（30英支）4股包涤芯线，用满罗式缝纫机缝纫。

②烧毛。气体（煤气）烧毛机烧毛，一正一反，车速为100m/min左右。织物纬向收缩率要小于2%，落布前要经透风冷却，落布温度低于50℃，烧毛后蒸汽灭火。

③退浆、亚漂等工艺条件参见上述漂白涤/棉包芯纱烂花织物工序工艺条件。

④丝光。布铗丝光机车速为55～60m/min，第一轧槽浓度为220～240g/L，第二轧槽浓度180～200g/L，冲淋碱液浓度为50～60g/L，去碱温度为80～90℃，落布pH为7～8。中车门幅基本达坯幅，落布门幅比成品门幅少5.08cm（2英寸）。

⑤定形去皱。车速为32m/min，温度为180～190℃，时间为30～35s，落布门幅大于成品门幅1～2cm，超喂1%～2%，落布温度不超过50℃。

⑥染色。分散染料染色基本与一般涤/棉混纺织物染色相同。

⑦印浆处方。

98%（66° Bé）硫酸	30～33mL
混合糊（60%白糊精：6%合成龙胶糊：乳化糊A=1：1：2）	600～700g
水	x
合成	1L

涂白浆处方：同漂白涤/棉包芯纱烂花印花中涂料白处方。

烘房温度为（85±2）℃，车速为20m/min。

⑧汽蒸条件。温度为95～97℃，时间3min±20s。

⑨柔软、抗静电整理。

处方：

有机硅500	20g
抗静电剂E-818	5～10g
合成	1L

工艺流程及条件：

浸轧→预烘→烘燥→拉幅（160～170℃，30s）

第三节 "闪光"印花

一、闪光原理

光亮突然显现或忽明忽暗，这将会给人们带来"闪光"的感觉。闪光感觉的获得与光亮"明""暗"的交替有关。闪光花纹就是基于这一原理，用两只色泽深浅不同或两只不同色泽的线条纹样的花筒，叉开适当角度相互叠印，使印花织物的花纹明暗相间，时强时弱，从而获得这种闪光效果。

鉴于上述原理，在线条闪光纹样的启发下，运用由点组成的虚线线条、S 型线条、小方格与小方块等纹样。同样采用不同深浅、不同色泽，叉开适当角度相互叠印，从而大大地丰富了闪光效果的纹样。

闪光印花所得的闪光纹样，花型别致，结构新颖，别具一格，富有变化。如在这些纹样上再配上各种适合的图案，闪光纹样则成为一种比较理想的闪光地纹。

二、工艺设计要点及注意事项

1. 花筒雕刻

闪光印花要获得满意的闪光效果，关键在花筒的雕刻。在花筒雕刻时，首先要掌握好两只相同纹样叉开角度的大小，深浅花筒线条的粗细、线与线之间的距离。

两只相同纹样雕刻叉开的角度必须适当，角度不适当，闪光效果差，甚至无闪光效果。初步摸索，各种花型的角度掌握大致如下。

（1）线条与线条之间夹角低于 0.5°，两线色浆重叠无闪光效果；1° 左右为宜；高于 2°，闪光效果差；超过 3°，无闪光效果。

（2）由点组成的虚线之间夹角在 1° 以内有闪光效果，超过 1.5° 则闪光效果差，2° 以外无闪光效果。但该花型在超过 2° 叠印以后，虽无闪光效果，印出的花纹却有仿色织几何形席纹图案的效果，花型别致，在实际印制中往往采用超过 2° 夹角，以求获得仿色织几何形席纹图案的效果。

（3）S 型线条夹角角度以 23° 为好。纹路清晰效果好，印出纹样呈"水浪"型。夹角低于 5°、高于 45° 则效果差，"水浪"纹模糊，甚至没有。

（4）小方格与小方格之间的夹角以 1° ~ 1.7° 为好。低于 1° 或超过 2° 闪光效果差，超过 2.5° 无闪光效果。

（5）小方格与小方格之间的夹角以 2.5° 最好，大于 3° 无闪光效果。

两只相同纹样的花筒，在织物上的印制效果不能一样粗细。网版花筒雕刻应为一粗一细。浅色泽花筒的纹样应比深色泽花筒纹样略粗，这样有利于闪光效果的产生，否则花样的闪光效果比较呆板，显得较"平"。另外，浅色泽花筒要比深色泽花筒深 0.0508mm（2 英丝）左右。闪光效果与印制的深浅色线条、留白等组成的明暗相间情况有关。浅色泽纹样在闪光效果中起过渡调和作用，在深浅叠印时，浅色纹样易被深色线条压住而看"细"，为保证闪光效果的产生，故宜略粗为好。

每只花筒纹样的线与线之间的距离大小，也直接影响闪光效果。线距过密，空白易于糊没，印制困难，闪光不清；线距过稀，闪光呆滞粗糙，故线距一般掌握在 1.5mm 左右较为适宜。

2. 线条的雕刻

闪光花样花筒组成的特点是均为线条型花纹。闪光效果首先与线条型花纹的雕刻关系很大，对线条雕刻的要求高。在雕刻中应注意掌握下列事项。

（1）放样倍数要尽量大，规格和接头要正确。

（2）选配花筒尺寸要一致，误差不得超过 0.13mm（5 丝）。花筒要磨光，不可有丝缕、砂眼。上蜡要均匀，并比一般适当薄些，不要过厚。花筒花纹在镀铬前要少磨，尽量不磨，镀铬后要多磨，以保证线条光洁。

（3）要选择好刻针，轻重粗细要一致，针架要灵活但又不能松动，要做到定人定机台。例如，一只由点组成线的纹样，花筒在缩小机上要做上百万粒点子，要做到均匀不是件容易的事，因而在可能的情况下，最好由一人做到底，不要由于操作不同而造成不一致。

（4）腐蚀一般宜在浓硝酸［60%（39° Bé）］开面前，先进行电解开面（时间 5min），这样在浓硝酸开面前，花纹已经有了一些深度，可保证点、线做到深、细而均匀。

（5）点子纹样在浓硝酸开面后，再进行电解加深，达到需要深度即可。线条纹样电解加深后，还需要用稀硝酸［50%（34° Bé）］飞面，使线条光洁、利于印制。

3. 印花工艺

为保证印制线条轮廓清晰，深浅两色以采用涂料工艺为好。闪光纹样作为地纹与其他各种纹样相结合时，可采用两次印花方法。其他纹样的印花工艺可根据花型特点选用染料。

4. "白条"疵点的防止

在印制中要注意防止"白条"疵点的产生。造成白条疵点的原因主要是花衣毛等杂物落入色浆造成，因此，对印坯烧毛要净，待印半制品要用布罩罩好，刮刀锉磨宜用日式（即反口刀）。进布导辊要用活络导辊，不可用"死"导辊，以免导辊与织物摩擦时产生花衣毛。

三、印制实样举例

1. 斜条闪光纹样

（1）织物品种。40 英支 ×40 英支、96 根 / 英寸 ×87 根 / 英寸，印花涤棉细布。

（2）花样分析（彩图 14）。闪光地纹宜雕刻 45° 斜线及 44° 斜线花筒各一只，夹角 1°，线距 1.5mm，通过印制即可获得。

（3）工艺流程。

白布涤加白（上 DT 及渗透性）→印花（第一次）→烘干→印花（第二次）→烘干→焙烘（155～160℃，2min）→平洗→烘干交整

（4）第一次印花（地纹）花筒排列和印浆处方。

1# 深蓝：

涂料藏青 FR	15%
尿素	3%
麦芝明 MR-96	20%
黏合剂 707	20%
交联剂 FH	3%
乳化糊 A	25%

2# 浅蓝：

涂料翠蓝 8302	3%
涂料蓝 FFG	1.5%
尿素	3%
麦芝明 MR-96	20%
黏合剂 707	20%
交联剂 FH	3%
乳化糊 A	25%

（5）第二次印花花筒排列和印浆处方。

1# 黑：

涂料元 FBRK	12%
涂料藏青 FR	4%
涂料紫 FB	4%
尿素	3%
麦芝明 MR-96	20%
黏合剂 707	20%
交联剂 FH	3%
乳化糊 A	25%

2# 淡水白浆。

3# 白：

涂料白 FTM	40%
东风牌黏合剂	40%
尿素	3%

| 交联剂 FH | 2% |
| 乳化糊 A | 15% |

2. 仿色织几何形席纹纹样

（1）织物品种。21 英支 ×21 英支、60 根 / 英寸 ×58 根 / 英寸，印花平布。

（2）花样分析（彩图 15）。席纹地纹宜雕刻 45° 及 42.5° 细点成线花筒各一只，夹角 2.5°，点距 1mm 左右，四面同等，通过叠印获得。

（3）工艺流程。

白布印花→烘干→汽蒸（102 ~ 104℃，5 ~ 7min）→冷热水洗→皂洗→水洗→烘干

（4）花筒排列和印浆处方。

1# 黑：

涂料元 FBRK	12%
涂料藏青 FR	4%
涂料浆 FR	4%
黏合剂 707	40%
交联剂 FH	3%
乳化糊 A	x

2# 蓝：

涂料蓝 FFG	5%
黏合剂 707	40%
交联剂 FH	3%
乳化糊 A	x

3# 枣红：

涂料洋红 8119	15%
黏合剂 707	40%
交联剂 FH	3%
乳化糊 A	x

4# 血牙：

活性杏 K-GH	0.6%
活性红 K-GP	0.3%
防染盐 S	1%
小苏打	1.5%
合成龙胶糊	x

5# 灰：

| 活性黑 K-BR | 0.3% |

活性紫 K-3R	0.05%
防染蓝 S	1%
小苏打	1.5%
合成龙胶糊	x

3. 水浪纹样

（1）织物品种。32 英支 ×32 英支、72 根 / 英寸 ×72 根 / 英寸，维 / 棉印花平布。

（2）花样分析（彩图 16）。水浪地纹宜雕刻两只 S 形曲线花筒，夹角 23°，线距 1.5mm，通过叠印获得。

（3）工艺流程。

印花（第一次）→烘干→印花（第二次）→烘干→焙烘［(160±5)℃，2min]→平洗→烘干

（4）第一次印花（地纹）花筒排列和印浆处方。

$1^{\#}$ 灰：

涂料蓝 FFG	2%
涂料元 FBRK	0.8%
尿素	5%
麦之明 MR-96	20%
黏合剂 707	20%
交联剂 FH	3%
乳化糊 A	25%

$2^{\#}$ 灰：色浆组成同 $1^{\#}$ 灰。

（5）第二次印花（花纹）花筒排列和印浆处方。

$1^{\#}$ 草绿：

涂料黄 8220	10%
涂料橙 8206	3%
涂料绿 FB	5%
尿素	5%
麦芝明 MR-96	20%
黏合剂 707	20%
交联剂 FH	3%
乳化糊 A	25%

$2^{\#}$ 黑：

涂料元 FBRK	12%
涂料藏青 FR	4%
涂料绿 FB	4%

尿素	3%
黏合剂 707	20%
交联剂 FH	3%
乳化糊 A	25%

3# 淡水白浆。

4# 白：

涂料白 FTW	50%
东风牌黏合剂	40%
尿素	3%
交联剂 FH	2%
乳化糊 A	x

4. 方格"闪光"纹样

（1）织物品种。21 英支 ×21 英支、60 根 / 英寸 ×58 根 / 英寸，印花平布。

（2）花样分析（彩图 17）。该花样宜由 90° 正交叉的小方格和小方块组成的两只花筒叠印而成，方格斜线做成 45° 的正方格，方块做成 42.5° 的正方块。夹角：2.5°。线距：1.6mm。

（3）工艺流程，花筒排列色浆处方略。

5. 方格色织闪光纹样

（1）织物品种。21 英支 ×21 英支、60 根 / 英寸 ×58 根 / 英寸，印花平布。

（2）花样分析（彩图 18）。该花样由一粗一细两种方格线条压印而成。夹角：1.7°。线距：1.8mm。

第四节　立体印花

一、立体原理

物体上面由于各部位受光强弱不同而产生明暗区别。黑白照片之所以能在平面相纸上反映出立体感的物像，主要由于光的明暗所致。立体花样就是基于这一原理，借"半防"和压印方法，在同一花纹内以"明""暗"两色，按部分重叠的方式印在织物上，再加上地色的衬托，使之获得"立体"效果。

二、花样类型

就目前生产的立体花样看，主要有下列两种类型。

1. 相同花纹错开对花的立体花样（图7-1）

这类花样大都是将明暗两色全部或部分按同一锌版刻在两只花筒上，称为同锌版立体。

上车印制按一定角度错开适当距离（距离大小视花纹粗细而定，基本上不能超过最细花纹的2/3），但又有部分重叠压印以产生立体效果。

这种类型的花样立体效果较自然，构成立体效果所需网版花筒较少，在一只花样中可用一只"明"效果的半防浆与其他任何颜色搭配，以取得不同色相的立体花纹，所以变化较多。但由于这种花样的立体效果是由相同两只花纹作部分叠印而取得的，起明暗两色的花纹面积相等（在花样结构中需要有部分不产生立体时，则采取部分不相等）故吃浆较多，成本较高，衬布耗用也比后一种类型多。

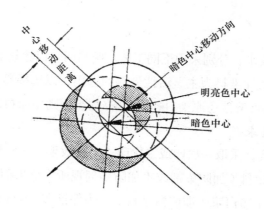

图7-1　立体效果示意图

2. 深浅色包边型的立体花样

原花纹中明暗部分是按照构成立体效果的对称形式分刻在两只花筒上的，而立体花纹的凸面部分，则另需一只介于明暗之间色光的花筒，即至少要三只花筒才能构成同一花纹色立体效果。故其变化受套色的限制较大，而且对花要求高。但由于白涂料面积小、耗用少，仅为包边，因此成本较低。

三、工艺设计要点及注意事项

1. 花纹明暗两色的对比问题

要考虑用以构成花纹明暗两色的对比问题，如过于强烈（如一黑一白），则所得"立体"太呆板，近似剪纸。一般暗色以地色的同类效果较好，但应深于地色，而明的部分则必须比地色浅。花纹上的明暗交界处，最好能存在一个由明转暗的过渡部分，以免造成立体效果呆板。这就要求在印制时将明暗两只色浆作部分重叠。重叠过多，会使主体效果减弱；重叠过少，又会使立体效果太强，所以印制立体花样，在应用原则上存在下列三个组成部分。

（1）明亮部分。代表花纹受光部分。

（2）过渡部分。明暗转换部分。

（3）深暗部分。代表花纹背光部分。

2. 地色的印制

最好将地色的深浅度控制在花纹的"明""暗"之间，而其色相应与花纹的过渡部分的色相能有所转换，甚至相同。地色在立体花样中起着衬托作用，以便使花纹的立体效果突出。因此，合适的地色是很重要的。

立体花样的地色，单面印（全面网纹花筒）时效果容易控制。但假如重叠处色浆过多，则花纹易糊，故花筒的深度应予以控制，一般其明暗花筒各在 0.28 ~ 0.33mm（11 ~ 13 英丝）之间，而全满地网纹则以 22 线 / 英寸 ×24 线 / 英寸 ~ 24 线 / 英寸 ×26 线 / 英寸，深色不超过 0.33mm（13 英丝）。

3. 印制工艺

印制中按花样配色的要求，分别采用不同工艺。明暗两色以涂料效果为佳，轮廓较清晰。其他中、深花样的地色以活性染料为主。活性染料的选用，以选择易于防白的染料为主，以便控制立体效果。浅淡者以可溶性还原染料补充。涤 / 棉织物则用涂料加分散、活性染料同印，以保证各项服用牢度符合要求。

印制时可根据花型需要，采取一次印或二次印。半防效果一次印比二次印的好。

明亮色既可采用真白涂料（加防染剂或不加防染剂视所需效果而定），也可采取含涂料白 FTW，无涂料黏合剂的半防白浆（即假白涂料）。为保证印制顺利，面积较大的白浆后面加一只清白辊很有必要，以防止白涂料黏结在后一套色的刀口上，造成后一套色的发花现象。

从上述情况可以看出，立体花样的生产，除工艺上尚需解决涂料印花时所造成的成本较高、固色条件要求较充分，衬布不易洗涤，以及立体的对花较困难等问题外，还必须研究如何进一步将这类花型扩大变化，丰富其内容，使其更为广大消费者所喜爱。

四、印制实样举例

（1）织物品种。45 英支 ×45 英支、100 根 / 英寸 ×92 根 / 英寸，印花涤 / 棉细布。

（2）花样分析。白与深棕、莲、深灰按同一锌版分刻在四只花筒上，印制时按一定角度错开适当距离叠印而成。

（3）工艺流程。

白布轧增白剂 DT 及渗透剂→烘干→印花（两次）、烘干→复烘→焙烘（185℃、2.5min）→定形（195℃、15s）→平洗→烘干

（4）花筒雕刻。白与深棕、莲、深灰同锌版立体。

白：72 线 / 英寸　　　　　　0.28mm（11 英丝）

深棕：72 线 / 英寸　　　　　0.30mm（12 英丝）

灰：72 线 / 英寸　　　　　　0.30mm（12 英丝）

莲：72 线 / 英寸　　　　　　0.30mm（12 英丝）

深灰地：22 线 / 英寸 ×24 线 / 英寸　　　　0.36mm（14 英丝）

（5）花筒排列和印浆处方。

①第一次印花。

1# 白：

涂料白 8401	40%
小粉—印染胶—海藻酸钠糊（1：1：1）	35%

2# 深棕：

福隆黑 S-2BL	2.2%
福隆黄棕 S-2RFL	1%
卡亚隆红 BL-SE	1.8%
活性灰 K-B2RP	2.2%
活性橙 K-GN	1%
活性红 K-2G	0.4%
防染盐 S	1%
小苏打	1.2%
尿素	5%
海藻酸钠糊	x

3# 灰：

福隆黑 S-2BL	2%
索米克隆橘 HFFG	0.4%
活性黑 K-BR	2%
活性橙 K-GN	0.4%
防染盐 S	1%
小苏打	1.2%
尿素	5%
海藻酸钠糊	x

4# 莲：

大爱尼克斯蓝 BG-FS	0.6%
福隆莲 S-3RL	0.4%
活性蓝 K-RGL	2%
活性紫 K-3R	0.4%
防染盐 S	1%
小苏打	1.2%
尿素	5%

      海藻酸钠糊 x

②第二次印花。

浅灰地

福隆黑 S-2BL	0.25%
索米克隆橙 HFFG	0.15%
活性黑 K-BR	0.25%
活性黄棕 K-GR	0.15%
防染盐 S	1%
小苏打	1%
尿素	5%
海藻酸钠糊	x

第五节　线条花样印花

    线条花型在织物印花中是常见的印花花型之一。深受消费者的欢迎，在印花生产中占有相当的比例。线条花样从色泽上看有单套色及多套色之分；从花型的变化上看，线型细的向精细方向，宽的向宽条方向发展变化。花型有条型精细一致及宽细并有的变化；线条花型有纯线条花型及线条与朵花、线条与块面花结合花型之分。

    线条花型印制要求花型线条挺括，边缘光洁，细小留白无糊没现象。细线条要求精细无断线，宽线条要求得色均匀，线条色泽丰满不干枯，符合客户来样要求。然而线条花样在实际生产中会碰到下列问题。

    （1）线条边缘不光洁，边缘轮廓不清晰，甚至呈锯齿形。

    （2）得色不丰满，形似枯笔，线条断线，无精细感。

    （3）较宽条型色泽不匀。

    （4）多套色线条对花不准。

    （5）不同色泽相碰处，特别相反色相碰处存在第三色，或存在不应有的露白疵病。为此，对影响线条花样生产及印制质量的原因进行分析，并在此基础上总结以往的生产经验，提出改进措施，用以指导生产。

一、影响线条花型印制质量的基本因素及具体原因

    线条花型的印制实际上就是织物印花花型印制纹样的一种，影响印制质量的因素和原因应该是相通的。唯线条的印制轮廓要求光洁，清晰；得色均匀丰满。

    线条花型在印花生产过程中产生的疵病形态是多种多样的，产生上述疵病的原因也是多

种多样的，但在这诸多原因中有一个起关键作用，这就是影响印制质量的基本因素。从印花生产实践感到织物印花生产是个动态的过程，是个系统过程。在此动态的生产过程中，能找到所印织物滞浆量的最佳合理点是保证印制质量的关键，其是影响印制质量的基本因素。织物表面滞浆量不足，细线条虚毛、断线、形状枯笔、宽线条得色不匀、露底；织物表面滞浆量过多，会产生溢浆、线条边缘不光洁、模糊不清等。为此，要保证线条花型的印制效果和质量，就必须在合理滞浆量上下功夫。

影响织物表面给浆量、滞浆量的原因是多方面的，其牵涉面较广，例如网坯的选用、制网质量、刮刀选用、印浆调制、印花操作、印花坯布质量及印前处理、印花工艺设计等。任何一个细节或因素未做好，都会影响到线条花型的效果，都会造成印花不良。影响线条印制质量效果的具体原因如下。

1. 印花设备选用不当

目前，圆网印花机从刮浆形式可分为刮刀刮浆和磁棒刮浆两种。从使用的实践看，刮刀刮浆印制线条要比磁棒刮浆更精细些，较适宜线条型的印制；磁棒刮刀较适宜块面花型的印制。平网印花机印横向线条较适宜，而印直向线条花型较易产生接头印。印花工厂在工艺设计时选用机台不当，或者限于设备的限制只能应用于某一些设备，致使线条花样印制存在客观上的先天不足，从而影响了线条花型的印制效果。

2. 印花工艺选用不尽合理

涂料印制线条的精细度要比还原染料、活性染料等所印的精细度要好，印制线条花样若能选用涂料工艺的应选择涂料来进行印花，应该使用涂料工艺而未采用涂料，采用了一些其他染料，以致看上去线条纹样缺少精细效果。

涂料较为适应于精细边缘轮廓、线条、点子等纹样，这是指一般而言。而有些涂料例如白涂料在印花版网花筒排列在较前位置时，所印纹样轮廓模糊。这主要是涂料白容易在织物表面堆积，在织物表面的滞浆量较高的缘故，印花后经后续网版花筒的压轧从而使轮廓模糊。又如漆光浆印制时也不容易得到光洁的纹样边缘。

3. 印坯方面的原因

印花坯布组织规格多种多样，有厚有薄、有疏松有紧密、有亲水性有疏水性，一般厚织物、疏松织物、亲水性织物在相同给浆量的情况下，在织物表面的滞浆量要少于薄织物、紧密织物、疏水性织物表面的滞浆量。

印花坯布混配棉成熟度不一致，布面条干不均匀，布面不光洁，棉结棉粒等散布性疵病点超标。

织物表面滞浆量过多，织物表面不光洁、粗糙、高低不平都会严重影响线条花样的印制。

另外，印花坯布前处理未达到质量要求。烧毛不净、退浆不净、煮练不透、漂白不白、丝光不足，以致影响到织物表面光洁和织物的渗透性，致使织物表面滞浆量较多，织物表面高低不平，严重影响线条型的印制效果。

印花半制品在印花前为了保证印坯门幅的一致、布面平整及克服纬斜，一般在印花前要安排一道整纬拉幅工序。经拉幅的织物门幅掌握不当，会有被拉宽的情况，拉的太宽，印花半制品门幅不稳定。在印制过程中，织物表面印有印花色浆时，由于变湿，织物会产生收缩现象。在印制中同样会影响线条花型的印制质量及效果。

4. 网坯质量不合格

圆网网坯圆周大小不一致。在生产过程中对网坯圆周大小以及是否一致未进行严格把关。使用的网坯未使用同一批次的，或进口网、国产网混用，或不同制网厂的同目数网混用，以至线条精细不一致或对花不准。

圆网网内面有凸点、毛刺，易造成刮刀的损坏，印制时产生刀线疵病。

圆网网目选择不当，在三孔相交处产生的三角死区较大，在线条纹样的印制中易产生锯齿形，线条纹样边缘不光洁。

目前镍网开孔率已作为考核镍网是否合格的主要技术指标之一，镍网开孔率达不到所规定的指标即可判断为该镍网不合格，但对开孔率超标，超标到多大为不合格尚没有明确的规定。在同一个网上，或生产的若干批、若干个不同的网上开孔率不同，范围变化大同样不利于给浆量、滞浆量控制的一致性，以致影响印制质量。

5. 制网版操作不当

（1）色与色关系的处理上不尽合理。该借线的未借线，该较大借线的却较小借线；在印制时产生不应有的露白；应较小借线的借线过大，色与色相碰叠产生异色（第三色）。

（2）制网时上感光胶有厚薄。致使网版上胶过薄处，在印花生产时耐磨牢度差，网版易出现砂眼；网版上胶膜太厚，则因胶膜内层在低温烘燥时难以充分固化，在显影时易出现倒胶、脱胶现象，影响线条花型边线的光洁度，在印花生产时会出现线条不直或在细留白线条上出现"大肚子"现象。

（3）网孔内有残留的胶膜。在制版过程中，如包边不正，曝光时间不足，显影不充分，冲洗马虎不干净等导致网孔内残胶在高温焙烘后形成一层肉眼不易察觉的胶膜，在印花生产印细线条花型时会产生断线，印块面宽线条时会产生色泽不匀。

（4）闷头未上平。在印花生产时条子花型不直，会是"S"型走向，或对花不准。

6. 印花色浆不符印制要求

（1）印花原糊黏度达不到要求。制糊操作未按工艺做，操作马虎随便，糊料未得到充分膨化或未按处方规定加料，以致原糊黏度达不到要求。

（2）原糊存放时间过长，致使原糊脱水或原糊拒水性差，用以上原糊所做的印花色浆不合印制要求。

（3）制浆原则。制备的印花色浆不能按"随用随做""勤做少做"的原则制浆，致使剩余印花色浆较多，存放时间过长，印花色浆脱水变质，印浆稠度达不到印制要求。

7. 印制操作不当

（1）车速太慢或太快。印花车速慢，置于网内的印花色浆渗透过网导致堆积在织物表面的色浆数量会较多，印制的线条会较粗。随着车速的增加，置于网内的印花色浆渗透到织物表面上的滞浆量会减少，线条相对会变精细，花纹轮廓清晰。若车速太快，线条会出现发毛、不光洁的问题。

（2）刮刀压力及摆刀角度不当。刮刀压力、刮刀摆放角度不当会使印花色浆渗透网孔的数量或多或少，从而造成线条花样发糊或发毛、断线或边缘不光洁。

（3）网内印花色浆存放液面忽高忽低。在印制时，网内存放印浆液面没能有效控制，操作未按规定进行，或圆网液面的控制器失灵，致使网内印浆忽高忽低。网内存浆多、液面高会导致重量大；网内存浆少、液面低导致重量轻。这样势必影响到印花色浆从网内渗出到织物表面的印花色浆数量的多少，进一步影响印制质量。

二、提高印制质量的若干措施

印花生产是个动态的系统工程。提高印制质量的关键是正确合理地控制给浆量及在织物表面的滞浆量，并要在印花生产各个环节体现出来。

1. 印花设备的选用

就目前较多应用的印花设备——圆网印花机、平网印花机而言。圆网印花机有刮刀式圆网印花机和磁棒式圆网印花机之分。各种印花机又各有不同的特点，对不同花型有不同的适应性。从使用的实践来看，刮刀式圆网印花机比较适宜直向、斜向线条及条格花型的印制；磁棒式圆网印花机较适宜于块面纹样的印制。横向线条纹样的印制在平网印花机上较为有利。对于多种印花设备的工厂来说，在设计印花工艺时，应根据花型的特点进行印花设备的选用；对于仅只有某种设备的工厂来说，则要分析花型特点，在印制时则以采取辅助手段和措施进行生产。例如，仅只有平网印花机的工厂印直向线条花型时碰到的问题是"接版印"。对此，则要从能否接版"走线"考虑解决；如不能解决，则要与客户商量，在可以裁剪的情况下，采用每版间留白线的办法予以解决。

2. 印花工艺的确定

目前，棉型的印染厂常用的印花染料种类为活性染料、涂料、还原染料、分散染料等。较为常用的印花工艺为活性染料、涂料、分散染料的直接印花；涂料防印活性染料、活性染料防印活性染料工艺以及还原染料拔染活性染料、涂料拔染活性染料工艺等。从线条花样生产实践看，以直接印花工艺居多，防印、拔染工艺偶有采用。

从染料种类看，涂料更适用于精细的轮廓边线，其最大的缺陷是印制较大面积纹样时手感不甚理想，故涂料印制多为点子、细线纹样。在印花工艺设计时，能应用涂料工艺的则选用涂料。对于既有点、线，又有较大块面的花样，则可选用涂料印线条、点子，选用活性染料印较大块面的共同印花工艺。选用涂料与活性染料共同印花的好处是在必要的情况下可做涂料防印活性染料印花工艺，有利于色泽的符样及轮廓的清晰。

选用涂料并不是所有的涂料都有利于线条边缘的光洁。例如，涂料白容易在织物表面堆积，如在多套色印花时网版花筒排列序号在较前位置，该白涂料印浆经后续网版花筒的压轧而使所印纹样轮廓模糊。因此，印制白涂料纹样则应将该白涂料花网排列放置在最后位置。

漆光浆在印制生产过程中，较难获得清晰的轮廓。对此，在必要时可采用同色涂料做边框套印漆光浆的方法，以获得光洁印花轮廓的目的。

3. 印坯的选用及印前处理

对于印花坯布的选择，以往存在着印花坯布疵点可以通过印花后的花型予以改善或掩盖的观念，因此，染色坯要求高，而印花坯要求可低些。对于这种看法应予以改变。

坯布布面条干均匀、布面光洁是印制线条花型提高印制质量的先决条件之一。不能选用那些散布性疵点如竹节、棉粒、棉结等超标的坯布，否则在印制精细线条时容易产生断线疵病；在印制较宽条纹样时容易产生深点、块面不匀等疵病。为此，要加强对印花坯布标准的严格控制，要加强对来坯质量标准的验收，特别要注意散布性疵点的检查。

烧毛工序处理得好对织物布面的光洁度会起到一定的作用，对改善和去除织物表面的棉结、茸毛等起到一定的辅助作用，故要重视烧毛工序的生产和操作。必要时可用圆筒烧毛，采用摩擦烧毛的方法而达到减少或去除织物表面棉结及茸毛的目的。

对于印花坯布的漂练处理要求做到退浆净，煮练透、漂白白、丝光足，突出强调要做到均匀。织物毛效要均匀，织物去碱要均匀。若织物毛效及去碱不均匀，必然会影响线条的印制效果和质量。

另外，还要注意印花半制品的尺寸稳定性，对于棉织物来说，要注意做好织物的丝光，要掌握好碱液浓度、经向绷布辊张力、中车门幅、去碱冲淋、蒸洗工艺条件的上车，以及烘缸张力和落布门幅，努力做到缩水率达到标准。合成纤维在印花前，必须经退浆、松弛处理使织物充分收缩，以消除纺丝、织造过程中所产生的内应力。在印前定形工序中，要控制好定形温度、车速、下机堆放时间，掌握好定形前及定形后织物门幅，力争做到工艺条件稳定，从而保证印花坯布门幅收缩的稳定性。

印前纬斜拉幅时除要注意印花半制品布面保持平整、门幅划一、纠正纬斜外，还要特别注意印花半制品的门幅不能拉得太宽。门幅拉得过宽，则印花半制品尺寸稳定性差，其遇潮湿的印花色浆以后会发生织物收缩的情况，影响织物对花。

4. 圆网网坯的选择

网坯质量的好坏同样关系到印制质量和效果，在线条花样的印制上更显得重要。1963年，荷兰 Stork 公司发明了印花镍网，由于开孔率低，印制线条、细茎、几何花型时印制轮廓不光洁。1979年该公司开发了 Penta 网及 Nova 网，提高了镍网的开孔率，改进圆网表面外孔及圆网筒内孔的网孔形状、网孔排列，改进了网孔中心距、网孔宽度，镍网茎面宽度等，有了不少提高。随着镍网目数的提高，印制的线条不断变细，印花精度、轮廓的清晰度不断提高，为印制精细高技花样和各种线条花样创造了条件。

在选用的过程中，首先要对镍网厂提供的网坯进行认真验收检查，要按照印花镍网行业标准进行验收。同时要结合印花镍网在印花生产中印制效果的实际情况注意有重点地进行验收检查。

对于线条花样，应选择目数偏高的镍网应用于生产。Nova 网价格较贵，较少使用，国内目前一般使用 125 目以上的 Penta 网或质量较稳定的圆网。从生产实践来看，选择高目数的镍网印制的线条效果较为精细，较宽线条纹样可选用 125 目 Penta 网作轮廓网，再用较低目数网坯作加网的办法进行印制，这样既有较好的边线轮廓，同时色泽均匀丰满。

在线条花样印制实践中，有时会产生线条轮廓的锯齿形疵病问题。产生这一疵病的根本原因是圆网质量问题。圆网网孔排列一般呈 1/2 排列，在三孔相交处会产生三角死区，若在织造镍网过程中，网孔宽度、茎面宽度控制不佳，导致三角形死区较大，这是造成纹样边缘轮廓呈锯齿形疵病的原因，印制的线条不挺括、不光洁，该种镍网不能使用。

开孔率是考核镍网网坯质量的重要技术指标之一。镍网网坯制造对某一目数的镍网都有相对应的开孔率指标。在印花生产实践中，对镍网开孔率的要求是既要达到规定指标，同时又要求波动范围一定要小。开孔率达不到所规定的指标的镍网定为不合格。开孔率不达标不行，超标也不行。例如，80 目镍网开孔率大于 16% 都为合格品。而在生产实际中，有的 80 目网开孔率高达 20%，这就给印花生产带来较多问题，开孔率大的网坯的网孔开口面积大，与正常开孔率的网孔比有给浆量的差别，印制效果必然有差别，线条粗细不一；开孔率大的镍网在涂胶时，因网孔大容易产生渗胶，影响正常的涂覆感光胶，影响制版操作等。因此，在印花生产中应选用开孔率达标、变化范围小的镍网。

5. 圆网制版操作

网版制版操作质量的好坏对线条花样的印制效果影响较大，其是印花生产中的重要环节。

首先，要正确处理好色与色之间的关系。印制的织物厚薄不同，纤维成分不同，印花工艺不同以及网版所用目数高低不同等，导致印制在织物上的印花色浆滞浆量不同，印花色浆扩开程度不一。因此，在长期的印花生产中要总结和改进考虑溢浆因素，要合理确定第一网序纹样的收缩量。

在多套色印花中，要看清色与色之间的色泽类别是姐妹色、同类色还是相反色。姐妹色为同一色调，可采用叠色，但叠色不宜超过三叠色。叠色太多的坏处是深色被冲淡，叠色太多会造成织物表面的滞浆量太多，易产生传色、搭色等印花疵病。同类色可以互相搭色，将浅色纹样嵌入深色纹样内拼接处色泽均匀。相反色互相叠印处会产生第三色，搭色要小而均匀。

直线条与横线条同时存在纹样，在与他色关系处理时要区别对待。例如，条格花纹即为上述同时存在的花样，其在圆网印花机上印制时，不同的花型位置，色浆所受到的挤压力不同，刮至所印织物表面的印花色浆溢开、扩开的大小不同。因此，在同一网目、同一色浆、同一刮刀，在与他色关系处理上会有所不同。同样是借线，直线条、横线条与他色关系处理时是有所不同的，只有摸索到有利于线条纹样清晰，色与色关系处理得好的有关技术参数，做好网版就能印制出良好效果的花布来。

第二，要严格网版制版操作，制版上感光胶厚薄要均匀。

网版制作前清洗要彻底，圆网经复圆后去油清洗要彻底。对于一些存放时间较长的网坯，其表面产生的氧化物及附着的灰尘，使原来银白色的镍网变成了乌灰色。为了保证胶层与镍网的紧密结合，同样必须进行彻底清洗。已经洗净的圆网，因有少量水分滞留在圆网表面和内壁，故应存放在烘箱内，用低温循环风将水吹干，同时要防止灰尘黏附。

要正确调制感光胶乳液，严格按处方所规定的用量正确称料，按规定的操作顺序调制，经拼混后要保证适当的黏度，并要搅拌均匀。

要防止感光胶乳液中气体的存在。感光胶乳液拼混后，由于化学药剂的继续作用和搅拌过程中混入空气，因此会有气泡存在，故感光胶乳液拼混配置好后不能立即使用，应在低温暗室内放置一定时间，使胶乳内气泡完全消失再使用。

要合理掌握感光胶乳液的稠度。镍网上感光胶膜的厚薄是由配制的感光胶乳液的稠度和挂胶速度而决定的。感光胶乳液配得稠，镍网上挂的胶膜就厚，反之即薄。挂胶速度快，胶膜厚；挂胶速度慢，胶膜薄。掌握配制感光胶乳液的稠度以调胶棒蘸取配制好的感光乳液呈连续线状下滴为宜。一般可用蒸馏水调节胶液的稀稠。

涂感光胶要有良好的环境，温度为（25±5）℃，相对湿度为65%，室内应尽量减少灰尘的飞扬，避免尘粒黏附在未干的胶层上产生质量问题。

上感光胶机涂刮胶液的速度和涂感光胶后的保温温度要适当。一般涂刮感光胶乳液的速度在10～12m/min，最高不能超过15m/min，保温温度在40～50℃。

涂感光胶后制版还需经过曝光、显影、清洗、焙烘等工序以完成圆网制版。在这些工序中操作要求做到包片正，曝光足，显影充分，冲洗干净，焙烘时间充分。

胶接闷头要求平整无歪斜。未上闷头的圆网两端必须剪齐擦清。应将圆网套至套架上，按在曝光时预先划好的长度整齐剪下，由于圆网与闷头衔接只有1cm，因此，圆网两端必须剪齐不歪斜，剪好的圆网用细砂皮擦洗内壁，用有机溶剂丙酮或氯仿擦清。

已上好闷头的圆网要轻拿轻放，并放置一定时间方可使用。这主要是考虑胶接闷头的树脂没有完全固化的问题，以免在印花机上生产时发生闷头歪斜扭曲而影响印制质量。

6. 印花色浆的操作管理

色浆的操作管理首先要严格按照工艺操作规程称料及制糊。防止随便马虎用勺取料，不进行称量的方法操作。包括各种原糊制作，印花色浆中各种组成成分。制糊要按规定加水，不能过多也不能过少，要充分搅拌，要保证糊料的充分膨化。制备的原糊要保证一定的黏度，调制的印花色浆具有一定的流动性。

印花色浆的制备要按照"勤做少做""随用随做"的原则。要制别注意减少剩浆。剩浆增多的原因往往与操作者对正确合理估浆缺乏应有的技能和工作责任心有关，与操作者图省事少添浆有关。为此，要加强生产管理，加强技术培训，进行必要的考核。凡是印花色浆拒水性能差，脱水变稀的，在印花生产中都不能应用，用这种色浆印制花型轮廓必然都很差。剩浆要在尽可能短的时间内予以处理。

7. 印花机印制操作

印花机印制操作所包含的具体内容较多，但不管印制操作内容如何变化，其都离不开给浆量、滞浆量的变化。印花机印制操作应围绕给浆量、滞浆量的核心，注意印花操作的合理性，在印花实践中应注意下述问题。

要合理调整并恒定印花车速。印花车速不宜太慢，适当加快车速有利于精细线条纹样轮廓清晰，当然，也不是越快越好。印花车速调节好以后，印制时要注意印花车速的恒定一致，以保证印制线条效果的一致性。

要调节好刮刀角度和压力。刮刀摆放角度和压力与印花车速有密切关系，印花生产时，在印花车速确定的基础上要注意调节好刮刀的摆放角度和压力。刮刀摆放角度和压力的大小以印制织物的实物质量效果为准。另外，在生产时要注意印花刮刀是否坚挺有力。在印花生产过程中如发现印花刮刀不够坚挺有力时，应随即把刮刀取下，冲洗干净，把气放掉，把刮刀拉平，重新充气，并注意充气要足。充足气的气管能保证印花刮刀在刀铗中坚挺有力，可防止刮刀两边与中间压力不一致，可保证线条纹样、印制效果的均匀性。

要保证网内印花色浆液面控制在确定范围内。在印花生产时，对网内存放的印花色浆液面要注意进行有效控制，应保持在规定的范围之内。网内印花色浆液面掌握得高低，直接会影响到给浆量的大小，滞浆量的多少和印制效果。应该说这项操作是能做到的，关键是在印制过程中要多注意检查，发现问题及时纠正。

第六节　转化效果印花

一、转化原理

转化效果印花是利用不同种类印花染料各自所具有的特性或借助于化学药剂的作用，在色与色叠印处发生着色、拼色或消色效果，使叠印染料或同浆印花染料在印花布上的某些部分只选择一种染料发色，而在其相邻部分却选择另一种或一种以上的染料发色，以得到色彩丰富多变的效果。这一印花方法对于连续细格网条可转化为两种或两种以上色彩的细格网条具有独特的风格，弥补和克服了一般印花方法中存在的严格整齐花型无法对花的困难。同时，这一方面的采用，可以少套色印制而获得多套色的效果。

二、工艺设计要点

（1）转化效果印花应选用能同浆印花，经某一化学药剂叠印，叠印部分色泽会转化的；或不同色浆叠印处色泽会转化的染料。要求同浆或叠印过程中印在印花半制品上的印花染料，除工艺设计需要考虑破坏消色之外，其他部分均要能保持一定的化学稳定性和重现性。

（2）转换效果印花花样以"面"压"线"（或细格），表现效果较好，如网版花筒之间用"面""面"相压易造成粗糙效果，故花样底纹用精细的线条或细格花纹，花型用"面"叠印。

（3）各印花方法着重点，要根据所采用的印花工艺决定。印花工艺流程的确定，要照顾到所用各种印花染料的要求。

三、若干转化效果印花方法

根据有关文献记载，介绍下列几种转化效果印花方法，在这些方法中，随着印花的发展，对印花成品要求的提高，有的染料及印花工艺已不再采用，有的染料及印花工艺仍予以采用，转化效果印花方法的思路和方法在印花技术范围中仍然可应用技术，特别对于那些细格网条有两种颜色以上，无法对花的纹样。以下介绍的方法，仅供参考和借鉴。

1. 士林染料——靛蓝染料转化效果印花

（1）转化原理。利用靛蓝染料可被氧化拔染，而士林蒽醌族染料一般不能被氧化拔染的特性，用氧化浆叠印蒽醌族、硫靛族同浆还原染料，破坏混合色中的靛蓝染料，而保留士林蒽醌染料的色泽，从而得到转化效果。

（2）工艺流程。

白布→印士林金黄及靛蓝混合浆→蒸化、烘干（成橄榄绿色）→盖印红矾钾→硫酸、草酸液处理

得到黄及橄榄绿两色转换效果。

2. 士林染料—印地科素染料转化效果印花

（1）转化原理。利用碱性还原剂能阻止印地科素染料发色的原理而得到转化效果。

（2）工艺流程。

白布→印地科素蓝及士林妃混合浆（内含亚硝酸钠）→印碱性还原剂（烘干）→蒸化→酸处理→皂洗，水洗，烘干

得到蓝（不盖印处）及妃（盖印处）两色转化效果。

3. 印地科素染料—快胺素染料转化效果印花

（1）转化原理。根据两种染料显色所需酸量的不同（印地科素显色需要的酸量比快胺素多），利用快胺素染料中的碱剂、机械性防染剂（或弱还原剂）阻止印地科素染料发色，

同时利用印地科素色浆在蒸化时分解出的不挥发性有机酸及氧化剂，促使盖印处快胺素类染料及不盖印处印地科素染料发色，而盖印处的印地科素染料及不盖印处的快胺素染料均因酸量不足而无法发色。

（2）工艺流程。

白布→印快胺素染料（如快胺素大红，内含烧碱、锌氧粉、硫代硫酸钠等）→盖印印地科素染料（如印地科素蓝用蒸化法配方，内含乙醇酸、硫氰酸铵、氯酸钠、矾酸铵）→中性汽蒸→皂洗

得到大红（盖印处）及浅蓝（不盖印处）两色转化效果。

4. 阿尼林—快胺素类染料转化效果印花

（1）转化原理。与上述相似，而以阿尼林代替印地科素染料。

（2）工艺流程。

白布→印快胺素大红→盖印阿尼林（外加乙醇酸）→氧化气蒸→红矾、纯碱处理→皂洗

得到大红（盖印处）及黑（不盖印处）两色转化效果。

5. 混合地色上的转化效果印花

（1）转化原理。利用冰染料地色上罩印阿尼林或印地科素染料，先后印上不同程度的防拔染剂或拔染冰染料用士林染料色浆，得到转化效果。

（2）工艺流程。

①冰染料大红色布→罩印阿尼林→印碱剂→盖印碱性还原剂→蒸化→红矾、纯碱处理→皂洗

得到黑（地色）、大红（印碱剂处）、白（盖印碱性还原剂处）三色转化效果。

②冰染料大红色布→罩印印地可素蓝→印印地科素防白浆→盖印碱性还原剂→蒸化→酸处理

得到咖啡（地色）、大红（印印地科素防白浆处）、白（印碱性还原剂处）三色转化效果。

6. 不溶性偶氮染料之间防染作用的转化效果印花

（1）转化原理。这是基于某些不溶性偶氮染料偶合发色慢的性质（如凡拉明蓝青莲色基等），分两次印花获得转化效果。

（2）工艺流程。

白布轧烧碱（30%）8g/L→浸→轧→烘干→第一次印花（印色酚 AS）→烘干→第二次印花（印色基及防染剂）→显色（凡拉明蓝盐 B 10 g/L + 凡拉明蓝盐 RT 10 g/L + 平平加 O 3 g/L）→亚硫酸钠洗涤→水洗→皂洗→水洗→烘干

（3）第一次印花处方。

色酚 AS	10g
酒精	5mL
烧碱（30%）	5mL

红油	15mL
龙胶—淀粉糊	x
	——————
	1L

（4）第二次印花处方。

白：硫酸铝 80g/L。

浅蓝：凡拉明蓝色基 BB 4g/L（内含硫酸铝 55g/L）。

大红：红色基 RL10 g/L（内含硫酸铝 70 g/L）。

通过二次印花，分别得白、浅蓝、大红、深蓝色等色。

7. 活性染料—不溶性偶氮染料转化效果印花

（1）转化原理。选择耐重亚硫酸钠的热固型活性染料和色盐同浆印花，在重亚硫酸钠印浆叠印处只显露活性染料而使色盐不发色或半发色，从而达到转化效果。

（2）工艺流程。

白布→打底→印花烘干→蒸化→水洗→碱洗→水洗→皂洗→水洗→烘干

（3）打底处方。

色酚 AS	15g
30%（36° Bé）烧碱	18g
红油	20g
	——————
	1L

（4）印花浆处方。

处方1：

色盐（去除金属盐）	x
醋酸（40%）	30g
扩散剂	3g
合成龙胶糊	300g
	——————
	1L

处方2：

热固型活性染料	x
尿素	100g
小苏打	30g
汽巴活性活化剂 CCL	20g
防染盐 S	10g

低黏度海藻酸钠糊	300g
	———
	1L

处方 3：

色盐（去除金属盐）	x
水	300g
低黏度海藻酸钠糊	300g
热固型活性染料	y
尿素	100g
防染盐 S	10g
小苏打	30g
汽巴活性活化剂 CCL	20g
雪尔污 SO 或 FL（Silvatol SO 或 FL）	2g
	———
	1kg

印花后在常压汽蒸条件下汽蒸 3min，如能允许延长到 7min，则可省去上述处方中活性活化剂 CCL。这种同浆印花的配色多属花布中"怪色"一类，用单独一类染料很难获得。

深草绿色：

汽巴克隆活性黄 3R–D	50g
汽巴蓝色盐 V	10g
	———
	1kg

黄棕色：

汽巴克隆活性红棕 RP	30g
汽巴克隆活性 3R–D	30g
黑色盐 ANS	2g
	———
	1kg

助剂同上。

四、印制实样举例

1. 不溶性偶氮染料—印地科素转化效果印花

（1）织物品种。21 英支 ×21 英支、60 根 / 英寸 ×60 根 / 英寸，印花平布。

（2）花样分析（彩图 19）。该花样系两套色，花纹的主要特点是印花两套色的对花要求非常高。不同两色线条的粗细相接、脱版都不符样。按一般常规印花方法无法进行生产。

现采用转化效果印花，底纹雕刻成全花筒精细的网格纹样，菊花纹样雕刻成菊花块面，与网格底纹叠印而成，从而获得对花非常精确的印制效果。

（3）转化原理。利用色酚打底剂和印地科素混合色浆印花，盖印显色基色浆，再经酸处理得到盖印处（冰染料和印地科素染料叠色）和未盖印处（印地科素染料本色）的两色转化效果。

（4）工艺流程。

白布→先印色酚打底剂及印地科素染料混合色浆（内含亚硝酸钠）→盖印显色基色浆→酸处理→碱洗、皂洗

（5）印浆处方。

①色酚打底剂及印地科素染料混合色浆处方：

色酚 AS–D	1kg
红油	1.5kg
烧碱（30%）	2kg
印地科素蓝 IGG	4kg
亚硝酸钠	1.5kg
龙胶—淀粉糊	x
	————
	100 kg

②显色基色处方：

色基红 RL	1 kg
亚硝酸钠	1.5 kg
32%（19° Bé）盐酸	2.4kg
醋酸钠	1kg
	————
	100kg

2. K型活性染料—KN型活性染料转化效果印花

（1）织物品种。21英支 ×21英支、60根／英寸 ×60根／英寸，印花平布。

（2）花样分析。该花样色泽有黑、中蓝、天蓝、黄绿、蓝绿、红莲、青莲、妃、红棕、灰等十色。在印制过程中若因某些原因印制套数受限时，则要运用防印、叠印转变色泽的方法生产，该花样中天蓝防印红莲得中蓝，妃叠印天蓝得青莲，妃叠印黄绿得红棕，红莲叠印黄绿得灰色、天蓝叠印黄绿得蓝绿色，从而可以以妃、红莲、天蓝、黄绿、黑等五色作基本色，雕刻五只网版花筒，通过印制以五套色而获得十套色的多色效果。

（3）转化原理。KN型活性染料遇到亚硫酸钠会失去反应性能。因此，可在K型活性染

料印浆中添加亚硫酸钠防印另一只（K+KN）型活性染料混合印浆（部分防印，部分不防印），结果相遇部分转化为（K+K）型活性染料的新拼色。如用防白浆防印（KN+K）型，则转化为单独 K 型活性染料的新色泽，利用防印、叠印获得转化效果的多套色泽。

（4）工艺流程。

白布→印花→烘干→蒸化（102 ~ 105℃，5min）→平洗→皂洗（松式）→开幅、轧水、烘干→干布加白（增白剂 VBL 1g/L）热风拉幅→验码成品

（5）花筒雕刻。全部为网纹。大块面花为 22 线 / 英寸 ×22 线 / 英寸，深度为 0.038 ~ 0.041mm（15 ~ 16 丝）；中小块面花为 24 线 / 英寸 ×24 线 / 英寸，深度为 0.036 ~ 0.038mm（14 ~ 15 英丝）；防印中小块面花为 24 线 / 英寸 ×24 线 / 英寸，0.020 ~ 0.023mm（8 ~ 9 英丝）；叠印中、小块面花 24 线 / 英寸 ×24 线 / 英寸，0.020 ~ 0.023mm（8 ~ 9 英丝）。

（6）花筒排列和印浆处方。

1# 妃：

活性艳红 K-2BP	1.0%
小苏打	1.2%
防染盐 S	0.7%
尿素	1.0%
海藻酸钠糊	x

2# 红莲：

活性艳蓝 K-GR	1.5%
活性紫 KN-2R	2.0%
三氯醋酸钠	3.0%
防染盐 S	1.2%
尿素	2.5%
海藻酸钠糊	x

3# 天蓝：

活性翠蓝 KGL	3.0%
纯碱	1.5%
防染盐 S	0.7%
尿素	2.0%
亚硫酸钠	2.5%
海藻酸钠糊	x

4# 黄绿：

活性嫩黄 K-4G	4.0%
活性翠蓝 K-GL	1.0%

小苏打	2.5%
防染盐 S	1.0%
尿素	4.0%
海藻酸钠糊	x

5# 黑：

| 拉彼达元 | 20% |
| 亚硝酸钠（代替中性红矾钠） | 2% |

（7）印制注意点。

①目前供应的三氯醋酸钠（普通品级）为白色片状，易溶于水，pH 为 7～7.5，应用时略加少量醋酸调节 pH 到 6.5～7，用量为 2%～5%。三氯醋酸钠腐蚀性很强，不能触及皮肤，对铁、铅、铝等金属有腐蚀作用。

② KN 型活性染料中使用三氯醋酸钠，印浆稳定性大大提高。如在印浆中加入 0.5% 磷酸二氢钠，可阻止在烘燥时产生纯碱，抑制 KN 型活性染料在烘燥过程中乙烯砜基的生成。

第七节　仿蜡防印花

一、真蜡防印花与仿蜡防印花

蜡防花布是非洲人民最喜欢的传统大类品种，男女老少都喜欢用这种花布制作的服装，行销于非洲市场已经有 200 多年的历史。蜡防花布的特点是花型粗犷，色泽浓艳，蜡纹（或称宾纹）达到精细自然的效果，花色正反面基本一致。这类花布的传统颜色以靛蓝、咖啡、深莲为主色，以猩红、枣红、橙色、黄色、艳绿等为花色。随着活性染料的问世，这类花布的颜色又有了新的发展。其花布图案都比较原始，以写实为主如贝壳、鱼虾、动物、飞禽、建筑物以及植物的花和叶都是常见的花型。也有一些较新的花型如几何图案或抽象写意型的图案，但数量不多。

蜡防花布最早是用手工方式将动物蜡和天然染料印在织物上，待蜡和所印染料凝固后，在浸入植物染料（土靛）染浴中染色。在染色时，蜡层受压、受折呈不规则的自然崩裂状而形成蜡纹。以后发展为机械印蜡，以两只花型相同的花筒先在织物上施加熔融的蜡质，并使正反面的花纹基本吻合，待蜡凝固后，将织物绳状拉过圆形小孔，使凝固的蜡质受折、受压而形成裂痕，再用靛蓝或媒介染料染色，获得蜡纹后，洗去蜡质，最后根据要求加印花色而成蜡防花布，称作"真蜡防花布"。

用该法在织物上获得的蜡纹是在染色之前或染色过程中，由于织物上的蜡面破裂，这些裂纹在织物染色的同时形成了自然而精细的条纹，由于它是自然形成的，非一般印花方法所能印成。另外，在织物布幅上，蜡纹没有一处相同，这是它的可贵之处。

　　由于真蜡防花布的生产周期长、工艺复杂、产量低、成本高、售价也高，而且无重现性。为此，目前行销市场的蜡防花布多为仿蜡防花布。仿蜡防花布可在目前常用的印花机械如圆网、平网和滚筒印花机上直接印花。相对真蜡防花布印花而言做到了工艺简单、成本低、产量高、周转快。虽然，印制效果与真蜡防花布之间还存在一定的差距，但如果印花工艺制定得合理、网版制作得好，印制效果可达到接近的程度。衡量仿蜡防花布印制效果的好坏，实际上就是指与真蜡防花布效果接近的程度，要做到与真蜡防花布接近，就要在"仿"字上下功夫。

二、仿蜡防印花应注意和考虑的事项

　　仿蜡防印花要在"防"字上下功夫。要注意有关方面的问题，仿蜡防花布所用的印花坯布组织规格要求与真蜡防花布相同或相似；花型图案常常是根据客户来样进行仿制的。花样审样时，必须对花型回头的单位尺寸、蜡纹边的处理、蜡纹的印制效果、花样中色泽的仿制接近程度、色与色间的关系处理、印花工艺的确定以及网版的排列次序作为合理的判断和修正。具体要注意和考虑下列事项。

1. 印坯组织规格的确定

　　经考察，对国外真蜡防花布组织规格及有关物理指标、染色牢度等有一定的了解，对市售产品进行了一些测试工作。这类产品一般成品门幅为 122 ~ 124cm（48 ~ 49 英寸），坯布门幅一般为 127 ~ 132cm（50 ~ 52 英寸），个别产品坯布门幅为 137cm（54 英寸）。纱支密度较为普遍的为：24×24、72×60，30×30、68×68。为了保持仿蜡防花布的风格接近真蜡防花布，必须从印花坯布抓起，采用相同或相似的组织规格。

2. 注意边花印制

　　真蜡防花布有花型排列对称、对比性强的特点。往往都有双边蜡纹布边，两边蜡纹边的宽度均匀一致。真蜡防花布有不少是裙料花样，几乎大多数是属于双裙边的，单裙边的极少。因此，有时来样花回单位不全，或者来样只有半幅，承接工厂绝对不能做成单裙边。印花时尽力做到两边裙边均匀对称及印制完整。即使是无蜡纹边的防蜡印花布，有些图案也要尽可能做到两边均匀完整。具有经向轴对称的花样，印制时同样要做到两边均匀对称。

　　边花的印制给印制提出了较高的要求，带来了一定的困难。影响布边印制的因素主要有印花半制品的门幅不一致，印制时进布的左右往复移动，印花机橡胶导带运转时不平直、有歪斜现象等，为保证边花印制，拟采取下列措施是行之有效的。

　　①控制网版雕刻刻幅。例如，成品幅宽为 117cm（46 英寸）的仿蜡防花布，网版雕刻幅度为 112cm。其中边花各 2cm。

　　②印前半制品要定幅。定幅不能在平拉机上进行，否则有松边现象如木耳边等。定幅在热风拉幅机上轧水定幅，如印前半制品要进行轧色或白地加白等工艺后也可在热风拉幅机上进行。定幅的关键和诀窍是进热风箱前，织物需要带一定的水分，不能是干布。织物在热风拉幅机上通过浸轧后，要求在第一排烘缸上进行预烘去除 30% ~ 40% 的水分，其余水分在拉

幅热风房中去除，才能保持较好的定幅效果。如果在进入拉幅热风房前织物太干，下机的织物则不能达到定幅的要求。这是因为织物在干燥的情况下，施加张力虽然能延伸门幅，但在去除张力之后仍会回缩，造成门幅的不稳定；织物在含湿膨胀的状况下去除水分才能保持相对稳定。

定幅门幅要严格控制稍宽于花筒网版刻幅，上下公差不超过 0.5cm。例如，成品门幅 117cm。花筒网版刻幅为 112cm，则半制品定幅应为 112 ~ 112.5cm。

③注意印花半制品干湿度。定幅落布如含湿量较大，同样达不到定幅效果，故落布烘燥要干。

④印花机印制速度尽量控制一致。必要时采用人工拉边。

3. 经向花回大小的处理

真蜡防印花花型单位大小一般为 40.64 ~ 91.44cm（16 ~ 36 英寸）。从花型单位看平网印花机印防蜡印花局限性要小些；用圆网印花机、滚筒印花机印制仿蜡防印花局限性要大些。若经向花型花回大小与印制要求不同时，往往需要承接工厂开刀接头。接头时应尽量保留原样的精神，删去一些次要的小花、散花，保留主要的较大面积的主花、细花。来样花回单位不全的要按图案精神，由工厂自行发挥加绘出一些类似的花型直至合适的尺寸。一些花回尺寸不全，但图案中各组花纹相对独立，而且用地纹相互分隔开，则可以采用拉长或缩短多组花之间的花距，直至合适的尺寸。对于一些无法开接头的，如几何图形花样，则授权允许工厂按图案的面积放大或缩小，以采用放大面积的较多。但应注意的是蜡纹一般是不放大也不缩小的，仍按原样去仿制。真蜡防花布有不少是一些具有民族风格写意的动物图案，接头时绝对不能对这里的动物做任意颠倒安排，除了鱼的头尾方向应与布幅的经向保持一致外，其余有脚类动物只允许以这些动物的头脚为轴线有规则地排列成与布幅的纬向成平行的位置，而且所有动物的头脚方向要一致。

4. 蜡纹效果的处理

蜡纹是蜡防花布的主要特征。蜡纹的种类有多种多样，形式多变。不同花型的蜡纹花布，其蜡纹的表现手法各不相同，风格迥异，蜡纹与整幅花型图案自然地融合在一起。真蜡纹花布的粗细蜡纹正面反面效果基本一致，而且在织物布幅上没有一处相同，而仿蜡防花布由于单面印花，并有花样回位，所以在此织物两面印制的蜡纹效果依靠正面的透印才能达到，而且是随花回的大小重复出现。对于仿蜡纹花布印制颜色色块及一般的粗蜡纹要求有相当好的透印效果，因此印制这些纹样时考虑印制时给浆量要大些。滚筒印花为达到给浆量增大的目的，可采取花筒腐蚀适当增加深度的做法。但在圆网、平网印花中采取降低目数以求得较大给浆量的做法并不是好办法，因为这样做虽然给浆量会有所提高，但印花纹样的轮廓、印制的精细度会有所影响。对于细蜡纹不强求完全透印，但力求做到单面印制效果要做到精细自然。蜡纹的描稿不可能完全按真蜡防花布的蜡纹一丝不苟地去描绘，实际描样时强调的是蜡纹的风格，包括粗细、疏密布局以及蜡纹丝的延伸方向等，应灵活而自然地去发挥。有些真蜡防花布的主花图案轮廓边缘有明显的深浅层次，通常称作镶边蜡纹，改做仿蜡防花布时不能随便取消，否则严重影响整幅的效果。为了使仿蜡纹花布的蜡纹接近真蜡防花布原样，可将粗细或深浅层次的蜡纹分别刻在两只网版上，以增强蜡纹的活泼性。在圆网印花中分刻两只圆网，一只可选用较高目数（在125目或以上的）做蜡纹的轮廓线，另一只作加网，选用80目或100目圆网对花印制以增加蜡纹纹样的给浆量。在操作时，可按纹样的粗细、深浅任意调节压力，保证印制的效果。

5. 色泽浓艳度的保证

蜡防花布要求色泽浓艳，印花基本上没有正反面之分。仿蜡纹花布要求接近真蜡防印制效果。花型中的主花及地纹的图案常以深暗浓色为主，如黑、藏青、深蓝、黑酱、枣红、黑棕、墨绿等；蜡纹的色泽绝大多数是与主花的深浓色调相一致或相接近。蜡防图案中的花色都是一些较明亮的色泽，在整个花型中起点缀、醒目的作用。常见的有艳蓝、翠蓝、艳绿、红莲、深红、金黄、橘红等色。有些蜡防花型中还带有较大面积的满地，色泽以黑、墨绿、深棕、藏青、艳蓝、金黄等居多。仿蜡防花布中较大面积的白地花型较少见，若一旦出现，后整理必须上加白剂，以保证白地洁白。大多数仿蜡防花布的空白地均要套染浅地色，如浅蓝、浅黄、浅紫、浅绿和浅米色等。

为了保证仿蜡防花布色泽的浓艳度，首先要对所用的印花工艺和染料进行选择。以往做仿蜡防花布的印花工艺，多数为不溶性偶氮染料、稳定不溶性偶氮染料（快磺素、快色素等）和活性染料。涂料印花由于手感粗硬，在仿蜡防印花中应用不多。不溶性偶氮染料有关色酚、色基、色盐牵涉到含有致癌芳香胺禁用染料，根据绿色环保要求而不能在印花中使用。目前，应用于仿蜡防印花中的染料仍以活性染料为主，该类染料色谱较齐全，色牢度较好。故应该选择一套能应用于仿蜡防印花固色率优良、提升率高的、色泽浓艳、配伍性好的活性染料色谱系列，以满足仿蜡防印花工艺的需要。

要使仿蜡防印花布印制色泽浓艳，印花布正反面效果一致或接近，还要求做好织物漂练前处理工序。做到退浆净、煮练匀透、丝光足。棉织物丝光时的烧碱浓度要高些，据介绍，有人用260～270g/L烧碱丝光，温度室温。采用布铗丝光机。布铗伸幅要足、丝光落布达到成品门幅、去碱要净、冲吸碱次数不少于三冲三吸，水洗要充分、落布pH保持在7～8。丝光钡值达140左右效果较好。对印花半制品的毛效要求较高，必要时对印前半制品还需要轧上渗透剂。

印花设备方面，圆网印花机以选用刮刀印花机为好。该机可随意调节压力，色浆渗透性好。印花色浆原糊应选渗透性好、触变性能好的增稠剂，色浆应薄些。化料操作时要保证染化料溶解完全。尿素用量要按工艺规定添加，以保证汽蒸时棉纤维的充分吸湿。

要保证仿蜡防花布的浓艳度，同时要防止传色疵病的产生。可在深色较大面积纹样圆网后加压一只圆网光网，以减少织物表面的给浆量。另外，为防止可能出现的反面拖色沾污烘房的问题，可采取在圆网印完后的印花机橡胶导带上方或在花布离开圆网橡胶导带进入烘房前，安装高功能红外线预烘装置，起预烘干部分水分的作用，防止反面拖色及沾污烘房等问题的出现。

6. 叠色效果的处理

蜡防花布中色泽之间的对花要求不是很高，相反的，若过于准确，反而失去蜡防花布的特有活泼自然的风格使花布图案显得呆板，蜡防印花布各色叠印产生的美丽的叠色效果是组成花样中的一部分。例如，深蓝格子地纹、浅蓝镶边、黄满地压印，结果未罩印部分是深蓝、浅蓝、嫩黄三个色泽，满地罩印部分表现为黑、翠绿镶边两个色泽。所以在许多仿蜡防花布的图案中有大量的第三色和叠色。

真蜡防花布有不是网印方法生产的，两色之间相叠往往是在织物干态的情况下叠加而成，叠色处能做到色泽深浓效果明显；而仿蜡防花布在圆网印花机、滚筒印花机上印制时，织物在湿态的情况下两色相叠，尤其是活性染料之间相叠时，叠色往往达不到期望的深度，与原样相差甚远，只能以实印为准。采用平网印花机印制，在生产过程中一是印制速度较慢，二是可考虑添加中间烘燥器，使织物在干态或基本干态情况下进行叠色，色泽要深得多。如果叠印面积较大或者叠色在花型图案中占的位置很突出，则可以略加修改，可将叠色作为单色处理，单独配刻一只网版。凡是有三叠色的地方，叠色面积稍大印制时容易造成溢浆，应将花样做适当修改尽量避免三叠色。例如，有两色和一黑框罩印时，应将两色分别与黑框做借线，避免三叠色。

三、印制实样举例

（1）织物品种 30 英支 × 30 英支、68 根 / 英寸 × 68 根 / 英寸，细平布。

（2）花样分析（彩图 20）。该花样为仿蜡防印花样，为三套色。深蓝用快磺素，浅蓝、黄用活性染料。绿为浅蓝与黄叠印而成。浅蓝线条在画面中起仿蜡纹效果。网版花筒排列时，快磺素排在最前面，浅蓝排在黄前面。该花样印制时要注意防止纬斜疵病的产生，必要时在印花前印花半制品要安排整纬拉幅。

（3）生产设备。滚筒印花机或平网印花机。前处理设备、蒸化平洗设备，一般常用染整设备。

（4）工艺流程。

印花→烘干→蒸化（102 ~ 104℃，7min）→水洗→皂洗→水洗→烘干→后整理

（5）花筒排列和印浆处方。

1# 深蓝：

凡拉明蓝 B 磺酸钠盐（浆状）	250g
亚硫酸钠	4g
色酚 AS–OL	30g
30%（36° Bé）烧碱	30mL
热水	x

冰	y
中性红矾（15%）	50g
海藻酸钠糊	200 ~ 400g
三乙醇胺	5g
合成	1kg

2# 浅蓝：

活性蓝 K–GL	60g
尿素	50g
纯碱	20g
防染盐 S	10g
海藻酸钠糊	x
合成	

3# 黄：

活性黄 K–6G	70g
尿素	50g
小苏打	25g
防染盐 S	10g
海藻酸钠糊	x
合成	

第八节　深地色罩印涂料印花

采用涂料印花可在白地或较浅地色上获得色彩鲜艳的有色花纹。但在深地色上用涂料印花，情况却不相同。除用白涂料能印得白色图案外，绝大多数常规用的涂料色浆均遮盖不住深地色，呈现不出涂料的鲜艳色彩。在涂料印花色浆中添加二氧化钛白涂料，有色涂料的给色深度会有所降低。例如，一只鲜红色的涂料印在黑地色织物上难以分辨出来；若在红涂料印花色浆中添加二氧化钛白涂料，所印得的红色是妃色色泽。

20 世纪 80 年代，罩印涂料作为一种特殊的印花技术开始流行，从意大利引进的 45# 白和配套的漆光浆用于棉织物和涤棉混纺织物深地色罩印涂料印花。从而在某些传统的深地防拔染印花花样上取得了仿防拔染的印花效果，对某些深地细点细线花样，可作为保证印制质量效果的特殊手段。既简化了工艺，又降低了成本。例如，深地色上浅色细线或细白点花样，若按常规的直接印花方法，常规的单面防印印花方法，对印制提出了很高的要求，较难达到满意的印制效果；若选择用先染深地色，印花采用罩印涂料，浅细点或细白点做网版印制。

印制质量和效果得以保证。为此，日益被印染企业所重视。以后，日本、德国以及中国对罩印涂料也相继开发成功。

一、普通常规用涂料罩印效果不良的原因

普通常规所用的涂料罩印深地色效果不良的主要原因是由于涂料遮盖力低所致。所谓遮盖力指的是织物表面涂上一层均匀的涂料薄层，使织物表面表现为另一种色泽，而将织物表面原来的色泽遮盖住，涂料的这种不使地色透过膜的能力称作涂料的遮盖力。因为，若没有良好的遮盖剂，普通常规所用的着色涂料是不可能获得罩印深地色的良好效果的。涂料白的主要成分是钛白粉，其遮盖力强，底色色泽能被遮住，但同时会稀释印花色浆色染料的颜色，降低色的饱和度，改变了色调，使颜色的视觉效果、给色量明显降低。

要解决涂料罩印效果不良的办法就是要使用罩印涂料专用浆。在使用前必须深入了解罩印涂料浆的性能。将各种罩印涂料浆刮印在同一种深色织物上，烘干，焙烘后比较其遮盖力、着色力。除此以外，还需要认真考虑罩印涂料浆应具有较好的染色牢度，优良的耐光、耐高温、耐氧化物、耐碱等化学稳定性，在印花过程中要具备不受其他助剂影响的性能等。

二、盖白浆与涂料透明遮盖罩印浆

透明遮盖涂料浆在印花时能将印制纹样部位地色颜色全面遮盖而显示罩印浆本身的颜色。印在深地色布上能得到白色花纹，并能将地色颜色遮盖住的涂料色浆称作盖白浆；能在深地色上印制浅于地色纹样的，并能将地色颜色遮盖住的涂料色浆称作涂料透明遮盖罩印浆，或简称为遮盖罩印浆。该印浆在服装印花行业，俗称作胶浆。

1. 盖白浆

盖白浆的组成为钛白粉、分散剂、黏合剂、增稠剂及其他助剂。盖白浆与涂料白FTW8401的区别是选用钛白粉的质量和制备方法有差异。钛白粉是盖白浆的基本材料，即二氧化钛多晶形化合物。工业上常用的钛白粉有锐钛型和金红石型两种。金红石型遮盖力较好，锐钛型遮盖力较差。在盖白浆制造的过程中要优化两种晶型的比例，适当提高金红石型，可大大降低单位体积中钛白粉的用量。生产实践证明钛白粉遮盖白，要达到深地上的遮盖要求，其含量必须达到40%以上。钛白粉的粒度分布控制在 $0.2 \sim 0.3\mu m$，粒子过大，其散射能力急剧下降；粒子过小发生光绕射同样导致散射能力下降，而影响白度。

采用高效能的分散剂是均匀结构，是防止颜料凝聚的关键。常用的离子型聚磷酸碱盐分散剂如六偏磷酸钠分散能力很好，缺点是产品易霉变、起霜等；聚合电解质型分散剂常用的聚磷酸盐、聚丙烯酸钠盐均为阴离子型液体，其用量要视钛白粉牌号通过实验确定。

盖白浆中黏合剂的选用，一般最好选用非离子型、含固量较高、手感较好的丙烯酸酯乳液聚合树脂。黏合剂分低温黏合剂和高温黏合剂以供生产需要。

增稠剂最好以平平加O和白火油自制的乳化糊A。它不但具有耐电解质，而且有得色浓艳、

配伍性好的特点。

2. 涂料透明遮盖罩印浆

透明涂料遮盖罩印浆的组成为结晶透明的体质颜料、有机颜料、分散剂、黏合剂等。

体质颜料是该浆的主要组成。其是一种惰性颜料，不溶于水和有机溶剂，耐酸耐碱，绝大部分是白色和无色。体质颜料能改善涂料的机械性能、流动性能、渗透性能、色泽性能等。遮盖罩印的涂料浆体质颜料加入常用硅酸铝〔$Al_2(SiO_3)_3$〕、分散剂后，具有极好的遮盖性。分散剂的选择原理与盖白浆相同。黏合剂要选用非离子型聚丙烯酸酯黏合剂。

涂料透明遮盖罩印浆的最大特点是在同等深地色罩印的条件下与遮盖白相比具有较好的遮盖力，且具有较高的颜色给色量。做白罩印用盖白浆，做着色罩印用遮盖罩印涂料浆。也可以与盖白浆拼用，其混合比例为 1∶2 或 1∶3，如深蓝地色上印罩印黄色就要多拼盖白浆。

三、印制过程应注意的事项

1. 深地色罩印涂料印花花型

不提倡大面积印花，推荐小花花纹花型印花。

2. 要合理选用深地色的染料染色

分散染料无论高温型、中温型还是低温型，都存在热迁移沾污问题，但沾污程度不同。分散染料染色要选用升华牢度好的染料。分散染料升华牢度越好，染料的热迁移沾污越少，对罩印涂料浆遮盖的效果影响越小，在实际生产中尽量选用高温型。

活性染料的纤维素纤维的羟基以共价键结合。因此，从理论上讲不存在热迁移沾污现象。但以采用 K 型、M 型及 KN 型活性染料为宜，避免采用 X 型活性染料。在涤棉混纺织物上染色，分散染料除选用高温型外，还应同时选用棉沾污性能良好的与活性染料配套使用。

不溶性偶氮染料由于偶合后的分子量较分散染料大，因而，其热迁移性能比分散染料要好。该类染料用于染色要注意两个问题：一是按环保要求，注意不用禁用的色酚、色基、色盐，二是不用遮盖罩印效果差的染料染色。

在一般情况下要尽量避免直接染料染地进行罩印涂料印花，因罩色沾污情况十分严重。

3. 深地色染色后平洗要充分

若残留在织物上的浮色未去除，印花后焙烘时罩印涂料印浆上会产生吸附现象，造成色泽萎暗。故深地色染色后平洗要充分，要注意加强染色过程中的平洗，染色时的水洗、皂洗要充分，浮色要去除干净。

4. 克服纹样边缘模糊

在印花工艺设计及印制过程中，要注意克服纹样边缘产生模糊现象。纹样边缘模糊现象在平网印花、圆网印花中都有发生。根据生产实践来看，平网印花产生该疵点的原因与罩印涂料浆在印制过程中黏度加大、流动性变差有关。在刚开始印制时，浆料的流动性较好，刮刀不需要很大的力度就能把浆料刮印、收浆干净。色浆经多次刮印后，黏度增大，致使刮刀力度加大造成丝网弹性变形，产生图案位移，纹样边缘模糊。解决上述问题的防止措施如下。

（1）用弹性变形小的丝网——涤纶丝网。

（2）绷网时注意适当提高丝网的张力，防止丝网的松弛。

（3）平网制版感光胶不宜涂得太厚，以免增加刮印的难度。

（4）随时调节印花色浆的黏度。

圆网印花与平网印花有所不同，印制速度较快但圆网印花同样会产生印制纹样边缘模糊现象。其产生原因与印浆堆积在织物表面、不易渗透有关，经后续网版的压轧黏搭，致使纹样边缘模糊。

（5）合理考虑织物表面的滞浆量合理选用网坯网目。在保证遮盖罩印的前提下选用较高网目的网坯。以往考虑罩印遮盖效果，往往选用60目、80目的圆网网坯。从生产实践看，该网目本身印制轮廓就较差。印制罩印涂料浆纹样轮廓更差，故在印制细线、细点时采用125目、105目较好。当然也不能太高，在印制中有用过155目圆网，较易产生塞网。

（6）为保证印制轮廓采用加网的办法，对保证罩印的涂料遮盖浆的印制轮廓有较好的效果。具体做法是在需要罩印涂料遮盖浆印制的纹样的周边加做一只与地色色泽相同或几乎接近的圆网。在印制时先印涂料加网，然后再印罩印的涂料遮盖浆与之对花。这样，涂料印制的边缘较光洁，罩印涂料遮盖浆虽然有些模糊但在加网印制的范围内问题不大。

（7）要防止塞网现象的出现。首先要对调制好的盖白浆、遮盖罩印涂料浆做好色浆的过滤，可用150目左右的丝网进行过滤再付印上车。

罩印涂料浆圆网印制在生产实践中对刮刀的磨损较厉害，印制24000m布，刮刀磨损掉4mm，磨下的铁屑会造成色浆色泽变灰，同时又较易产生塞网。在印制生产过程中，要定时调换圆网内残留的印浆。另外，圆网网目需要合理选用，太高、太低均不好。目前常用的目数为125目、105目。

平网印花丝网目数选择一般在80～120目。在生产实践中发现平网印花塞网现象的发生与印制时未收干净的较薄印浆层，在短时间内结成风干膜有关。堆置在平网网版上的印浆，堆积层越薄干燥越快，印制时未收干净的较薄印浆层，在很短时间结成半干膜，这些膜被刮带入网孔中，致使网孔堵塞形成局部塞网现象。要减少和克服平网印花这一塞网应从保持印浆流动性，减少和防止印浆层半干膜的产生，在印制过程中注意刮印色浆操作收净着手。要控制好罩印涂料浆的稠度，在操作中做到勤加少加。

关于罩印涂料浆的冲淡使用尽量不要超过10%，应少加其他助剂，以免影响使用效果。色浆冲淡尽量使用非离子增稠剂、乳化糊A。

（8）严格执行焙烘工艺规定。要了解盖白浆、遮盖罩印涂料浆中黏合剂成膜对温度的要求。要严格执行焙烘工艺规定：温度过高会影响白浆白度和色浆色泽鲜艳度；温度过低会影响所有色浆的染色程度。

四、印制实样举例

（1）织物品种。40英支×40英支、133根/英寸×72根/英寸，棉府绸。

（2）花样分析（彩图21）。该花样地色为深色（黑色）上印杏色细斜线。如采用直接印花或防印印花工艺，杏色细斜线印制不能得到满意效果。线条容易糊没，色泽不艳亮，如采用拔染印花工艺，工艺流程冗长。现做的印花工艺是织物染色后罩印遮盖涂料浆，可获得理想的印制效果。

（3）生产设备。圆网印花机、焙烘机。

（4）工艺流程。

翻布缝头→漂练前处理→染色→（整纬拉幅）→印花→烘干→焙烘→（水洗）→交整

（5）印前漂练前处理、染色。

同一般棉织物漂练前处理和染色工艺。

（6）印花。圆网印花。地色：黑色。

印浆处方：

涂料金黄 FGR（8204）	0.88%
海立紫林橙 R	0.74%
涂料（Sandye）黑 C	0.145%
奥尼特克斯盖白浆 X-7099	75%
NK 黏合剂 KH-15	15%
合成	100%

（7）焙烘。温度为150℃，时间为3min。

第九节　靛蓝牛仔布拔染印花

靛蓝牛仔布是国际上一种久盛不衰传统色相的风行服装面料，具有古朴、厚实耐穿、粗犷的独特风格，深受青年男女的青睐。靛蓝印花牛仔布的出现更增添了靛蓝牛仔布的品种，牛仔布拔染可在深色牛仔布底色上印制深浅层次花型图案，从而产生花纹细致逼真、轮廓清晰的效果，增添了牛仔布的花色品种，近年来已成为一种流行趋势。

一、靛蓝拔染的原理及方法

靛蓝地色拔染印花在雕白粉问世以前是用氧化剂进行拔染的。自从有了雕白粉以后，较多的采用在碱性条件下，用还原剂雕白粉还原拔染的方法，织物强力能得以保证，靛蓝在碱性介质中，经还原剂作用能生成靛蓝隐色体钠盐而溶解，再经水洗去除，以达拔染的目的，使用该法拔染印花，在实践中发现存在下列问题。

（1）靛蓝隐色体在空气中或水洗过程中会被重新氧化而成靛蓝，因而不能获得良好的效果。

（2）为了防止隐色体被重新氧化，在拔染色浆中加咬白剂，以使隐色体醚化成可溶于碱的橙色产物加以洗去。目前咬白剂 W 供应有困难，1995 年德国巴斯夫公司停止生产咬白剂 W。

（3）印花牛仔布沿用咬白剂 W 拔染印花工艺时，选用不能为咬白剂 W 拔白的还原染料，仅有黄 G、金黄 RK、蓝 GCD、绿 FFB、绿 2G、绿 4G 等，色谱受到限制。

故目前靛蓝牛仔布拔染印花仍采用氧化剂进行拔染。靛蓝染料在氧化剂的化学作用下能使靛蓝染料结构中的共轭双键断裂，达到拔染印花的目的。

目前，靛蓝牛仔布商品拔染剂仍属氧化剂范畴。价格较高，运输中对安全要求较高。为降低成本，靛蓝氧化拔染印花则选用常用化学品氯酸钠作氧化拔染的主体，以黄血（钠）盐作氯酸钠的导氧剂，采用柠檬酸作氧化拔染的催化剂和介质，并合理制备。该法操作简便快捷，汽蒸时间短，拔染品质优良，可与商品拔染剂相媲美。织物强度保留率达 90% 以上，而该拔染成本仅为商品拔染剂成本的 1/5 左右。

二、氯酸钠—黄血（钠）盐拔染印花工艺

1. 工艺流程

靛蓝牛仔布→印花前处理→印花→烘干（105℃）→汽蒸（100~101℃，8~10min）→焙烘（130~135℃，2~4min）→水洗→烘干

2. 印花前处理

靛蓝牛仔布的经纱采用原纱先经烧碱和渗透剂溶液的润湿处理，再浸渍靛蓝染液氧化，重复 6~8 次。染后水洗处理，最后一格水洗槽中加入适量柔软剂，以利于分经时纱束的分散和烘干，再经上浆以利织造；纬纱则采用原纱，牛仔布后整理水洗时，为改善手感、增加布匹丰满和光洁度，水洗时经轻浆处理，以提高布重和增加硬挺度。因此，牛仔布含有纤维素共生物、靛蓝浮色、烧碱、染料等杂质，为提高印制效果和涂料染色牢度，故必须进行退浆工序。

（1）平洗机酶退浆。

先经 70~80℃热水洗四格（预洗去除烧碱）→退浆（7658 淀粉酶 3~5g/L，食盐 5~8g/L，渗透剂 JFC 2~3g/L，pH 6~7，温度 55~60℃）→堆置（50min 左右，温度 55~60℃）→热水洗四格（95℃以上）→冷水洗→烘干

（2）卷染机酶退浆。

热水洗（50 ~ 60℃）上轴→酶退浆（7658 淀粉酶 1.2kg/150L，食盐 0.5kg/150L，渗透剂 JFC 0.5kg/150L，pH 5.5，温度 55 ~ 60℃，30min）→热水洗四道（90 ~ 95℃）→冷水洗两道→上轴→烘干

牛仔布经退浆后要求：退浆净，织物 pH 为 7 呈中性，毛细管效应达 8cm/30min。

3. 拔染印花色浆的组成成分作用及调制

（1）处方。

	拔白浆	涂染着色拔染浆
氯酸钠	10g	9g
黄血（钠）盐	4g	3.6g
柠檬酸	6g	5.4g
尿素	5g	5g
耐酸糊料	适量	
涂料		x
黏合剂		y

（2）作用。

①氯酸钠。氧化拔染的主要组分。氯酸钠用量应根据靛蓝色泽深度、织物组织规格、花型面积、给浆量、有无叠印等情况，选择氯酸钠用量。

用量不足会影响拔染效果；过多则对拔染无益反而增加对织物的损伤。

②黄血（钠）盐。导氧剂。在酸性介质中能促进氧化反应，其在汽蒸过程中起帮助完成氧化拔染作用。另外，黄血（钠）盐是强碱弱酸盐，其溶液呈碱性，具有良好的缓冲作用，能有效地防止 pH 过低时对组织的损伤。黄血（钠）盐的用量不能太少，也不能过多。其用量应根据氯酸钠的用量而定，即氯酸钠与黄血（钠）盐用量比为 1：0.4。

③柠檬酸。氯酸钠与黄血（钠）盐在中性或弱碱性溶液中并无活泼的氧化性能。为此，必须在拔染浆中加入一定量的柠檬酸，并保持在一定酸性范围。当汽蒸时能加速反应和增强氧化作用，达到氧化拔染印花的目的。柠檬酸用量，同样也是根据氯酸钠用量而定，即氯酸钠与柠檬酸用量比为 1：0.6，不能过少也不能过多。

④尿素。具有良好的吸湿作用，在印制时能增进拔染效果。尿素还具有缓慢的弱还原性，能增强不耐拔涂料的耐拔性能，并能减轻对织物的损伤。在汽蒸时，尿素还能显著地减少氧化拔染所生成的腐蚀性物质，稀释量将近一半，在排风良好的情况下，能有效地防止对设备的侵蚀。

⑤耐酸糊料。拔染浆呈酸性，应选用耐酸糊料如改性瓜尔豆糊、变性淀粉等。糊料应具有良好的印花性能、储存稳定性和易脱糊性。

⑥涂料。并不是所有的涂料都适用于氧化拔染，应选用耐拔涂料。以浅色涂料耐拔试验为准，以保证色拔印花质量。

⑦黏合剂。其是涂料着色拔染印花的关键。必须选择耐拔染剂，耐酸且柔软，具有坚牢

度高和结膜慢等性能的黏合剂。应根据涂料用量选用最佳黏合剂用量，经汽蒸能达到拔染和固着兼顾的目的，并具有良好的色牢度。

（3）印浆的调制。取适量室温耐酸原糊，在搅拌条件下，按以下加料顺序加料：尿素、黄血（钠）盐、氯酸钠、柠檬酸。加料时应缓慢撒入，待溶解后再进行下一加料顺序。

色拔浆调制同涂料直接印花。拔染浆黏度应控制在 50 ~ 60dPa·s 为宜。

4. 印花生产过程中应注意的事项

靛蓝牛仔布拔染印花由于是在深底色上印制花纹，印制的印浆没有印在白布上那样明显，增加了对花的难度。因此，可在印浆中加入少量涂白，以使对花用量为 2%。

氯化钠—黄血（钠）盐拔染印花的关键是热处理时，对温度和时间的正确控制，要防止酸、氧化剂对织物的损伤，要能做到兼顾高品质拔染印花的效果和织物强力保持在 90% 以上，同时要注意减少和防止酸性物质对设备的侵蚀。

5. 烘干

拔染浆中氯酸钠、黄血（钠）盐、柠檬酸共存时，遇高温则易分解，印花后，必须采用温和烘干条件，烘干温度以不高于 105℃ 为宜。目的仅是使印在织物上的拔染浆中的水分去除，以不粘手，不掉色为准。烘干落布时应采用强力吹风，使印花织物充分透风冷却，还应及时进行汽蒸。为防止酸性条件对印花烘房导带的损伤，故在印制一定批量后应及时用水冲洗导带以延长导带使用寿命。

6. 汽蒸

饱和蒸汽温度为 100 ~ 101℃，时间为 8min 左右，能获得优良拔染效果，且织物强力保留率为 90% 以上。

在汽蒸过程中，除拔染作用外，还释放腐蚀性物质。尿素的存在可减少近一半的腐蚀性物质释放量，但仍应加大排风量，勿使腐蚀性物质在蒸化机内积聚过多。即使汽蒸完成后，仍需及时排尽腐蚀性物质，以保护蒸化机不受侵蚀。

若使用圆筒蒸化机，其筒体壁厚能经受长时间腐蚀。

7. 焙烘

要注意对焙烘温度的严格控制，要防止高温焙烘引起的织物脆损，一般温度以不超过 150℃ 为宜。

低温型黏合剂经汽蒸处理后，应具有良好的色牢度。因此，可根据织物强力保留率，相应调整焙烘温度和时间。

8. 水洗

经拔染作用，使靛蓝分解成靛红，呈黄色物质，能溶于水，但溶解度不高。水洗时须用热碱（Na_2CO_3）洗，能有效对黄色物质溶解而去除，剩余的黄色物质则用碱性皂煮充分洗净，才能使拔白白度洗净。

（1）平洗机水洗工艺。工艺流程如下。

冷水洗→热碱洗（Na_2CO_3 3g/L，80℃以上）→皂煮（Na_2CO_3 3g/L，净洗剂4g/L，90 ~ 95℃）→热水洗→温水洗→冷水洗→烘干

（2）卷染机水洗工艺。工艺流程如下。

50 ~ 60℃热水洗上轴→热碱洗（Na_2CO_3 3g/L，80℃以上两道）→热水洗（80℃以上两道）→皂煮（Na_2CO_3 3g/L、净洗剂4g/L，90 ~ 95℃两道）→热水洗（80℃以上两道）→冷水洗两道→上轴→烘干

三、印制实样举例

1. 织物品种
靛蓝牛仔布。

2. 花样分析（彩图22）。该采样为靛蓝牛仔布拔染花样。印制和印花工艺设计按常规印花法印制，印制中要注意印制的符样率，要注意织物强力不能低于90%。

3. 生产设备
前处理设备及印后蒸化水洗设备同常规使用设备。本花样印花设备为平网印花机。

4. 工艺流程
靛蓝牛仔布→印花前处理→印花→烘干→蒸化→热洗→皂洗→热烘→冷洗→烘干

5. 工艺条件
（1）印花前处理。工艺流程如下。

靛蓝牛仔布→热水洗（70 ~ 80℃）四格→酶退浆（7658淀粉酶3 ~ 5g/L，食盐5 ~ 8g/L，渗透剂JFC 2 ~ 3g/L，pH 5.5 ~ 6，温度55 ~ 60℃）→堆置50min左右，温度55 ~ 60℃→热水洗（95℃以上）四格→冷水洗→烘干

（2）印花。

①网版排列。

1#黄棕　　2#深绿　　3#黄绿　　4#嫩黄　　5#白

②印浆处方。

a. 牛仔布拔印原糊。

乳化糊A	10%
水	45%
乳化剂400H	10% ~ 12%
黏合剂UDT	25% ~ 30%
尿素	5%
柔软剂	3%
———————	
合成	98% ~ 105%

b. 拔染印浆。

	拔白浆	色拔浆
涂料	—	x
拔染剂 JN	14%	14%
柠檬酸	7%	7%
原糊	60% ~ 70%	60% ~ 70%
水	y	y
合成	100%	100%

③涂料选用。经生产实践试验，下列涂料予以选用：8113 妃红 FITR、8204 金黄 FGR、8301 蓝 FFG、8304 藏青 FR、8116 红莲 FFRN、8601 绿 FB、8801 棕 F2R、8501 黑 FBRN。

（3）印制注意事项。拔染剂 JN 为易燃物质。生产时要注意对烘房温度的控制。防止布面带酸在高温下容易引起脆损。烘房导带应按时用水冲洗以延长导带使用寿命，还需注意下列事项。

①印制留白边 0.3 ~ 0.5cm。

②停车时滞留在布上的印浆要刮干净再进烘房。

③拔染剂 JN 用 80℃左右热水溶解。加入浆中要搅匀，不能用蒸汽加热溶解 JN。更不能将 JN 与柠檬酸放在一起溶解。

④蒸化。温度 102℃，时间 8min，蒸化后要及时换气，防止蒸化机内酸性物质、还原物质的存在影响后续产品加工。

⑤水洗。

冷水洗→热水碱（Na_2CO_3 2 ~ 3g/L，80℃以上）→充分皂洗（Na_2CO_3 3g/L，净洗剂 4g/L，温度为 90 ~ 95℃）→热水洗→冷水洗→烘干（为提高白度可加荧光助白剂 VBL 2g/L 左右）

⑥目前，该法在生产中存在的问题是：拔染印花色浆的稳定性欠佳，浆易变薄，有待进一步摸索。

第十节 发泡印花

发泡印花又称作发泡立体印花，国外又称作凸纹印花。发泡印花不受纺织纤维种类、织物组织和印花设备的限制，采用手工台板、平网、圆网、滚筒等印花机印制均可达到较好的印制效果，印花工艺简单、印制效果新颖别致。在纺织品上印制的该类花纹具有如贴花、植绒或刺绣般独特的立体效果，深受国内外消费者的欢迎。

一、发泡印花的原理

发泡印花所用的印浆只要由热塑性树脂、发泡剂、添加剂和着色剂等组成，织物印花后，经烘干焙烘发泡剂受热分解，释放出气体使印浆膨胀，从而形成立体浮雕般花型，同时树脂将着色剂固着在织物上获得彩色的图案。发泡印花的发泡效果与色浆中的发泡剂有着密切的关系。目前使用的发泡剂、发泡印花浆主要是两大系列，即微胶囊发泡剂组成的物理性发泡浆以及化学发泡剂组成的化学性发泡浆。由于化学性发泡浆可以通过控制发泡剂的加入量而获得所需要的发泡高度，印花后手感颇为理想，具有一定的各项牢度。因此在目前应用的二类发泡浆中，又以化学性发泡浆应用较为广泛。

发泡印花在我国 20 世纪 70 年代已能生产，发泡印花浆的产生是随聚苯乙烯泡沫塑料的产生而引用过来的，塑料发泡印花为我国早期的纺织品发泡印花技术，现代的聚合物浮液混合物发泡印花浆是在此基础上发展的。两者印花后的产品，在外观上无明显差异。后者仅比前者使用方便，因此，研究塑料发泡印花技术对发展现代聚合物浮液发泡浆仍起到一定作用。

二、发泡浆组成及其作用

1. 处方举例

悬浮聚合聚苯乙烯树脂	18g
醋酸乙酯	34g
丙烯酸酯共聚体	35g
增稠剂 M	1.7g
二丁基苯磺酸钠	0.5g
偶氮二异丁腈	0.8g
偶氮二甲酰胺	6g
尿素	3g
硬脂酸	1/100g

2. 操作

（1）醋酸乙酯与聚苯乙烯树脂完全溶解。

（2）丙烯酸酯共聚体、增稠剂 M、二丁基苯磺酸钠、偶氮二异丁腈在快速搅拌下缓慢加入聚苯乙烯溶液，直至乳化，然后加入偶氮二甲酰胺等。

3. 发泡浆组成成分的作用分析

（1）悬浮聚合聚苯乙烯树脂。其为聚苯乙烯泡沫塑料。聚苯乙烯泡沫塑料可分为可发性聚苯乙烯泡沫塑料和聚苯乙烯泡沫塑料两类。前者使用悬浮聚合珠粒聚苯乙烯树脂生产，后者使用乳液聚合粉状聚苯乙烯树脂生产。发泡立体印花所采用的聚苯乙烯，通过实验认为以乳液法聚苯乙烯为宜。因为悬浮法聚苯乙烯不易粉碎，溶剂溶解较为困难，发泡上不如乳液法聚苯乙烯。当时，因国内供应的问题而迫使采用了悬浮法聚苯乙烯。

（2）醋酸乙酯。溶剂，溶解聚苯乙烯泡沫塑料。

（3）丙烯酸酯共聚体。聚苯乙烯的改性剂。聚苯乙烯泡沫塑料对织物没有黏着力，加上发泡后溶重降低，耐磨性下降，改性塑料柔软性不够理想。因此，聚苯乙烯泡沫塑料在织物上印花必须进行改性。改性即采用与其他单体共聚，与其他树脂掺混或接枝共聚等方法，把不同树脂性能上的长处结合在一起，以提高发泡浆的柔软性，耐磨牢度和泡孔结构。同时在生产过程中不易塞网，调换色浆清洗方便。

（4）偶氮二甲酰胺、偶氮二异丁腈。发泡剂。偶氮二甲酰胺在生产高发泡聚苯乙烯中最为适用，这主要是其发气量最高。通过反应生产的氮气、一氧化碳和二氧化碳的混合气体几乎与空气相同，产生的泡孔结构均匀，反应物很少，气味污染也少。偶氮二异丁腈，过去在泡沫塑料中主要作发泡剂，由于在分解时会释放出四甲基丁二胺有毒物质，目前已很少应用。

（5）尿素。添加剂，偶氮二甲酰胺的分解温度较高，尿素的加入可以起到活化作用，能够降低偶氮二甲酰胺的分解温度。

（6）二丁基苯磺酸钠、增稠剂 M。添加剂。加入这些成分的作用是使泡孔达到稳定。稳定泡沫的方法有两种：一种是利用表面活性剂以降低其表面张力，有利于形成细泡，减小气体扩散作用，使泡孔稳定；另一种是提高塑料液体的黏度，防止泡壁减薄稳定泡沫，在发泡浆中添加二丁基苯磺酸钠，以达到降低其表面张力的目的。另外添加增稠剂 M，以提高发泡印浆的黏度，同时添加丝光膏（硬脂酸），在温度升高时增加其流动性。

4. 着色剂的考虑

上列发泡浆的处方印的是白色发泡。而在发泡立体印花中往往有的印制部分需带有色彩，因此，在发泡浆中需要添加着色剂。发泡印花浆所用的着色剂一定与发泡浆的相容性好，而且在高温下能保持其鲜艳的色泽和具有一定染色牢度。常用的涂料、分散染料和部分的还原染料都能作为发泡印花的着色剂。分散染料在高温下色变情况很好，但着色力较低，染料用量较高，分散染料中存在的大量分散剂，严重影响发泡效果。还原染料作为着色剂，可选用的为数不多。如蓝 RSN、黄 4GF、橙 3G 等色泽太少。目前，一般采用涂料作为发泡印花浆的着色剂。

三、发泡印花生产中应注意的事项

1. 发泡印花的图案要求

发泡印花浆一般黏度较大，含固量较高。因而，在产品图案设计上应充分考虑印花加工过程的适应性。防止印制过程可能产生的问题，保证印花操作的顺利。

发泡印花图案应以分散、小型为主，可以给人以刺绣般的感觉。如果采用实块面大面积，则体现不出发泡印花的立体效果，发泡出来的效果给人感觉板结好似不透气的绒面。

发泡印花图案在处理过程中的手法以印花图案简单为好，不能搞得太复杂，应尽量避免采用重叠色和大块面图案，否则印制出来的效果不好，花型不能太集中，各花型之间应留有间距，色与色之间不相压。

为了丰富发泡印花在印花织物上的色泽多样性，在图案设计时，可考虑设计发泡印花与涂料或染料共同印花的图案，以及采用某些特殊的手法以保证发泡印花的实际印制效果。例如，某图案花型不小，如叶子图案，在发泡印花图案的设计上，则可采用叶子的叶茎线条印涂料，在发泡印花上可用稀疏的小泥点、干笔或雪花点填满叶子的面积，印花发泡后给人以立体感，显得活跃有生气。

若印花考虑采用二次不对花印花，即先印一般平面花型，待固色平洗甚至后整理完成后再印发泡立体印花花型。这种印花工艺的局限性要小得多，一般平面花型印制的印花工艺不仅能用涂料，同时还能选用染料。一般平面花型如用染料印制则选择面积再大也不会影响印花织物的手感柔软度。

2. 描稿分色

立体发泡印花描稿分色与一般印花的花型描稿分色大致相同。所不同的是发泡印花色浆印制在织物上经印花发泡后线条略粗，点子纹样变大。为此，描稿分色时要处理色与色之间相碰的花型，故要考虑收缩。色与色之间花型在原样上相碰，在发泡印花中拟采用分线。小泥点、花点间若有间隙，有利于形成立体效果，不致连续成一片成为板结的平绒而失去发泡印花风格。每一个企业都有各自的印花设备、操作习惯，在描稿操作上应该不断积累和总结发泡纹样在印制过程中的扩开情况和数据以及描稿收缩的工艺参数用以生产做好发泡印花。

3. 网目的选择

发泡印花不论在平网印制还是在圆网印制时，其所选择的网版目数在习惯性的做法上一般要比常规目数低，这主要出于防塞网的考虑。因此，平网印花涤纶丝网一般选用80目。圆网选用80～100目；对于泥点或云纹花型，面积较大的选用60目，面积较小的选用80目，有人提倡选择高网版目数，特别在不塞网的情况下选用高一些的网版目数有利于发泡印花绒面立体效果的形成，有利于手感的提高。

4. 色浆调制

发泡立体印花的色浆的厚薄对印制质量好坏影响很大，故在色浆调制时应予以重视。在实际操作时应根据花型结构、织物薄厚疏密以及选用的网版目数高低等因素综合考虑。借鉴生产实践经验总结按下列原则操作。

（1）厚型粗糙稀疏的织物配制较厚的色浆。

（2）厚型细密织物配制较适中的色浆。

（3）薄型织物配制中厚色浆。

总的来说，发泡立体印花的色浆黏度较大，含固量较高，色浆是偏厚的。发泡浆中掺入酌量的涂料色浆有利于色光的调节，发泡白浆的直接印制，白度和覆盖力不够理想，拼入酌量的涂料白，效果可得到改善。

5. 印花

在多套色印花时，发泡浆应排列到最后印，以防止后面网版的压轧和黏搭而影响发泡的效果。

印花机所采用的台板应为冷台板，以减少印制时的塞网现象及防止起泡不良。

在印发泡色浆时应根据印花色浆的厚薄、花型和织物类型选用各种不同的刮刀。对于粗线条、大块面的花型应选择较硬的刮刀；小泥点、雪花点花型应选刀片长、刀片薄的刮刀。

刮刀压力的选定应根据花型和客户来样的要求。刮刀压力大，得浆量高，线条粗，发泡高度高；刮刀压力小，得浆量少，线条细，发泡高度低。根据其刮刀压力，调节达到选择的效果。

印制时要求收浆干净，仔细观察印花织物的得浆量。若正面轮廓清晰度好，反面微有隐渗透证明其压力适中；若反面已有少量浆渗出，证明刮刀压力过大。不同的织物，刮刀压力设定不同，如果织物稀薄，色浆极易渗透到反面，配制色浆稍稠厚些，刮刀调节到最低压力或者使用薄的刀片。在印花过程中应根据织物的印制效果，合理调节印花刮刀压力，达到最佳效果。

6. 焙烘固着

发泡印花工艺流程：

印花→烘干→焙烘→发泡

焙烘既是固着又是发泡过程。发泡高度明显受焙烘条件影响。发泡温度一般控制在 145 ~ 150°，时间为 60 ~ 90s，发泡应一次完成。未发泡起来的印花布，若再经第二次发泡则很难达到好的发泡效果。在平网印花机上印制发泡印花，有的平网印花机烘箱部分可达到焙烘要求的温度，并能达到焙烘需要的时间，因此，发泡印花烘干机焙烘可一次完成。

在圆网印花机上印制发泡印花，一般该机焙烘温度不高，车速较快，因而不能达到发泡印花所需要的温度和时间，故必须在印花烘干后再经一道烘干机焙烘的工序。圆网印花烘房温度在 100℃ 以下要以印花色浆不发泡为佳，同时印花半制品必须烘干。

四、印制实样举例

（1）织物品种。53 英寸 /54 英寸、60 英支 ×60 英支、90 根 / 英寸 ×88 根 / 英寸，全棉。

（2）花样分析（彩图 23）。该花样为三套色，深、浅蓝条和白色发泡图案。客户要求织物手感柔软，不同意做涂料印花，要求白色做发泡外，彩色深，浅蓝做活性染料印花工艺。

（3）工艺流程。

印花半制品→第一次深、浅条活性染料色浆印花→烘干→汽蒸→平洗烘干→拉幅整纬→第二次印发泡白浆→焙烘→拉幅→验码成品

（4）第一次印花（圆网印花）网版排列及印浆处方。

①中蓝。

活性艳蓝 K-GRS	0.16g
汽巴克隆黑 P-SG	0.007g
小苏打	1.5g
尿素	6g

②浅蓝。

活性艳蓝 K-GRS	0.043g
汽巴克隆黑 P-SG	0.013g
小苏打	1.5g
尿素	6g

（5）第二次印花（圆网印花）印浆处方。

涂白 8401	10g
发泡浆 FP-5150	80g
透明浆 GT-10NF	10g

（6）印制时应注意事项。

①印前要检查门幅，应达到成品门幅。

②FP-5150 为中温型发泡浆。色浆内除发泡浆和涂料之外，剩余部分以透明浆 GT-10NF 补足。发泡浆必须保证 80% 用量，如发泡浆和涂料已有 100%，可以不加透明浆。

③为保证发泡效果，印制时给浆量要够量，调制的发泡浆不宜薄，应偏厚。调节刮刀压力要使发泡浆堆积在织物表面，发泡花型用粗网（80 目）排最后。

④印花机烘房温度在 100℃以下，以不发泡为准，但布必须烘干。

（7）印后整理注意事项。

①焙烘。温度控制在 145℃，时间 1.5min。大生产前须打样品，确定工艺条件后开车。

②焙烘后拉幅机干拉。不经轧车，拉至成品门幅送成品验码包装。拉幅机也应注意控制烘房温度。

第十一节　绒布局部起绒印花

一、局部起绒原理

绒布局部起绒印花是起绒印花的新发展，该织物的特点是局部起绒。如地色不起绒，花起绒；或地色起绒，花不起绒；或部分花起绒，部分花不起绒。图案可以各色各样，具有静电植绒的风格，花型或其他图案显示出立体感，美观别致，独具一格。

局部起绒是利用织物不起绒部位印上可以在纤维表面形成膜封闭的办法，使起绒的钢丝针辊上的针不易刺进棉纱表面，致使印有成膜封闭剂处不起绒；未印上成膜封闭剂的部位能刮绒起毛，从而获得花色起绒、局部起绒的印花绒布。

作为局部起绒的成膜封闭剂，目前常用的是超常规的黏合剂、交联剂。也有人在涂料印浆上罩印涂料透明遮盖浆，印花后经汽蒸或焙烘结膜起成膜封闭作用。

二、工艺设计要点及注意事项

1. 花样图案设计

花样图案设计必须适应局部起绒效果

（1）花样本身要具有立体感，套色不宜过多，不起毛部分的配色要选用涂料可得到的色泽。

（2）花样设计以稍大及中花花型为宜，过小花型的凹凸效果不好。

（3）花型的布局极为重要。起绒花型的面积占比大，凸的效果就差；不起绒花型面积占比大，手感发硬失去绒布的特点。不起绒与起绒花型面积比以 1：1、2：3、3：2 较好。凹凸的层次，要凸中有凹，凹中有凸。

（4）精细花样不适宜印制局部起绒印花，如细线条、多层次花样等，起绒以后线条和层次都会模糊。花样以平涂为佳。

2. 坯布的选用

坯布组织不同，起绒立体感的效果也不同。局部起绒所用的坯布品种规格有 20×10、40×42，20×10、40×50，20×10、40×56 的平纹织物；21×6、40×56 的二上二下斜纹组织。从强调立体感的要求来讲，则坯布纬纱以粗支纱 [58.3tex（10 英支）、97.2tex（6 英支）] 比较好。纬密不宜过密，否则起绒就比较困难。从服用角度讲，则以 20×10、40×42 为好，如做童毯、床罩，以 20×10、40×50 为佳，21×6、45×56 适宜做童毯和窗帘。

3. 印花工艺

要求不需要起绒的部位在起绒机上不起绒，这是局部起绒印花的关键。它的工艺流程与印花绒布不同，一般印花绒布是先起绒，后洗毛、上浆、印花；而局部起绒印花则是先印花，再后处理、轧柔软剂，最后再起绒。使不要起绒纹样不起绒的方法如下。

（1）不起毛涂料印浆处方。

涂料	x
车风牌黏合剂	400 ~ 500mL
交联剂 FH（或交联剂 EH）	30 ~ 50mL
乳化糊 A	y
水	z
	————
	1L

从上述处方可看出黏合剂用量占40%～50%，超出常规用量。黏合剂曾选用黏合剂BH、阿克拉明FWR、麦之明MR-96与东风牌黏合剂做过对比试验，不起绒效果以东风牌黏合剂为最好。

（2）常规涂料印花罩印涂料透明遮盖浆。这样做一是为不起绒效果，二是有利于花样纹样的轮廓清晰度。

（3）不起毛不溶性偶氮染料印浆的配制。浆桶中先放入20%～30%的淀粉糊，加适量冰，滤入预先重氮化的不溶性偶氮染料，搅拌均匀，边搅拌边加入溶解好的醋酸钠中和，加水到规定量的半数，在临用前加入500mL/L东风牌黏合剂，加水至规定量。当黏合剂加入时色浆显著增厚，经充分搅拌后，黏度适中，即可使用。在不溶性偶氮染料印浆中加入东风牌黏合剂，曾试验下列几种不溶性偶氮染料（色基）：酱GBC、大红RC、大红G、红B、青莲B和红KL的拼色、蓝BB、元LS、随配随用。除青莲B和红KL拼色外，没有发现色浆不稳定的现象。在冰浆中不能加交联剂FH或EH，因为交联剂FH和EH带阳荷性。

该印花工艺在以前绒布局部起绒印花中曾应用过，在以后的生产中不再应用主要是该类已不符合环保的要求，较多的色基色盐和色酚属禁用染料之列。另外，调制操作较为麻烦、色浆稳定性也是影响因素。

4. 起绒工艺

起绒前必须将印花后经蒸化（或焙烘）、平洗处理后的织物，浸轧柔软剂，否则起绒困难。轧柔软剂的目的是增加织物上适量的油脂蜡质，有利于起绒，处方如下。

柔软剂101	10g
增白剂VBL	3g
	1L

起绒工艺也是主要的一环，它不同于一般印花绒布的印前起绒。局部起绒经过多次起绒试验发现，开始起绒要重拉，并且每道起绒都要重拉，这样起绒的花型，绒毛显著凸起，立体感强。如考虑或担心重拉会使不起绒纹样被拉起毛，而在开始时，采取轻拉，则起绒纹样绒毛浮薄，以后再重拉就很难补救。因此，在实际生产时的起绒工艺如下。

第一、第二道：针辊磨后使用期为在三个月之内。三甩皮带盘顺齿直径为525mm，逆齿直径为375mm，铁炮布带顺齿摇至大端，逆齿摇至小端。进布速度为10～11m/min。

第三、第四道：针辊磨后使用期为一个半月。其余同第一、第二道。

第五、第六道：针辊磨后使用期为两个月左右。三甩皮带顺齿直径为475mm，逆齿直径为400mm。其余同第一、第二道。

5. 其他需考虑的问题

（1）成品门幅91.44cm（36英寸），需要106.68cm（42英寸）幅宽的坯布；漂练半制品门幅较宽，花筒可以刻宽些，以满足印花要求。

（2）手感不及一般绒布柔和，可采用双面起绒或两次起绒工艺。即印花前先起织物反面绒，印后再按上工艺起织物正面绒，以提高该印花织物的柔和度。

（3）印浆中如加交联剂FH或交联剂EH，该助剂带阳荷性，要注意防止平洗时的沾色现象。

三、印制实样举例

1. 织物规格

20英支×10英支、40根/英寸×42根/英寸印花双面绒。

2. 花样特点分析（彩图24）。

（1）凡印有色泽处，因用涂料色浆，均不能拉出绒毛，只有在白地处才起绒毛。

（2）该花样要求色泽鲜艳。妃色选用麦之明红MFB，网版排列原则由浅至深，由鲜艳至深暗排列。该花样均为块面无叠印，故可按秋香、蓝、莲灰顺序排列。

3. 工艺流程

坯布→退浆轻煮漂白→烘干→印花→轧101柔软剂→拉绒→拉幅→成品

4. 花筒排列和印浆处方

1# 妃：

麦之明红MFB	300g
东风牌黏合剂	500g
交联剂FH	40g
乳化糊A	x
	———
	1kg

2# 秋香：

涂料黄FGR	80g
涂料蓝FFG	2.5g
涂料橙	1.5g
东风牌黏合剂	450g
交联剂EH	30g
乳化糊A	x
	———
	1kg

3# 蓝：

涂料蓝8302	10g
涂料浆	3g

东风牌黏合剂	400g
交联剂 EH	25g
乳化糊 A	*x*
	————
	1kg

$4^{\#}$ 莲灰

涂料莲 FR	0.7g
涂料元	1g
东风牌黏合剂	400g
交联剂 EH	20g
乳化糊 A	*x*
	————
	1kg

5. 轧101柔软剂处方

101 柔软剂	10g
增白剂 VBL	3g
	————
	1kg

6. 拉绒

六道，工艺详见前文"起绒工艺"部分。

第八章 针织物印花

　　针织布料质地柔软、吸湿透气，具有优良的弹性及延伸性。针织服饰穿着舒适、贴身合体、无拘紧感，能充分体现人体曲线。印花针织布的生产更使针织面料色彩丰富、变化多样，深受消费者的青睐。

　　近年来，国内外市场对针织物印花的需求有很大的增长。有相当的机织物印花企业着手针织物印花生产。这主要是基于两个方面的原因：一是针织物优良的服用性能，配以色彩丰富、变化多样的花型深受消费者的欢迎，市场需求增加；二是针织物印花加工费的单价相对机织物印花的要高，针织物印花品种的发展对企业印花生产的提高和对企业经济效益的提高有着重要的现实意义。

　　由于针织物的特点以及存在的某些原因，针织物印花的发展相对机织物印花发展要来得滞后。不论印花生产设备的选型，还是印花工艺的应用，都没有如机织物印花那样有一套较为成熟、经典的套路。按机织物印花的实际经验进行生产，在好些方面碰到不少问题和难点。致使迁就现实，缩短染整加工流程。例如针织物前处理的相当长的时间中不烧毛、不丝光，印花工艺采用涂料印花工艺，不进行平洗甚至可不进行蒸化焙烘等，针织物印花成品质量不能满足消费者要求。针织物烧毛、丝光，印花工艺采用"染料"印花等也仅是近十余年的事。针织物印花生产的设备选型，印花工艺的完善都有待于不断探索和开发总结提高。

第一节　针织物与机织物的区别

　　针织物与机织物在编织上方法各异，在加工工艺、布面结构、织物特性、成品用途上都有各自的独特特色。

　　机织物是由两条或两组以上相互垂直的纱线，以90°作经纬交织而成。纵向的纱线称作经纱，横向的纱线称作纬纱。经纱与纬纱的每一个相交点称作组织点，是机织物的最小基本单元。经纱与纬纱交织的地方有弯曲情况，而且只在垂直于织物平面的方向内弯曲，其弯曲程度与经纬纱之间的相互张力和纱线的刚度有关。当机织物受外来张力，如以纵向拉伸时，经纱的张力增加，弯曲则减少，而纬纱的弯曲增加，织物呈横向收缩；反之，则纵向收缩。而经纬纱不会发生转换，织物一般比较紧密硬挺。

针织物由纱线顺序弯曲成线圈，由线圈相互串套而形成。纱线形成线圈的过程可以横向或纵向进行。横向编织称作纬编织物；纵向编织称作经编织物。线圈是针织物最小的基本单元。线圈由圈干和延展线呈一空间曲线所组成。因线圈是纱线在空间弯曲成形，而每个线圈均由一根纱线组成，当针织物受外来张力，如纵向拉伸时，线圈的弯曲发生变化，使线圈的高度增加，线圈的宽度减少；如张力是横向拉伸，情况则相反。线圈的高度和宽度在不同的张力下，明显是可以相互转换的，因此，针织物的延伸性大，能在各个方向延伸，弹性好。针织物是由孔状线圈形成，有较好的透气性能，手感松软。

第二节　针织物生产品种繁多

投入针织物印花生产的品种、名目繁多。但万变不离其宗，按针织物纱线所含纤维成分看，用于针织物印花的纤维原料中，苎麻类针织物生产品种很少，麻类针织物印花至今不多见，这可能与该类品种的开发较晚以及麻纤维本身结晶度高、抱合力差，在前处理过程中受到机械摩擦和拉伸挤压，绒毛会从织物交织点和松散部位滑出，以致织物表面绒毛增加，穿着有刺痒感，对烧毛要求较高。另外，由于抱合力差，在纺纱时条干不匀，而且麻粒麻结多，可纺性差，在编织针织物生产时影响产品质量等，至于其他常用的纤维原料如棉、人造棉、涤纶、腈纶、锦纶、真丝等，在针织物生产品种中都有应用，纯单纤维或两种及两种以上纤维混纺纺成纱线，或与氨纶做成包芯纱用于针织物的织造，并进行针织物染色或印花。从常用针织物品种纤维成分来看，其牵涉的纤维种类较多。这一点与机织物印染企业的加工范围不同，机织物印染企业相对比较专一，其是按纤维种类分工专业生产的，如分棉型印染企业、丝绸印染企业等，而针织物印染企业对上述不同纤维材料、不同混纺比所编织的针织物都要同时进行生产。为此要求企业员工必须了解各种纤维的物理性能、化学性能，要弄懂各种不同纤维的加工工艺、工艺流程、工艺条件及生产注意事项，用以指导生产。

另外，针织物印花用坯布厚薄不均，平方米克重大小不一，例如厚重的针织坯布平方米克重达 390g，1kg 幅宽 149.9cm/152.4cm（59 英寸 /60 英寸）的针织坯布长仅 1.7m，轻薄针织物坯布平方米克重仅为 82g，1kg 幅宽 147cm（58 英寸）坯布长 8.3m，这就给印花生产及操作提出较高的要求。

第三节　针织物印花的生产特点、难点与克服措施

针织物印染加工有其独特的特点，相比机织物印花存在着一定的难度，具体表现在以下方面。

（1）针织物布面松弛，弹性大。在生产过程会出现较多的问题，如门幅不稳定、易变形、易卷边等。由于针织物印花布在国内外市场有日益增长的需要，好多机织物印染厂跃跃欲试，进行了针织物印花产品的试产，采用机织物印染生产的经典的成熟做法，在生产过程中碰到了不少质量和技术问题。圆筒针织物剖开造成织物浪费，有的卷边严重。针织物对张力较为敏感，致使烧毛不净、烧毛不匀，煮练不均不透。在印花过程中，由于织物松弛、弹性大，织物在张力情况下经向伸长，纬向门幅收窄，甚至还存在纬斜，针织物所印花型与来样不符；在织物进布上印花机不易贴平，以致产生折皱、纬斜等各种印花疵病；在蒸化、水洗生产过程中较易产生卷边，白地沾污等疵病，正是由于针织物的结构特点及其他相关原因，致使机织物印染企业进行针织物印花发展缓慢。

（2）传统的针织物处理工艺不能适应人们对针织物质量日益提高的需求。由于针织物本身的织物特点和某些其他原因，针织物染整处理工艺往往迁就现实。

传统的针织物前处理采用不烧毛、不丝光工艺。一般仅做煮漂、增白及印花前染底。目前，针织物染整设备除了一些大型针织印染厂采用了较为先进的机型外，较多的企业使用的设备还较落后，有待于技术改造和提高。

自20世纪90年代以来，针织品发展较快。随着人们消费观念的改变和消费水平的提高以及针织印染技术进步，为中高档针织品提供了市场和技术保证。高档针织服装布料的要求：布面光洁、纹路精细均匀、色泽纯正、光泽亮丽、手感柔软滑爽。市场迫使针织物染整印花要不断改进工艺，不断提高针织物成品质量。

（3）印花工艺尚有待进一步健全和完善。针织物印花的品种繁多，应用的纤维成分几乎包括了现在所有的天然纤维、再生纤维和合成纤维。因此，所采用的印花工艺，选用印花染料范围要比机织物印染企业广泛。为适应针织物印花的需要，不仅要考虑选用棉型印花染料，同时还要选用丝毛型印花染料以及合成纤维型印花染料，并要制订各种印花工艺，以保证印花生产的顺利进行。

多年来，也正由于针织物的结构特点及其他一些原因，为减少印制、蒸化、水洗中的问题和困难，在印花工艺的选用上存在迁就现实的情况。针织物印花往往较多地采用涂料印花工艺，以求工艺流程较短，可不必汽蒸、水洗。采用涂料印花工艺的弊病是对花型有一定的限制，湿摩擦牢度较低、织物手感较硬。在针织物上应用染料印花也仅是一二十年的事。活性染料在针织物上的印花，水洗、阳离子染料在腈纶针织物上印花等，在近期技术期刊上有所刊登介绍，针织物印花产量有所提高。印花工艺及印花染料的选用及应用尚待进一步健全和完善。

（4）具有针织物特点的针织染整原理、基础理论还有待进一步充实，举例来说，织物丝光在机织物方面已有很多的研究，并有经典理论。棉织物轧浓碱会发生收缩，在此时对织物施加经纬向张力，不给织物收缩的时间，并洗净织物上所带碱液，织物就能获得丝一般的光泽，这就是"丝光"。丝光时一要用浓碱，二要对织物施加张力，三要在存在张力的情况下，把碱液洗净，这是做好丝光的必要条件。因此，在目前常用的布铗丝光机的工艺操作总结为"紧—紧—松"的做法。而针织物特点与机织物不同，丝光时张力如何掌握及控制，张力太小，丝光过程中会发生收缩，不能获得良好的光泽；张力过大，织物的断裂延伸度降低，针织物外观风格有所影响。合理进行丝光操作尚有待不断提高。又如定形，众所周知热定形机是随着合成纤维的问世而出现的。在机织物印染厂中，定形工序只是对合成纤维或含合成纤维的织物进行的。而在针织物印染中，不光合成纤维或含合成纤维的织物经过定形机，而且天然纤维如棉针织物、再生纤维黏胶纤维针织物等均进行。热定形对针织物来讲，其加工目的、原理以及工艺条件、操作的合理性等均有待不断提高。

克服针织物印花难点的方向和措施。

必须大力发展适应针织物印花加工需要的各道机械设备。在研究和确立针织物印花生产工艺路线的前提下，应该考虑和配置适应针织物印染的机械设备，做好针织物印花染整机械设备的选型和定型。

必须要考虑和完善针织物印花工艺，选择适应针织物各种纤维成分印花需要的染料品种，要不断总结经验，提高技术水平。

针织物印花生产的操作上有其独特的特点和要求，必须要考虑合理正确的针织物印花操作，以保证针织物印花的质量和生产操作的顺利进行。

第四节 针织物印花设备的考虑和选型

进行针织物印花，正确、合理地选用印花设备至关重要。其与机织物印花设备的采用有所不同，最突出的一点是要求印染加工设备为松式低张力或无张力。

机织物一般比较紧密硬挺。机织物印染企业在印染生产加工过程中，为减少织物卷边，减少和防止折皱的产生，生产运转时的张力一般偏紧，因此，机织物印染企业的设备，多数为紧式设备，运转车速相对较快；而针织物组织结构、织物特点有所不同，对张力较为敏感，织物布面疏松，容易产生门幅尺寸不稳定、易变形，在印花生产过程中会由此产生各种质量问题，甚至使生产无法进行。因此，针织物印花加工不宜采用机织物印染加工的紧式设备，而宜采用松式、低张力或无张力的印染设备来进行生产，运转车速要慢些。针织物印染设备的选择是否合理、正确是做好针织物印花的生产关键之一。

一、印花设备

从针织物印制效果来看，采用平网印花机比圆网印花机有利，具体表现不论从花型的精细度、花型尺寸的限制性都要好。另外，即使印坯有少量卷边，因平网印花是横向刮印，故影响较小，在针织物印花过程中要以配置平网印花机为主。平网印花机在印制中也存在某些缺陷，表现在印制某些直向线条花型时容易产生接版印疵病。而圆网印花机印制时对上述疵病的克服较为有效。为了更好地适应客来花样的要求，满足客户要求的需要，在企业有条件的情况下，配置数台平网印花机的同时添置适量的圆网印花机。

二、漂练设备

针织物漂练前处理常用的设备目前仍以间歇式绳状加工为主。虽然机型较多，但有的逐渐被淘汰取消，而目前较多的企业常用前处理设备机型以溢流喷射染色机为多。这取决于该机的特点：织物循环周转速度快，匀染效果良好，机械结构紧凑以及用途广泛，适应性强，可做多种纤维针织物的前处理，还能进行针织物染色等。随着针织物印染产品需求的增加以及科学技术的发展，针织物前处理设备有较大的提高和发展，适用于各类针织物，弹力织物加工的漂练前处理设备的特点是连续化。有绳状连续前处理设备、平幅连续前处理设备。平幅连续前处理设备因其显著的节能效果和优良的加工质量而日益受到市场和用户的关注，大有逐步替代间歇式、绳状加工的趋势。与传统的绳状加工相比，针织物平幅处理有以下主要优点。

（1）克服了间歇式绳状加工的质量问题，连续式加工避免了机械擦伤，无绳状加工所产生的折皱印、无微小的起毛和起球，织物结构清晰可见、无毛羽、织物表面光洁、无摩擦或磨损缺陷，能有效地控制缩水，具有较好的加工重现性。

（2）机械的操作相对比较简单。节能、成本降低效果显著。耗水、耗气节省50%，各种加工成本节省15%～20%，无湿布剖幅引起的布损失。

针织物平幅连续前处理过程中有无卷边的问题，如何达到针织物较完美的漂练质量要求等有待于在实践中检验和完善。

三、染色设备

织物染色方法可分为浸染和轧染两种。

浸染是将织物浸渍在染液中，经一定时间使染料上染纤维，并固着在纤维上的染色方法。浸染时，有染液与被染物同时循环的，如溢流染色、喷射染色；也有染液不循环，而被染物循环的，如传统的绳状染色机染色；或染液循环，被染物不循环的经轴染色。浸染属于间歇式生产，生产效率比连续轧染低，但其最大的优点是织物所受张力较小。染色中常以owf（按织物重量计算）来表示染料或助剂的用量，以浴比来表示被染物重量与染液体积之比，一般而言，浴比大有利于匀染，但浴比大会降低染料的利用率，增加生产废水的排放量，而且能量消耗大。为此，目前发展了许多小浴比的染色设备。另外，间歇式生产处理不好会出现缸差疵布，不能保证不同批次加工织物的重现性。针织物平幅轧染设备已有发展和推出。

轧染是织物在染液中浸渍后，用轧辊压轧，将染液挤入织物组织的空隙中，同时将多余的染液挤掉，使染料均匀地分布在织物上，然后再经过汽蒸或焙烘等后处理使染料上染纤维。

轧染有间隙式加工，如冷轧堆染色。多数为连续式加工，生产效率高，但被染物所受张力大，针织物是线圈结构，容易拉伸变形，宜采用松式加工，故目前染色仍以浸染为主。针织物冷轧堆染已有一定的经验，平幅连续轧染已有品牌推出。

四、定形设备

定形拉幅在针织物印染生产中是重要的工序之一。

1. 定形拉幅的作用

因为定形拉幅对针织物印染产品质量及加工是否顺利起到至关重要的作用。其在印染加工过程中具体起到下列作用。

（1）稳定针织物，减小纱线加工、线圈结构及密度的潜张力。消除针织物在织造过程或印染加工过程中产生的拉伸变形，以致织物存在较大的残余张力。通过定形拉幅对织物纵向与横向进行拉伸，以确保线圈最大的稳固性，使织物平整，尺寸稳定，便于加工，保证产品质量。

（2）去除皱痕，特别对于弹性针织物。可防止织物中的少量氨纶在前处理湿热条件下发生收缩，减少及克服皱纹的产生。

（3）控制机械运转张力、超喂，以使针织物缩水率、平方米克重等在制品、成品质量达到要求。

（4）在定形拉幅机上针铗前装有剥边装置，在进烘箱前装有浆边装置，在烘箱后装有切边装置。通过定形拉幅同时可完成针织物浆切边工作，防止和减少卷边疵病的产生。

（5）同时完成必要的其他辅助工序，如针织物加白、上防静电剂等。

（6）完成针织物后整理，改善布面风格和手感，做到门幅一致，手感柔软，符合加工要求。

2. 各种织物在定形拉幅加工上的要求

针织物与机织物在定形拉幅加工要求上有下述区别。

热定形机是随着合成纤维的问世而出现的。常用的合成纤维诸如涤纶、腈纶等均属热塑性纤维，即纤维受热后具有可塑性。这种可塑性能表现织物在印染加工中形态的多变性，如织物的伸长、门幅变化频繁、布面出现折皱等。织物热定形的目的就是要解决上述质量问题，提高织物的服用性能，消除合成纤维分子链间的内应力，使其处于适当的自然排列状态，以减少变形的因素，达到织物尺寸稳定、消除折皱的目的。

织物热定形效果的好坏与定形的温度、时间有关，同时还与张力有关。如在施加张力状态下热处理，纤维大分子链受到外力作用，其塑性就受到限制而不能自由活动，分子链受力后沿着力的方向伸长、滑动、重新排列有序，使纤维更紧密，分子链存在更高的取向度，为分子链结晶度的提高提供条件。通过冷却后对织物形态进行固定，有利于尺寸稳定。

合成纤维机织物在干热定形时，通常在经纬向施加不同的张力。其中经向的张力是由机械加工的伸长后超喂装置控制，纬向的张力是由针铗或布铗伸幅装置控制。在一般情况下，热定形加工时经向张力用超喂率来表示，纬向的张力以织物伸幅大小表示。

对于合成纤维机织物，为了降低织物经向收缩率，仅采取加大超喂率的办法并不可取。这主要是因为织物在定形前处理过程中伸长过大，通过定形不可能得到完全改善；另外，经定形后的织物，还要经过高于定形温度的热熔染色等高温热处理，在这些过程中，织物还处于不断伸长、收缩的变化过程中，尺寸稳定性很差，故要得到形态稳定、收缩率小的产品，除了定形之外，必须在后整理中进行防缩处理，并与树脂整理相结合。仅仅采用加大超喂率的办法会导致织物的总长度减少，而经向的收缩率并不会得到改善，只有在伸幅困难的情况下，再考虑适当加大超喂率，才是比较合适的。

纤维素纤维、棉纤维及黏胶纤维在热定形过程中不起定形作用。相反，如果温度过高或时间过长，还会促使纤维加速脱水炭化，所以纯棉、纯黏胶纤维机织物是不经定形机的。

针织物鉴于其织物组织结构的特点，不可能像机织物那样在施加张力的情况下，使分子链沿着受力方向伸长、滑动、重新排列。针织物热定形的目的是通过将织物作纵向或横向拉伸以确保线圈最大稳定性，以确保针织物稳定。即减少纱线加工、纤维类型、线圈结构及密度的潜张力，处理好剩余缩率。

处理好剩余缩率的关键点是针织物在烘干或定形时保持适当的临界织物含水量和织物的完全松弛。

从针织物定形机的功能看，与其说是定形机，不如说是拉幅机或定形拉幅机。针织物定形与机织物定形的不同处具体表现在以下方面。

（1）合成纤维针织物要经定形拉幅，通过热定形和超速冷却使针织物达到减少剩余缩率的目的，而亲水性纤维针织物同样也要经过定形机横向、纵向拉伸以保证织物线圈最大稳定性。这一点与机织物热定形不一样。

（2）超喂率不同。针织物进行定形拉幅时超喂率高，一般掌握在25%～40%，有的甚至大于40%，而机织物的定形超喂率很低。

（3）张力掌握不同。针织物拉幅定形时，在操作上应注意进布喂入装置，拉幅烘燥、出布打卷都要求是低张力、无张力；而机织物定形时需施加张力。

（4）针织物拉幅定形机一般装有浆边、切边装置，而机织物定形机上不装此类装置。针织物拉幅定形对拉幅定形机的要求如下。

①为使针织物在全幅范围内保持张力均衡，最大限度地减少或降低针织物的纬向偏移和伤害。拉幅定形在进布前拟装扩幅对中装置。

②要保持进布、浸轧、整纬、拉幅、烘燥、出布打卷全机全过程的低张力或无张力运行。

③要保持一定的超喂率，一般要达25%～40%，有的甚至要大于40%。

④烘箱前加装有蒸汽施加器。以便干布进烘箱前接受饱和蒸汽，使针织物上保持一定的含水量，以便消除潜在张力。

⑤烘燥系统送风喷嘴要确保织物的均匀浮动，烘干过程中要确保最终的缩率均匀。

⑥卷布装置必须确保针织物在张力情况下，保持恒定的织物直边卷绕而不发生任何卷边。

⑦配有浆边、切边装置。

五、蒸化设备

蒸化固色是针织物印花生产的重要工序之一。用于针织物蒸化固色的设备目前较多应用的是常压式悬挂式连续蒸化机、承压式圆筒蒸化机。悬挂式连续蒸化机为高温常压蒸化、连续化生产，生产效率高，适用于较大批量的针织物印花。而圆筒蒸化机是一种承压式蒸化机，结构简单、投资低、操作简便。圆筒蒸化机既有常压型，又有高温高压型，用途广泛，其为间歇性生产，适用于小批量针织物印花蒸化。一般针织物印花厂中同时存在上述两蒸化设备。在生产计划安排中，棉、人造棉以及棉或人造棉／氨纶弹力针织物一般可采用悬挂式连续蒸化机蒸化；而真丝、腈纶、涤纶以及锦纶、腈纶、涤纶／氨纶弹力针织物一般可采用圆筒蒸化机蒸化，理由如下。

1. 批量的大小

市场上所需的印花针织物以棉、人造棉等天然纤维、再生纤维为多，相对批量较大，而以合成纤维为原料的印花针织品相对批量较小，故批量大的适合采用悬挂式连续蒸化机蒸化，批量较小的间歇式的圆筒蒸化机蒸化。

2. 染料的性能

弱酸性、中性染料及直接染料的分子量较大，并有聚集的倾向，对纤维的亲和力有限，需要较长的时间蒸化才能完成染料有糊层向纤维内部的转移，而达到固色的目的，其蒸化的时间为 30 ~ 40min。圆筒蒸化机蒸化的时间完全能满足上述要求。

阳离子染料采用高温汽蒸，的确可提高色泽鲜艳度及深度，但高温易使腈纶收缩发黄，因而腈纶蒸化时的温度不宜太高。通过掌握圆筒蒸化机蒸化压力和时间，可以达到和满足蒸化的需要。在生产实践中发现阳离子染料经圆筒蒸化机的得色较为浓艳，而在无底悬挂式蒸化机汽蒸的阳离子染料的色泽较暗淡，故该染料采用圆筒蒸化机为佳。

3. 设备的耐腐蚀性

活性染料印浆带碱性，对设备的腐蚀性较小；而酸性染料、阳离子染料色浆带酸性，当蒸化时产生酸性及腐蚀性物质。悬挂式连续蒸化机易受腐蚀，其传动件易发生故障；而圆筒蒸化机是一个能承受压力的筒体，筒体壁较厚，能经受长时间的腐蚀。因此，应用活性染料的棉、人造棉以及棉、人造棉／氨纶弹力针织物宜采用悬挂式连续蒸化机蒸化；而将应用酸性、阳离子等染料的真丝、锦纶、腈纶以及锦纶、腈纶／氨纶等弹力针织物宜采用圆筒蒸化机蒸化。

4. 操作和管理的便利性

针织物印花所使用的色浆可分为碱性色浆和酸性色浆。这两类色浆如在同一台蒸化机进行生产，势必会增加停机时间和清洁工作时间，以免酸碱的互相影响。蒸化时把带碱或带酸的印花半制品分别置于不同的蒸化机上固色，就可节约时间，避免相互间的影响，有利于提高质量和产量。

分散染料印花色浆印制的涤纶半制品，可应用悬挂式连续蒸化机蒸化固色，其固色的温度要达 170 ~ 180℃，时间为 8min。其优点是蒸化时间短、效率高、得色量佳；缺点是如与棉类针织物印花布交叉生产，必然会导致因温度随品种改变而改变，必然会产生升温与降温的操作过程，浪费能源增加成本，不利于操作与管理。因此，在棉类针织物印花数量较多，需要连续化生产，而涤纶类针织印花数量不大的情况下，往往蒸化也可安排在圆筒蒸化机上进行。

六、印花平洗设备

目前，国内针织物印花后水洗加工主要以绳状机、溢流机为主。在一些中小型针织物印花企业大多还采用绳状染色机来进行针织物印花固色后的水洗。究其原因主要是该机型设备简单、价格低廉、操作方便。在一般水洗质量能达到客户要求的情况下常采用这种设备。但这种传统的间歇式的加工方式存在一定的弊端，如每道工序都需要重复注水和排水，并多次停机。耗水耗气量大、时间长、效率低、加工单面氨纶针织物易起皱、有些品种的布面会出现拉毛损伤现象。另外，操作不当还会出现沾色而导致织物表面色泽不一致，影响产品质量。因此，许多染整设备制造商在开发和生产用于针织物印花固色后的平幅连续平洗机，在针织物印花企业采用平幅连续平洗机大有增长之趋势。

七、烧毛、丝光设备

在传统的针织物染整生产中，一般不进行烧毛和丝光工序。但随着生活水平的不断提高，人们对针织品的性能和风格要求越来越高。要求针织物布面光洁、纹路清晰、光泽晶莹、色泽鲜艳、手感柔软、富有弹性、尺寸稳定、趋向高档化。此类产品深受国内外市场的欢迎，需求量很大。另外，随着国内外针织物纱线与织物烧毛、丝光机械的开发及制造，针织物纱线与织物的烧毛、丝光，在我国近 20 年内已有较大的发展。针织品的深加工技术即针织物双烧双丝（纱线烧毛、丝光，织物烧毛、丝光）产品已有一定的生产量。目前，针织物圆筒烧毛机、针织物圆筒丝光机，纱线丝光机等国内已有一定数量，针织物平幅烧毛机、针织物剖幅平幅连续丝光机也已有引进，但至今尚未形成批量生产规模，有待进一步加强和发展。

八、针织物后整理设备

从广义上讲，针织物从离开编织机开始直到针织印染产品的全部加工过程均属于整理的范畴。但在实际生产中，将针织物漂练、染色、印花以外的加工过程称作整理。由于整理工序多安排在印染加工的后期，故常称作后整理。

整理在整个针织物加工过程中具有十分重要的意义，是赋予针织物优良品质，提高针织物档次的关键。但由于多种原因，针织物染整加工对针织物的整理工程较为忽略。传统的针织物整理加工除烘干、拉幅定形外，一般无其他的整理加工。随着人们对针织物需求的变化，对质量要求的提高，以及针织物染整技术的进步和发展，针织物的整理加工越来越受到针织物印染工作者的重视，国内个开发和生产的新设备在不断增多，新工艺、新型整理剂在不断涌现。

第五节　针织物印花工艺的考虑和确定

　　针织物印花企业考虑的印花工艺的涉及面要比一般机织物印花企业考虑的印花工艺更广，应用的染料类别要多，相对要求复杂。印花工艺的多样性是针织物印花的特点之一。

　　这可以从两个方面来表现与理解。第一针织物印花企业加工生产的针织物的纤维种类要比机织物印花企业加工的纤维种类多。机织物印花企业的生产品种相对较为专一，棉型印花企业以棉、麻等天然纤维以及合成纤维与棉麻等混纺的织物为主，印花工艺以碱性的棉型染料工艺为主；而丝绸印染企业以真丝及有关丝型合成纤维为主，印花工艺以酸性的丝型染料工艺为主。而针织物印花企业中针织物纤维种类多，既有棉、人造棉、涤纶/棉，又有真丝、锦纶、腈纶等。为适应生产的需要，其牵涉的印花工艺范围广泛，染料品种的类别要选更多。包括棉型纤维所用染料和丝型纤维所用染料。在生产过程中要考虑照顾到各印花工艺在生产安排中的矛盾，这同时给生产安排增加了工作上的难度，提出了新的要求。第二，针织物印花和针织物染整类似在与机织物印花、机织物染整相比时，不论在生产设备的选型，还是生产工艺操作与经验等方面都相对显得滞后。针织物由于其织物结构的特点等多方面的原因，以往印花工艺迁就现实，致使印花工艺选择面较窄，多采用涂料印花工艺。采用活性染料印花是近十年的事情。况且面对组成针织物的各种纤维，还需采用多种染料印花。针织物印花工艺、印花染料的选用以及生产过程中应注意的事项等，都有待不断完善、总结和提高。

一、印花糊料的选用

　　针织物印花有着与机织物印花不同的特点，在印花糊料的选用上也有不同的要求。首先，因针织物组织是线圈结构，印花边缘的清晰度要比机织物印花相对差一些，其次，针织物印花所采用的设备还是以平网印花机为多，印花速度较慢。在针织物印花上即使采用圆网印花机，但其在印制针织物生产过程中，其印花速度相对也较慢。速度慢，剪切力小，印花色浆的印花剪切速率变化不大，不利于印花色浆的渗透，故刮印于织物表面的给浆量相对较多。作为针织物印花的糊料，除了要满足一般机织物印花对糊料的要求外，对原糊的稠度、结构黏度及渗透性等提出更高的要求。

　　就糊料而言，原糊的清晰度随糊料浓度的升高而升高，原糊的渗透性则随糊料浓度的升高而降低。如何在较高稠度、黏度的情况下，同时具有良好的渗透性，这有待于进一步摸索。

在目前的针织物印花色浆调制中，除有部分选用单一原糊外，较多的选用拼混原糊作为印花色浆调制中的原糊，以满足针织物印花对原糊印制性能的需要。

二、棉、人造棉及其含氨纶针织物印花工艺

从理论上讲，在棉、人造棉及其含氨纶的机织物上能采用的印花工艺，同样可用于针织物印花。然而，目前棉、人造棉及其含氨纶针织物所采用的印花工艺中活性染料直接印花、还原染料拔染活性染料地色印花工艺等应用较多，而活性染料防印印花、涂料拔染活性染料地色、活性染料拔染活性染料地色印花的印花工艺应用较少。这可能与印花工艺的特点、印花所采用的设备情况以及针织物染料印花开发时间较短等因素有关。例如，单面防印花在机织物印花上已有比较成熟的印花工艺，但由于该印花的特点是先印防印浆再印满地的地色，所以，针织物印花采用平网印花机为多。在印制满地地色时，处理得不好较易产生"接版印"疵病。另外，涂料拔染活性染料地色、活性染料拔染活性染料地色印花工艺采用较少，这可能与针织物染料印花开发时间不久有关，致使上述印花工艺在使用上受到限制，这有待于今后进一步的摸索总结、提高以及更好地运用于生产。

三、毛、丝蛋白质纤维及锦纶针织物印花工艺

酸性染料是一类结构上带酸性基团的水溶性染料。通常在酸性条件下染色和印花，因此而得名。酸性染料的水溶性良好，在水溶液中染料呈阴荷性，毛、丝等蛋白质纤维及聚酰胺纤维，在酸性溶液中对酸性染料有较强的吸色能力，酸性染料对棉、麻、黏胶纤维等不能上染。

酸性染料按应用性能通常分为强酸性染料（以下简称为酸性染料）和弱酸性染料两种。强酸性染料对纤维的亲和力低，染色必须在强酸浴中进行，以促使染料被纤维吸尽。该类染料匀染性较好，但染浴的 pH 低，容易对纤维造成损伤；湿处理牢度差，故强酸性染料在印花中应用较少。而弱酸性染料可在弱酸浴、中性浴中进行染色和印花。该类染料对纤维不易造成损伤，湿处理牢度也较好，故弱酸性染料是真丝针织物及聚酰胺纤维针织物印花的首选。

酸性染料上染于蛋白质纤维（如真丝、羊毛）存在两种不同的吸引力。一是染料分子上的磺酸基在水中电离成带电荷的 $—SO_3^-$ 和纤维上带正电荷的氨基 $—NH_3^+$，发生离子键结合。二是染料和纤维非极性部分之间的分子吸引力，包括氢键和范德华引力。

酸性染料应用于锦纶（聚酰胺纤维）时，其上染机理与蛋白质纤维上染机理相似，强酸性染料与锦纶以离子键结合。

$$D—SO_3+H_3N—Ny—COOH \longrightarrow D—SO_3 \cdot H_3N—Ny—COOH$$

由于锦纶上氨基含量有限，染料与锦纶离子键结合有一定限度，存在着染色饱和值，即酸性染料上染锦纶的极限。染色饱和值反映了纤维中氨基的多少，直接关系到染色深度和染料的最高用量；而弱酸性染料用于锦纶染色，染料与纤维发生离子键结合的同时，还有氢键和范德华力起着不可低估的作用。生产实践证明弱酸性染料应用于锦纶染色，不受饱和值的

限制，得色较深，所以锦纶印染制品宜选用弱酸性染料。

由染料分子和金属铬（或钴）以 2：1 络合，适宜在中性或弱酸性染浴中染色的染料，统称作中性络合染料。国产商品简称作中性染料。染色后，不需再经铬媒处理是该染料的主要优点之一。

中性染料的上染过程与弱酸性染料的十分相似。带阴电荷的金属络合离子能与纤维上已离子化的氨基产生电荷引力。染浴 pH 直接影响上染速率，为避免上染太快，造成不匀，染浴 pH 控制在中性或近中性，用铵盐调节 pH 至 6～7，随后随着铵盐的分解酸性增强，促染上染纤维。另外，中性染料染色时，氢键和范德华引力也起到良好的作用。

直接染料的应用主要是在配色色谱不足时，用以弥补配色需要。

综合考虑上述染料对所染纤维的适应性、上染深度、染色牢度、操作可行性、配色色谱的齐全等因素，真丝针织物及锦纶针织物印花主要用弱酸性染料，在印中深色时可使用中性染料和对上述纤维有较高上染率的直接染料以满足拼色、配色的需要。

用于真丝针织物印染的弱酸性染料、中性染料及直接染料的印花色浆并不复杂，主要由染料、尿素、硫酸铵、原糊等组成。

染料的选择应以色泽鲜艳度和染色牢度达到标准为主，还要考虑染料的溶解度、给色量，要选用上染曲线相仿的染料进行拼色。在使用时要注意掌握好各种染料在色浆中的最高用量，以确保针织物各项湿处理牢度，以防白地沾污及色光萎暗。

锦纶针织物印花采用弱酸性染料、中性染料、直接染料过程中应注意下列事项。

（1）锦纶针织物在平网印花机上印花，一般采用直接印花工艺，拔染印花较少应用。

（2）尽量选择亲和力和扩散速率相接近的染料。因为弱酸性染料、中性染料在锦纶针织物上的匀染性较差，选择亲和力、扩散速率相接近的染料，主要就是防止匀染性差的问题，提高织物印花的均匀度。

（3）要注意锦纶针织物印花常用酸性染料的最高用量。以免用量超过而造成水洗时的沾色现象。因此，在配色确定印花处方时应注意染料用量要适当。

（4）要正确使用释酸剂铵盐。如硫酸铵，在蒸化过程中逸出 NH_3，并使浆膜的 pH 降低，这能有效地提高染料的上染百分率，促使染料较为均匀上染有利于发色正常。

（5）锦纶长丝织物表面光滑，吸湿性差。糊料应选用印花糊层薄、渗透性好、给色量高、耐酸、易于洗涤的糊料。目前较常用的糊料可选用醚化种子胶类糊料。

四、腈纶针织物印花工艺

分散染料上染腈纶针织物的提深性很差，一般只用于浅色花型。涂料印花手感较差，特别面积较大的花型更差。阳离子染料用于腈纶针织物印花可以得到较为艳丽的色泽，为其他染料所不及，而且阳离子染料色谱齐全，色牢度优良。

腈纶带有羧基和磺酸基，在汽蒸条件下，这些酸性基团能使纤维表面带负电荷，而阳离子染料带正电荷。腈纶表面的负电荷与阳离子染料的正电荷以盐式键键合，从而达到上染的目的。

阳离子染料是腈纶针织物印花的专用染料。腈纶针织物印花主要采用阳离子染料直接印花工艺及阳离子染料拔染印花工艺为印花工艺。

阳离子染料的选用要考虑染料的配伍性。若采用配伍性差的染料拼色，印花后汽蒸时，时间和温湿度如有波动会造成色光变化。另外，要注意了解和掌握阳离子染料用于腈纶针织物印花每种染料的最高用量。用量过多会造成固色率下降，所印的色泽不会因用量多而有所加深，反而会增加未固着的染料在水洗时沾污白地。

阳离子黑色染料是由红、黄、蓝三原色拼混而成。为保持拼混黑度的一致，印花生产企业往往自购红、黄、蓝三原色阳离子染料自配。

糊料的选用也是保证印花质量的关键。阳离子染料在水中带阳性电荷，故不能选用阴荷性糊料，而应该选用非离子性糊料。另外，腈纶的吸水性大于其他合成纤维，纤维容易润湿，水分停留在纤维之间容易形成渗化，色浆中的游离水对印花清晰度有较大的影响，所以，用于阳离子染料的印花糊料，对染料应具有良好的稳定性，要耐酸，同时必须具有良好的渗透性和优良的抱水性能。高醚化度的羟乙基皂荚胶或瓜尔胶等糊料均可使用。

第六节　针织物印花生产操作的考虑及注意事项

针织物由于其织物的特点，在印花生产过程中的操作必然与机织物印花生产过程中的操作有比较大的区别和不同。合理正确的印花操作是保证和提高针织物印花质量和产量的关键。

一、缝头

机织物为防止纬斜疵病，在缝头操作上比较有效的做法是撕头缝头，而针织物与机织物组织结构不同，不可能采取撕头缝头的操作方法。针织物为防止因缝头不当而造成的纬斜，在缝头前注意以下两点：要看清织物纹路，必要时要将两个布头沿布纹剪齐；要分清织物的正反面，做到正面对正面，将剪齐的布头沿布边复叠好后，再行缝头，并保证缝头坚牢平直。

二、剖幅和缝边

机织物由纺织厂生产的来坯均为平幅状，故在印染过程用不着进行剖幅和缝边；而针织物却不同，其由针织厂生产的来坯较多的为圆筒状。在针织物的生产过程中有些加工生产工序需要织物以平幅进行如拉幅定形、印花、蒸化等。有些加工工序则需要织物以圆筒状进行，如针织物前处理、染色、印后平洗等，以减少和防止针织物纱线受到损伤造成脱散卷边以及布边不易握持等。为此，随着针织物生产加工的需要，要适时进行剖幅，把圆筒状针织物剖成平幅状；又有时要把平幅状针织物缝边成圆筒状，以便生产的顺利进行。

三、浆边与切边

针织物剖幅后，有些品种规格容易产生卷边。卷边的产生会严重影响针织物印花产品的质量，影响印花生产的顺利进行。为此，要抓好针织物的浆边、切边，主要是针对那些在生产过程中容易产生卷边的针织物而言的。机织物也有卷边的情况如棉纱卡、棉氨弹性织物在遇浓碱湿热的条件下也较易发生卷边情况，一般通过改进织物布边、预定形以及打夹子等措施能予以解决。而针织物产生卷边在生产过程中采用上述办法不能奏效，而需要通过采取浆边及切除浆边外少量的无用边的做法，以保证织物门幅划一，满足印花生产的需要。

浆边一般使用非水溶性浆料。浆边宽度为1cm左右，浆边的硬度要适中。过硬则上浆过厚，会使布边与布面出现厚度差别，影响花网与布面的接触面，使印花的得色量不均匀。硬度的掌握以针织物上圆网印花机时不卷边即可，不宜过厚。

四、印花前的准备

针织物印花前准备包括两部分内容：针织物印花坯布的前处理，通过漂练前处理去除针织物印花坯布上的天然和人为杂质，为针织物印花提供合格的印花半制品；为保证印花产品质量和印制工艺的顺利进行，必须在印前所进行的加工。下面就这两部分内容介绍如下。

1. 针织物前处理

纤维成分不同采取的前处理工艺也不同。合成纤维和再生纤维，如涤纶、锦纶、腈纶、黏胶纤维、莫代尔等，纤维质地本身比较洁净，无须煮练、漂白，其所要去除的多为人为杂质，诸如织物上沾有的油渍、灰尘、污渍等。而天然纤维如棉、麻、丝等在生长过程中伴随纤维同时生长的共生物，会影响到这些纤维的针织物的印染加工和服用性能。这些共生物是天然杂质，必须予以去除。以棉针织物来说，目前传统前处理工艺所经过的前处理工序最主要的就是煮漂。针织物在制造时无须上浆，故针织物漂练前处理中无退浆工序，多数的棉针织物都不经过烧毛和丝光。随着消费者对针织物质量要求的提高及科技生产的发展，生产高档针织品已成趋势，现在采用"双烧双丝"工艺，以提高针织物的光泽、得色量，提高针织成品档次，形成批量生产。为了提高织物的光洁度，减少织物的毛绒，在无烧毛设备的企业中，有的采用纤维素酶的方法进行食毛处理。

2. 针织物印花前准备工作

针织物印花半制品在前处理的基础上，为满足印制的要求，保证产品的质量和生产的顺利进行，根据生产实践的归纳，大致要进行下列工作。

（1）印前拉幅定形。以提高待印半制品的平整度和尺寸稳定性。做好浆边、切边。

（2）印前整纬。待印半制品印前纬斜，经印制后形成的纬斜疵病，无法回修。要防止针织物纬斜疵布的产生，印前必须整纬。

（3）印坯增白。涤纶针织物涤增白要在拉幅定形机上进行。棉、锦纶、腈纶等增白可采用浸渍法在溢流染色机或染缸中进行。

（4）上防静电剂。合成纤维针织物在加工中会产生静电、吸附灰尘、吸附色料，产生疵布，为此要上防静电剂。上防静电剂可在拉幅定形机上完成，涤纶针织物上静电剂可与涤增白同浴浸轧，烘干即可。

（5）印坯上浆。对于一些轻薄易皱的针织物需经上浆，以增加针织物的身骨，便于印制。

（6）印坯染底。对于需要染底的花型，针织物半制品在印前要进行染色。染色工艺、操作基本同针织物染色工艺、操作。

（7）印坯打卷。为保证针织物进布张力均匀，对于纱线易于移动的轻薄针织物如色丁、雪纺、真丝等织物，印前予以打卷，便于上布。

五、拉幅定形

拉幅定形可分为坯布拉幅定形、印前拉幅定形、成品拉幅定形等几种。定形的安排及次数要根据能否保证生产质量要求，是否有利顺利生产而予以确定。上述几种拉幅定形的加工目的和优缺点简述如下。

1. 坯布拉幅定形

即对针织物坯布进行拉幅定形。这种拉幅定形的优点是可减少织物在后续加工中发生严重变形。消除针织物在织造过程中，由于受到张力作用而产生的拉伸变形及剩余张力。对于弹性针织物，可防止在前处理湿热条件下发生收缩，减少和克服皱纹的产生。但要求来坯较为洁净，不能含有经过高温处理后变得难以去除的杂质。坯布拉幅定形的产量随着含氨纶针织物的发展而提高。

2. 印前拉幅定形

即针织物印花布经前处理后在印花前所采取的拉幅定形。通过该工序达到织物去皱，使织物平整、尺寸稳定。同时，织物可进行浆边、切边、增白、上防静电剂等，从而保证印花生产的顺利进行，减少卷边。合成纤维针织物和天然纤维针织物均要进行印前拉幅定形，其加工的目的是一致的，但拉幅定形工艺条件有所区别。

3. 成品拉幅定形

即针织物印花后进行的拉幅定形。其目的主要是去皱定幅。与此同时，进行必要的后整理加工，如上柔软剂、后增白、树脂整理等，为成品出厂做好最后的加工，使印花针织物保持良好的尺寸稳定性和外观的平整度及柔软的手感。

六、染色

针织物印花中需要染地色的无非有两种。一种是地罩印花型，地色色泽通常较浅，染色后印花纹样的色泽较深，予以罩印；另一种是用作拔染印花的染色针织布，所染色色泽一般较深。

七、筛网目数选用原则

筛网类型是用筛网目数和网丝直径对筛网印版所作的表述。换言之，筛网网眼大小和强力是衡量适用于印花与否的主要指标。网丝直径粗，筛网有强力，则经久耐用。合理的网眼大小使印制筛网本身能提供合理的给浆量并置于织物表面，选用合理的筛网目数也就为合理网眼大小提供了依据。

筛网"目数"在实际应用中的称呼并不统一，例如，有的技术资料称筛网网目为800目、1350目……而筛网产品规格中筛网目数仅为25~495目。造成这些称谓的差异的原因不光是公制、英制的差别，可能还与筛网网目是以单位面积所含孔数命名还是以单位长度所具有的线孔数目来命名有关。单位长度具有的线孔数目，实际上是表示筛网的经向密度，可以说明筛网的网丝与网丝之间的疏密程度。在实际应用中要明确何种花型采用哪一种目数的筛网尚困难。但不管何种命名，目数越高，网丝越紧密，网孔越小；反之，目数越低，网丝越稀疏，色浆透过性越好。

网丝直径的粗细直接影响到印花筛网的强力和网孔的大小。在目数相同的情况下，网丝直径增大时，筛网的强力提高，但有效筛滤面积下降，给浆量会减少。

在网丝直径一致的情况下，筛网目数选用一般按下述原则进行。

（1）花纹精细，轮廓要求光洁，宜选用细目孔（目数较高）筛网。反之，地色及块面花型，宜选用较粗目孔（目数较低）筛网。

（2）印花色浆流变性大，宜选用细目孔筛网。反之，宜选用较粗目孔筛网。

（3）织物稀薄及疏水性织物印花宜采用细目孔筛网；表面粗糙及吸水性较好的织物，宜选用较粗目孔筛网。

八、印花时防止织物变形的措施

针织物结构松弛，容易变形，在印花生产过程中受到张力作用时，经向易伸长，纬向收缩。织物变形在印制中会带来一系列的问题，造成纬斜、折皱以及印花疵病。防止和克服这些问题是保证针织物印花质量和针织物印花顺利的关键问题。

有些印染企业在进行针织物印花生产时，考虑到上述针织物印花生产特点和问题，往往在批量生产前，通过试生产摸索并归纳针织物在印花机上经纬变形的数据以及花型纵向放大、纬向缩小的情况。描稿分色时对花样进行适当的缩放处理，如纵向放大、纬向缩小。上机时印制的花样为纵向放大、纬向缩小纹样，然后在整理拉辐定形时，将纬向拉宽至成品门幅，而纵向缩短，以求符合客户来样花型的大小。这是一种办法，但这种做法不能从根本上解决针织物印花的上述问题。因为影响针织物变形的因素太多，变数太多，不同企业有不同的设备，各企业的设备运转状况不同，操作者的操作特点也不完全一致。若针织物印刷的品种较单一，采用上述办法还尚可；如若印制的针织物品种繁多，厚薄不一，织物松紧不一，针织物经纬向缩放，形变情况必然大有差别。如采用上述做法则需要经过繁多的实验摸索，给操作带来较大的难度和麻烦。另外，在印制同一品种时，印制车速的快慢、压力大小，织物张力等变化都会影响织物的收缩，影响到织物印制效果。为了确保针织物印制效果，防止和克服针织物容易变形带来的系列问题，除切实注意机印、调浆的操作，保证印浆渗透量、给色量、对花准确、印制轮廓清晰外，还要抓好以下措施和操作。

（1）待印针织物输入印花机时，必须要在低张力或无张力的情况下进行，保持织物两边平直的输入，这一条非常重要。

（2）贴布一定要平服、牢固。合理选择贴布浆，正确执行贴布操作，将针织物平服、牢固地贴在导带上，保证针织物不发生移动，从而有利于印制的顺利进行和印制效果的获得。

（3）要注意和重视烘燥设备。可采用高容量的喷气烘箱，要求喷气烘箱具有最大气流循环回量和最高流速，以降低能耗。完成印花的针织物从印花工作台的末端被揭起并送入烘箱进口，由烘箱传送带无张力地送入烘箱烘干而完成印制任务。

要做好上述措施，除在印花操作时要注意外，还必须正确选择印花设备，以往比较重视印花机印花部位的精确性、操作的便利性、印制效果的满意度。而选择针织物印花机时，除注意和重视上述外，还必须重视印花针织物的进布要低张力、无张力，要能平服贴牢在导带上。印制结束后送入烘燥设备时也必须低张力和无张力运行。只有将针织物印花设备和良好的操作相结合，才能防止、克服针织物易变形所带来的系列问题。

九、针织物缩水产生的原因

棉针织物的缩水问题主要与纤维性能和湿热可塑性及针织物结构特点等因素有关。针织物在印染生产以及织造生产过程中，不可避免地会存在下列情况导致针织物缩水。

（1）印染加工的湿热环境。水分子进入纤维的无定形区，使分子链间的作用力降低。此时，在外力的作用下，分子链段产生位移，使纤维伸长。如在此伸长状态下干燥，则在纤维分子链间新的位置上形成氢键，纤维伸长部分未能回缩至原有状态，这种湿热状态下的形变的稳定性是不稳定的。

（2）在针织物印染生产过程中，虽已努力创造条件使针织物在少张力、无张力的情况下运行，但到目前为止，针织物在加工生产过程中不可能完全避免张力。张力的存在使织物纵向受到拉伸，织物密度有所降低、织物易变形。在实际生产过程中，针织物特别是织物纵向受到较大的反复的拉伸作用，致使纱线纤维产生塑性形变，织物纵向伸长、宽度变窄、线圈转移，织物结构远离织物稳定状态。这一状态是不稳定的，在适当的条件下有恢复原有稳定状态的趋向。

（3）针织物在远离稳定状态下被烘干。针织物在伸长状态下烘干，表面看是稳定的，但实际上这种"稳定"是暂时的。

（4）针织物纱线加工，编制加工过程同样存在潜张力。针织物纱线加工、织物编制过程中受到牵伸的作用而具有潜张力，同样会造成纱线、纤维的回缩。

十、克服棉针织物缩水率偏大的措施

棉针织物缩水率偏大时，考虑到针织物印花是在剖幅平幅状态下进行的特点可采取如下措施。

1. 松式加工

尽量减少印染生产过程中各工序中的张力，尽量避免织物在湿态下产生塑性形变，避免织物和纤维伸长，这是防止织物缩水最理想的方法。目前，印花企业在针织物印花前处理、后整理设备的选用都考虑和采用了松式加工。另外，在缩短印花工艺流程方面也在生产中引起关注并付诸生产实践。这些都有利于减少针织物在湿态下产生塑性形变，避免织物和纤维的伸长，从而降低织物缩水。

2. 超喂烘干

即松弛状态下进行烘干，减少张力作用，使织物趋于全平衡状态。在针织物印花前，超喂烘干可与印前拉幅定形工序相结合，适时掌握超喂，并将织物烘干，以达到降低织物缩水率的目的。

3. 机械预缩

即采用专门的机械预缩设备进行加工。首先，超喂进布，使织物纵向处于松弛的状态，有预缩的余地；然后对织物进行蒸汽给湿，加强织物在松弛状态的可塑性，使织物的内应力松弛，再通过扩幅使织物纵向收缩、横向扩展、或纵向挤压，迫使织物在织造或染整加工中的纵向伸长部分强迫回缩，使织物具有松弛的结构，并在这一状态下松式烘干，以达到预缩的效果和目的。机械预缩是克服针织物缩水率偏大的有效措施之一。

目前针织物预缩机有针对圆筒针织物的，也有针对平幅针织物的。针织物印花一般选用剖幅平幅形式的预缩机。

参 考 文 献

［1］胡木升．滚筒印花工艺设计［M］．北京：纺织工业出版社，1984.

［2］胡平藩．印花工艺设计的实践与发展探讨［C］．第八届全国印染行业四新技术交流论文集.2009:81.

［3］胡木升．圆网印花产品疵病分析及防止［M］．北京：中国纺织出版社，2000.

［4］印染手册编委．印染手册［M］．北京：中国纺织出版社，2003.

［5］张若志，等．影响圆网印花织物给色量的主要因素［J］．印染，1995（3）：22-24.

［6］瑞士苏黎市筛网厂．介绍平网印花制版技术［J］．印染，1986（6）：48-50.

［7］陈顺林，等．印花平网制网工艺（上）［J］．纺织品印花，2008（4）：61-62.

［8］陈顺林，等．印花平网制网工艺（下）［J］．纺织品印花，2008（5）：75-77.

［9］何高明，等．平网印花［M］．北京：纺织工业出版社，1988.

［10］胡平藩，等．圆网印花［M］．北京：纺织工业出版社，1985.

［11］李长明．印花镍网的技术指标与印花质量浅析［J］．印染，1990（5）：27.

［12］李长明．提高印花镍网开孔率方法的研究［J］．印染，1997（10）：23-26.

［13］李敏．网印制版工艺［J］．印染，2006（22）：20-22.

［14］郑惠明．圆网雕刻常见疵病处理十例［J］．印染，1987（5）：44-45.

［15］朱建华．JF208-1快速型绷网胶的性能及应用［C］．全国学术和技术创新论文集，2002：222-223.

［16］潘跃进，等．圆网端环粘接剂的性能与应用探讨［J］．印染，1995（6）：24-25.

［17］朱建华，等．JR105-5圆网闷头胶的应用实践［J］．印染，2000（1）：27-28.

［18］胡木升．染色产品疵病分析及防止［M］．北京：纺织工业出版社，1987.

［19］吴培莲，等．防拔染印花工艺实践探讨［C］．全国印花学术和技术创新论文集.2002：57-62.

［20］张宏振，等．深色稀薄织物印花.上海纺织工程学会1980年印花论文12号.

［21］胡木升．刍议人造棉印花织物的生产经验［J］．印染，1997（10）：20-22.

［22］栾一凡．黏胶纺绸织物的圆网印花［C］．1998年全国印花学术和生产发展研讨会论文汇编.1998.

［23］秦曙文，等．深色人造棉印花色花产生原因及改进措施［C］．1998年全国印花学术和生产发展研讨会论文汇编.1998.

［24］王华，等．涤盖棉印花工艺探讨［J］．印染，1990（5）：42-44.

［25］沈子康．绒布起绒的理改和实践［J］．印染，1977（5）：8-12.

［26］青岛第二印染厂．2010绒布印花工艺［J］．印染，1978（6）：50-54.

［27］张光英．提高绒布质量的探讨［J］．印染，1980（6）：28-30.

［28］陈荣圻．提高活性染料深浓色染色织物湿摩擦牢度的探讨［J］．染整技术，2004（2）：39-42.

［29］王东宁，等．提高K型活性染料深色印花毛巾湿摩擦牢度［J］．印染，2006（20）：21-22.

［30］周国良．灯芯绒织物染整［M］．北京：纺织工业出版社，1986.

［31］周惟，等．灯芯绒织物刷绒工艺的探讨［J］．印染，1979（6）：37-40.

［32］刘定刚．真蜡防印花［J］．印染，1987（1）：29-31.

［33］黄黎康．仿蜡防花布与花样审理及其工艺特点［J］．印染，1993（4）：22-24.

［34］殷锦中，等．纯棉印花绉布生产工艺探讨［J］．染整技术，1996（4）：18.

［35］李雪莉，等. 人造棉双绉活性染料印花［J］. 染整技术，2003（6）：25.

［36］曹福华. 绉布染色不匀和印花露白原因及解决措施［J］. 印染，1995（4）：19-20.

［37］上海市产品试验研究室. 棉型织物设计与生产［M］. 北京：纺织工业出版社，1980.

［38］黄敖发. 浅谈泡泡纱的生产方式和印制工艺［J］. 印染，1981（4）：25-26.

［39］李荣，等. 圆网印制泡泡纱防碱树脂生产工艺探讨［J］. 印染，1991（5）：25-28.

［40］上海第七印染厂. 烂花涤/棉织物印花工艺［J］. 上海纺织技术，1974（4）：5-8.

［41］杜文媛. 烂花涤/棉织物工艺改革［J］. 印染，1979（2）：20.

［42］何明高. 着色烂花和"透明剂"［J］. 印染，1982（1）：18-21.

［43］刘治禄，等. 深地色涂料罩印印花技术［C］. 全国印花学术和技术创新论文集，2000：63-68.

［44］朱瀛洲. 靛蓝拔染剂JN的拔染印花工艺［J］. 印染，2000（5）：23.

［45］陈锡云. 发论主体印花新工艺［J］. 印染，1978（6）：54-57.

推荐图书书目： 轻化工程类

书　名	作　者	定价（元）
【材料新技术丛书】		
过滤介质及其选用	王维一　丁启圣	50.00
高分子材料改性技术	王　琛	32.00
超细纤维生产技术及应用	张大省　王　锐	30.00
功能性医用敷料	秦益民	28.00
材料科学中的计算机应用	乔　宁	30.00
形状记忆纺织材料	胡金莲等	30.00
高性能纤维	马渝茳	40.00
先进高分子材料	沈新元	32.00
高分子材料导电和抗静电技术及应用	赵择卿　等	46.00
【印染新技术丛书】		
服装印花及整理技术 500 问	薛迪庚	32.00
筒子（经轴）染色生产技术	童耀辉	28.00
纺织品清洁染整加工技术	吴赞敏	30.00
功能纺织品	商成杰	40.00
印染技术 500 问	薛迪庚　等	32.00
染整生产疑难问题解答	唐育民	30.00
印染废水处理技术	朱　虹　等	30.00
纱线筒子染色工程	邹　衡	35.00
筛网印花	胡平藩　等	36.00
天然彩色棉的基础和应用	张　镁　等	30.00
织物涂层技术	罗瑞林	38.00
织物抗皱整理	陈克宁　等	28.00
染整试化验	林细姣	35.00
染整工业自动化	陈立秋	38.00
数字喷墨印花技术	房宽峻	32.00
【织物染整技术丛书】		
毛织物染整技术	上海毛麻研究所	32.00
针织物染整技术	范雪荣	35.00
含氨纶弹性织物染整	徐谷仓　等	30.00
新型纤维及织物染整	宋心远	36.00
【染整新技术丛书】		
染整新技术问答	周宏湘　等	22.00
新合纤染整	宋心远	18.00
织物的功能整理	薛迪庚	15.00
【精细化学品实用配方精选】		
表面处理用化学品配方	黄玉媛　等	32.00
清洗剂配方	黄玉媛　等	32.00
粘合剂配方	黄玉媛　等	32.00
涂料配方	黄玉媛　等	38.00
化妆品配方	黄玉媛　等	42.00
轻化工助剂配方	黄玉媛　等	35.00
小化工产品配方	黄玉媛　等	38.00

生产技术书

推荐图书书目：轻化工程类

书　名	作　者	定价（元）
【纺织新技术书库】		
竹纤维及其产品加工技术	张世源	36.00
生态家用纺织品	张敏民	28.00
PTT 纤维与产品开发	钱以竑	32.00
新型纺织测试仪器使用手册	慎仁安　主编	50.00
纺织上浆疑难问题解答	周永元　等	32.00
等离子体清洁技术在纺织印染中的应用	陈杰瑢	32.00
涂料印染技术	余一鹗	24.00
双组分纤维纺织品的染色	唐人成　等	42.00
纺织浆料学	周永元	38.00
腈纶生产工艺及应用	［美］JAMES C.MASSON	40.00
测色配色 CAD 应用手册	金远同　等	35.00
染整节能	徐谷仓　等	25.00
纺织品生态加工技术	房宽峻	18.00
Lyocell 纺织品染整加工技术	唐人成　等	28.00
生态纺织品与环保染化料	陈荣圻　等	35.00
酶在纺织中的应用	周文龙	28.00
新型染整工艺设备	陈立秋	42.00
新型染整助剂手册	商成杰	30.00
染整助剂新品种应用及开发	陈胜慧　等	35.00
纺织品印花实用技术	王授伦　等	28.00
纺织品物理机械染整	马晓光　等	36.00
拉舍尔毛毯的质量与检验	何志贵　等	26.00
特种功能纺织品的开发	王树根　等	26.00
纺织新材料及其识别	邢声远　等	27.00
熔纺聚氨酯纤维	郭大生　等	48.00
功能纤维与智能材料	高洁　等	28.00
【其他】		
创意手工染	凯特.布鲁特	58.00
化工企业管理	方真	36.00
印染企业管理手册	无锡市明仁纺织印染有限公司	35.00
化工企业生产管理	王春来	30.00
纺织品质管理手册	张兆麟	36.00
现代印染企业管理	吴卫刚 . 等	35.00
漂白手册	［比利时］索尔维公司	22.00
印染技术 350 问	周宏湘	18.00
新型染整技术	宋心远	38.00
羊毛贸易与检验检疫	周传铭　等	40.00

注：若本书目中的价格与成书价格不同，则以成书价格为准。中国纺织出版社市场图书营销中心
市函购电话：（010）67004461。或登陆我们的网站查询最新书目：
中国纺织出版社网址：www.c-textilep.com

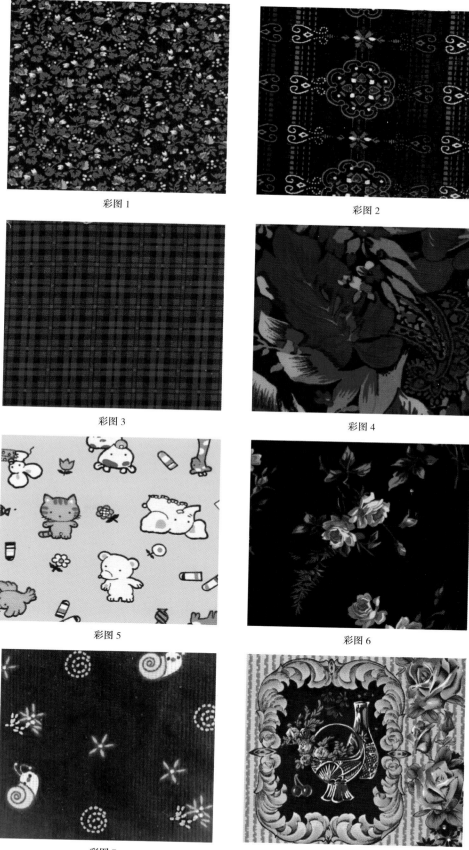

彩图 1

彩图 2

彩图 3

彩图 4

彩图 5

彩图 6

彩图 7

彩图 8

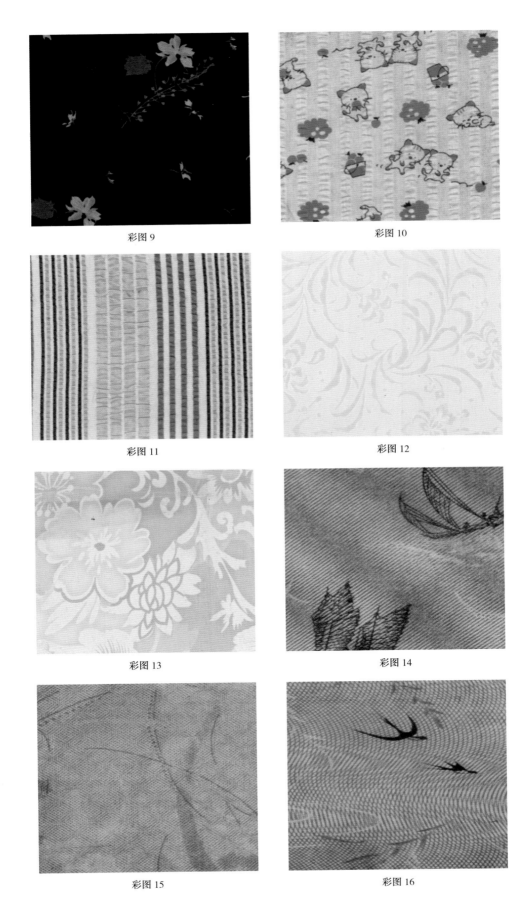

彩图 9

彩图 10

彩图 11

彩图 12

彩图 13

彩图 14

彩图 15

彩图 16

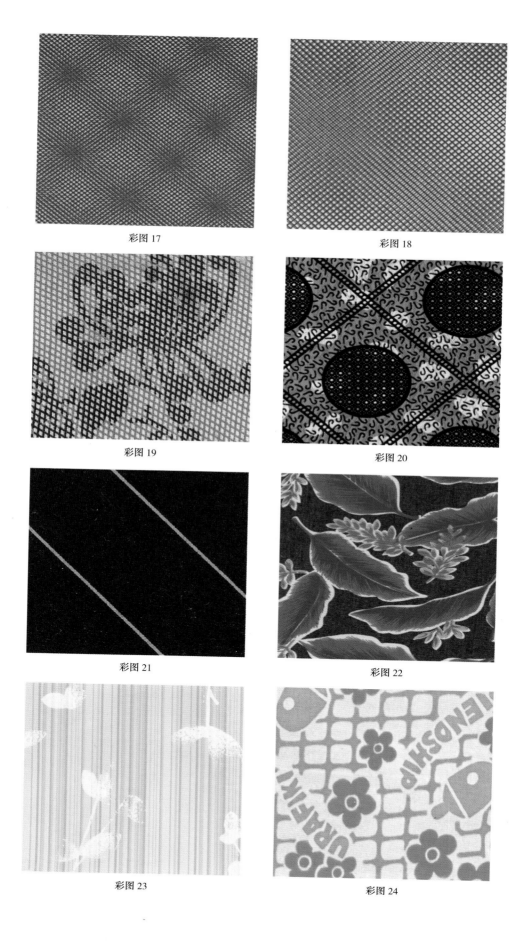

彩图 17

彩图 18

彩图 19

彩图 20

彩图 21

彩图 22

彩图 23

彩图 24

祥云系列圆网印花机

DH系列平网印花机

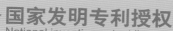
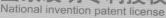

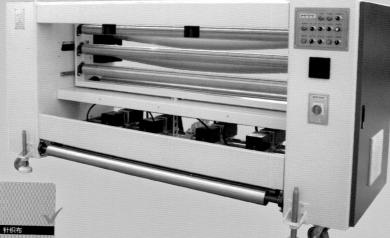